化学工业出版社"十四五"普通高等教育规划教材

测 量 学

覃 锋 冯富寿 等 编著

化 学 工 业 出 版 社

·北京·

内容简介

本书围绕测量学基本概念、基本理论和测量技术方法展开阐述，全书共 12 章，第 1~4 章介绍测量学基础知识和高差、角度、距离、坐标的测量原理以及常规测量仪器的使用方法；第 5 章介绍全球导航卫星系统（GNSS）的测量原理和技术；第 6 章介绍测量误差基本知识和误差处理方法；第 7 章介绍控制测量的基本方法；第 8 章介绍地形图基本知识和地形图的应用；第 9 章介绍大比例尺地形图测绘方法；第 10 章介绍无人机航空摄影测量的原理和应用；第 11 章介绍建筑工程施工测量；第 12 章介绍道路工程测量方法。

在第 1~6 章，编写了与测绘行业和测绘科学技术有关的内容，介绍了新中国测绘科技的发展和取得的伟大成就、珠峰高程测量、新时代"北斗精神"托起"航天强国梦"以及"两弹一星"功勋科学家孙家栋的感人事迹等内容。

本书内容由浅入深、图文结合、通俗易懂，将测绘新仪器、新技术、新方法融入其中，体现了测绘科技的发展水平。

本书可作为高等学校土木工程、道路桥梁与渡河工程、水利水电工程、交通工程、地质工程、资源勘查、采矿工程、工程管理等专业教材，也可供土建类和资源开发类相关工程技术人员参考使用。

图书在版编目（CIP）数据

测量学 / 覃锋等编著. —北京：化学工业出版社，2024.3
ISBN 978-7-122-44694-7

Ⅰ.①测… Ⅱ.①覃… Ⅲ.①测量学 Ⅳ.①P2

中国国家版本馆 CIP 数据核字（2024）第 046139 号

责任编辑：郝英华　刘丽菲　　　装帧设计：关　飞
责任校对：田睿涵

出版发行：化学工业出版社
　　　　　（北京市东城区青年湖南街 13 号　邮政编码 100011）
印　　刷：三河市航远印刷有限公司
装　　订：三河市宇新装订厂
787mm×1092mm　1/16　印张 17¼　字数 458 千字
2024 年 5 月北京第 1 版第 1 次印刷

购书咨询：010-64518888　　　售后服务：010-64518899
网　　址：http://www.cip.com.cn
凡购买本书，如有缺损质量问题，本社销售中心负责调换。

定　　价：59.00 元　　　　　　　　　版权所有　违者必究

党的二十大报告指出，"教育、科技、人才是全面建设社会主义现代化国家的基础性、战略性支撑"，"我们要坚持教育优先发展、科技自立自强、人才引领驱动，加快建设教育强国、科技强国、人才强国，坚持为党育人、为国育才，全面提高人才自主培养质量，着力造就拔尖创新人才，聚天下英才而用之。"随着我国航天技术的发展，特别是北斗卫星导航系统的全面建成，向全球提供导航、定位、授时等服务，彰显了"大国重器"的地位和作用，极大地促进了测绘科学技术的快速发展，涌现出一大批新仪器、新技术、新方法。为了适应测绘科学技术发展，满足高等教育本科人才培养目标要求，提高人才培养质量，更好地服务教学，培养学生的工程应用能力，适应工程实际的需要，编者编写本书。

在教材编写中，为了落实党的二十大报告"全面贯彻党的教育方针，落实立德树人根本任务，培养德智体美劳全面发展的社会主义建设者和接班人"的要求，教材结合测绘地理行业和测量学课程的特点，融入了相关实例，增加学生对国家科技自立自强的信心，让学生感受测绘科技工作者勇于攀登、不断探索的科学态度以及无怨无悔献身新中国测绘事业的崇高品质，弘扬"自主创新、开放融合、万众一心、追求卓越"的新时代北斗精神，学习老一辈科学家"国家需要，我就去做"的不求回报、无私奉献的精神境界。

本教材的主要内容包括测量学基本原理、基本知识、常用测量技术和测量仪器的使用方法。教材的编写遵循由理论到技术、由方法到应用的顺序，根据当前教学需要，增加了电子水准仪、电子全站仪和 GNSS 接收机等新仪器、新技术、新方法等内容。根据当前测绘科学技术的发展和工程实际应用现状，教材加强了对全球导航卫星系统测量原理、数字地形图测绘理论以及基于 CASS 软件数字地形图的成图方法和基于数字地形图的工程应用的介绍，增加了无人机航测基础理论、倾斜摄影测量实景三维建模技术，以及基于实景三维模型测绘数字地形图的新方法等内容。在工程测量部分，根据工程施工测量方法的变化，增加了全站仪和 GNSS 接收机等仪器在具体工程测量项目中的应用和操作方法等内容。

　　教材注重测绘基本理论、技术和方法的介绍，兼顾测量仪器的操作和 CASS 软件的使用，教材图文并茂，适合高等学校非测绘专业使用，也可供相关工程技术人员参考。另外，本书配套电子教案、习题参考答案供选用院校使用，如有需要，可登录 www. cipedu. com. cn 注册后下载使用。

　　本书由主编覃锋统稿，第 1、6~12 章由覃锋编写，第 2、3 章由黎春玲编写，第 4、5 章由覃锋、冯富寿共同编写。由于编者水平有限，教材中不足之处，敬请读者提出宝贵意见。

编　者

2023 年 12 月

目录

第3章　角度与距离测量 / 41

第4章　全站仪测量 / 70

第 5 章　全球导航卫星系统（GNSS）测量 / 89

第 6 章　测量误差基本知识 / 106

第 10 章　无人机航空摄影测量 / 189

第 11 章　建筑工程测量 / 217

第 12 章 ▶ 道路工程测量 / 239 ◀

▶ 参考文献 / 265 ◀

第1章

绪　论

本章知识要点与要求

　　本章重点介绍了测量工作的任务、大地水准面、地球椭球、大地坐标、高斯投影、平面直角坐标、高程系统、地球曲率对距离和高差的影响；本章的难点是高斯投影和高斯平面直角坐标以及高程系统。通过本章的学习，要求学生理解大地水准面和大地坐标的概念以及地球曲率对距离和高差的影响，掌握高斯投影的方法、高斯平面直角坐标和高程系统等重要知识点。

1.1　测量工作的任务

　　测量工作在工程建设和资源开发过程中是一项重要的基础性工作，为工程规划、勘测设计、施工、运营管理以及资源开发利用提供地形图、工程定位以及工程监测等资料，服务于工程建设和资源开发利用的各个阶段，为工程顺利实施起到保驾护航的作用。测量工作是从事工程建设的一门专业技术，因此测量学是土木工程、道路桥梁与渡河工程、水利水电工程、城乡规划、交通工程、工程管理、采矿工程、地质工程、资源勘查工程、土地管理等专业的必修课程。

　　测量工作在工程建设不同阶段有不同的任务，按照工程规划、设计、施工及管理运维等阶段划分，测量工作的任务主要有以下几个方面。

　　（1）测绘地形图

　　为了满足工程规划设计阶段对地形资料的要求，需要测绘工程规划实施区域的地形图。测绘地形图就是采集地面上地物和地貌特征点的三维坐标，根据测图比例尺和国家地形图图式符号将地面的房屋、道路、桥梁、河流、大坝等建筑物和构筑物以及地面的起伏形态（地貌）绘制成图，测绘地形图简称测绘。另外，在自然资源的开发利用管理各阶段也需要测绘地形图。

　　（2）使用地形图

　　在工程规划设计阶段，专业人员根据地形图上的地物分布、地貌变化进行建筑场地布置、工程路线选择，需要合理利用土地和处理建筑物、构筑物与周边环境的关系，最后得出经济合理、技术可行的工程方案。

（3）工程放样

在工程实施阶段，需要将图上建筑物和构筑物的设计位置在地面上标定出来，为建筑物、构筑物进行施工定位提供依据。工程放样简称放样，也称为测设。放样工作贯穿于工程施工的全过程。

（4）工程监测

在工程施工过程中和工程竣工交付使用后，为了确保大型建筑物、构筑物的安全施工和使用，需要对建筑物、构筑物及其周边区域在各种应力条件下的形变进行健康监测，以验证工程的设计理论、检查施工质量，这项工作称为变形监测。变形监测是在建筑物、构筑物及其周边区域重要位置上布置监测点位，按照规范规定的监测方法，测定水平和垂直方向在自身荷载和外力作用下随时间产生的位移。

1.2 地球的形状和大小

测量工作主要研究对象是地球的自然表面，地球的自然表面是一个高低起伏不平、极不规则的曲面，有高山、平原、丘陵、江河、湖泊、海洋等。地球表面71%是海洋，陆地面积只占29%，从太空中俯瞰地球，可看到一颗蓝色的星球。地球上最高处珠穆朗玛峰的海拔高度为8848.86m，最深处太平洋的马里亚纳海沟深达11034m，两者之间的高差几乎达到20km，但这与地球的平均半径6371km相比，可以忽略不计。通过对地球长期的科学研究，人们认识到地球的形状可以看作是被海水面包围起来的两极稍扁、赤道略鼓的不规则球体，如图1-1所示。

（1）大地水准面

地球表面任一质点 O 都同时受到地球引力 F 和地球自转产生的离心力 P 的共同作用，两者的合力就是质点 O 受到的重力 G，重力方向线 OG 又称为铅垂线，如图1-2所示。

图 1-1　地球的形状

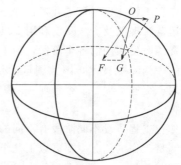

图 1-2　重力及铅垂线

地球表面的海水受到重力作用，在具有相同的重力位时，海水面就会处于静止不流动的状态，自由静止的水面称为水准面。不同高度的水准面有无数个，其中通过平均海水面并延伸穿过陆地而形成的闭合曲面的水准面，称为大地水准面，大地水准面包围的地球形体称为大地体，如图1-3所示。大地水准面是重力等位面，并且处处与重力方向正交。在使用仪器进行测量工作时，需要仪器的竖轴与铅垂线方向保持一致，因此铅垂线方向是地面测量工作的基准线，而大地水准面是测量工作的基准面。

由于地球内部物质分布不均匀，导致地球表面各处重力方向产生不规则的变化，这就使得大地水准面实际上是一个具有微小起伏变化的不规则曲面。尽管大地水准面的研究取得了很大的进展，但目前大地水准面仍然无法使用精确的数学模型进行描述。

（2）参考椭球面

大地水准面是一个不规则的曲面，基于这个曲面无法进行测量计算工作。根据地球总体形状，选用一个与大地体形状和大小接近的椭球体来代表地球形体，所选用的椭球体的表面（椭球面）与大地水准面尽可能吻合。椭球体是由一个椭圆绕其短半轴旋转一周形成的，称为地球椭球，如图 1-4 所示。地球椭球的形状和大小可以用椭球的长半轴 a、短半轴 b 和扁率 $f=(a-b)/a$ 表示。

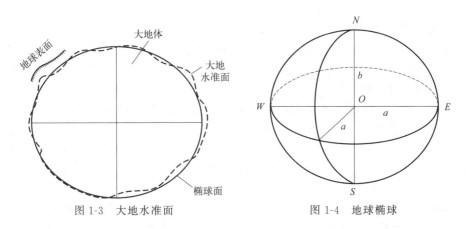

图 1-3　大地水准面　　　　　图 1-4　地球椭球

由于地形起伏不同，每个国家应选择适合国家领土范围内的地球椭球，使选择的椭球表面与国家领土范围内的大地水准面充分接近，这个椭球面称为参考椭球面。由于椭球面是一个规则的曲面，测量工作以参考椭球面作为计算的基准面，每个国家以参考椭球面为基础建立适合自己国家的大地坐标系。

（3）常用参考椭球的几何参数

新中国成立后，我国采用了苏联的克拉索夫斯基椭球作为参考椭球，建立了"1954 北京坐标系"。为了满足国家经济建设和国防建设的需要，20 世纪 80 年代我国采用国际大地测量与地球物理联合会（IUGG）1975 年推荐的椭球作为参考椭球，建立了"1980 大地坐标系"，坐标系的起算点位于陕西省泾阳县永乐镇的大地原点。上述两个坐标系都属于参心坐标系。2008 年 7 月 1 日起我国正式启用中国大地坐标系统 2000（CGCS2000）作为我国法定坐标系，2018 年 7 月 1 日起全面使用 CGCS2000 坐标系。CGCS2000 坐标系是依据 2000 国家 GPS 大地控制网、2000 国家重力基本网和国家天文大地网提供的高精度坐标框架建立起来的三维地心坐标系。在使用全球导航卫星系统（GNSS）测量定位时，会用到 WGS-84 坐标系。WGS-84 坐标系是美国建立的国际上普遍采用的大地坐标系，坐标系的原点位于地球的质心，是世界上第一个地心坐标系，全球定位系统 GPS 采用的就是 WGS-84 坐标系。表 1-1 列出了几种常用坐标系的地球椭球参数。

表 1-1　常用地球椭球几何参数

坐标系	长半轴 a/m	短半轴 b/m	扁率 f	椭球类型
1954 北京坐标系	6378245	6356863.0188	1/298.3	参考椭球
1980 大地坐标系	6378140	6356755.2882	1/298.257	参考椭球
CGCS2000 坐标系	6378137	6356752.3142	1/298.257222	总地球椭球
WGS-84 坐标系	6378137	6356752.3142	1/298.257224	总地球椭球

1.3 测量坐标系

地面点的空间位置通常采用三维坐标来表示，要确定地面点的位置首先必须建立坐标系。在表示地面点的三维坐标中，其中两个量表示地面点投影在基准面上的位置，第三个量表示地面点至基准面的垂直距离。

（1）大地坐标

大地坐标又称为地理坐标，是以地球椭球面作为基准面，以起始子午面（首子午面或者零度子午面）和赤道平面作为坐标的参考面，用大地经度 L、大地纬度 B 和大地高 H 表示地面点在大地坐标系中的位置。

如图 1-5 所示，地面 A 点的大地经度 L 是通过 A 点的子午面与起始子午面之间的夹角，从起始子午面起算，向东为东经 $0°\sim180°$，向西为西经 $0°\sim180°$；A 点的大地纬度 B 为通过 A 点的椭球面的法线与赤道平面的夹角，从赤道平面起算，向北为北纬 $0°\sim90°$，向南为南纬 $0°\sim90°$；A 点大地高 H 是 A 点沿椭球面的法线方向到椭球面上的距离 AA'。

地面点除了可以用大地坐标来表示外，也可以用天文测量的方法测定点的球面坐标，此时点的坐标用天文经度 λ 和天文纬度 φ 表示。天文坐标和大地坐标都属于地理坐标。

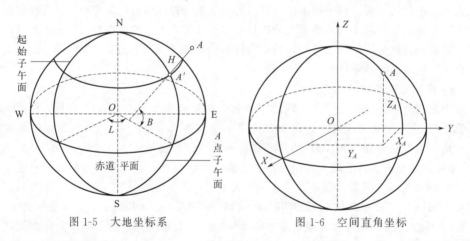

图 1-5　大地坐标系　　　　　　图 1-6　空间直角坐标

（2）空间直角坐标

空间直角坐标是以地球椭球的中心 O 为坐标原点，起始子午面与赤道面的交线为 X 轴，在赤道面内与 X 轴正交的方向为 Y 轴，椭球的旋转轴为 Z 轴，坐标轴指向符合右手规则，地面 A 点的空间位置用三维直角坐标 (X_A, Y_A, Z_A) 表示，如图 1-6 所示。

（3）高斯平面直角坐标

在地形图测绘、工程设计和工程测量等工作中使用大地坐标和空间直角坐标很不方便，也不直观，人们习惯于使用平面直角坐标来反映地面形态和工程规划设计的成果，这就需要将基于椭球面的大地坐标或者空间直角坐标转换为平面直角坐标。由椭球面变换为平面的方法一般采用高斯-克吕格投影（简称高斯投影）来实现，通过高斯投影建立的坐标系称为高斯平面直角坐标系。

① 高斯投影分带　将地球椭球面按经度划分，从 0°子午线起算每 6°经差划分为一

带，称为 6° 带，带号 N 自西向东编号，依次为 1~60，共 60 带。位于各带中央的子午线称为中央子午线，位于各带边上的子午线称为分带子午线。图 1-7 上部为 6° 高斯投影分带图。

各带中央子午线经度 L_6 的计算公式为

$$L_6 = 6°N - 3° \qquad (1-1)$$

将球面坐标变换为平面坐标，进行高斯投影后会带来长度的变形，为了使变形更小，可以按照经差 3° 分带，从东经 1.5° 开始自西向东每隔 3° 经差划分为一带，带号 n 依次为 1~120，共 120 带。图 1-7 下部为 3° 高斯投影分带图。各带中央子午线经度 L_3 的计算公式为

$$L_3 = 3°n \qquad (1-2)$$

我国领土范围自西向东跨域 11 个 6° 带（13~23 带），跨域 22 个 3° 带（24~45 带）。通常 3° 分带法用于比例尺大于 1:25000 地形图投影，6° 分带法用于比例尺 1:25000~1:500000 地形图投影。图 1-7 为高斯投影分带图。

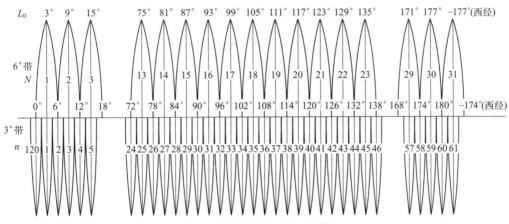

图 1-7 高斯投影 6° 及 3° 分带

② 高斯投影 如图 1-8 所示，设想有一个椭圆柱套在地球椭球的外面，椭圆柱的中心轴线通过椭球的中心，椭圆柱面与地球椭球面上某一投影带的中央子午线相切，在保持椭球面图形与柱面图形为等角的条件下（称为正形投影），将中央子午线两侧的分带范围投影到椭圆柱面上，然后将椭圆柱面沿着南、北极的母线切开，展开成平面，中央子午线两侧的分带范围就投影到了平面上，这种投影方法就叫高斯投影。高斯投影又称为等角投

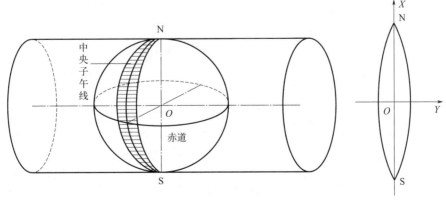

图 1-8 高斯投影

影，它能保证椭球面上的角度投影到平面上时不发生变形，保持了投影后几何图形的相似性。

高斯投影后中央子午线和赤道成为了相互垂直的直线，分别以投影后的中央子午线和赤道为纵坐标轴和横坐标轴，以它们的交点为坐标原点建立平面坐标系，叫高斯平面直角坐标系，相应的坐标平面称为高斯平面。在高斯平面上，只有中央子午线和赤道投影后变成了相互垂直的直线，其余的经线和纬线仍然保持了原来的弧线形状，距离中央子午线愈远，长度变形愈大。因此在大比例尺地形测绘时，均选用3°分带进行投影，以控制长度变形。

地面点在高斯平面直角坐标系中的坐标用纵坐标 X 和横坐标 Y 表示，其中 X 表示点沿着南北方向到赤道（坐标横轴）的距离，Y 表示点沿着东西方向到中央子午线（坐标纵轴）的距离。我国位于北半球，纵坐标均为正值，根据地面点位于中央子午线的东西两侧不同，横坐标有正有负。为了避免横坐标出现负值，把坐标纵轴从中央子午线向西平移500km，即在原来的横坐标 Y 上加 500km，而纵坐标保持不变，如图 1-9 所示。由于高斯投影是按分带进行投影，为了标明地面点所属投影带，在横坐标 Y 的前面加上带号。例如地面点 B 在 3°分带投影中位于 36 带，原高斯坐标自然值 $Y_B=-136250.856\text{m}$，纵坐标轴向西移动 500km 后的 Y 坐标为 $-136250.856\text{m}+500000\text{m}=363749.144\text{m}$，则高斯通用坐标值为：

$$X_B=X_B，Y_B=36363749.144\text{m}$$

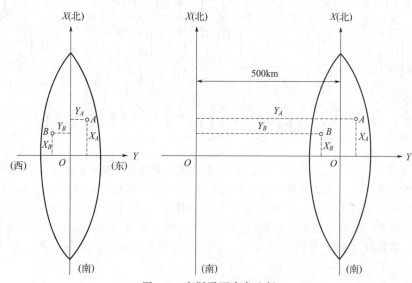

图 1-9　高斯平面直角坐标

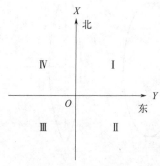

图 1-10　独立平面直角坐标

（4）独立平面直角坐标

当测量区域较小时（比如半径不大于10km的范围），可以将区域地表球面当作平面看待，区域内的地面点沿铅垂线方向投影到平面上，使用平面直角坐标确定点的位置。在这样的区域建立坐标系时通常将坐标原点选择在区域的西南角，南北方向为 X 轴，向北为正，东西方向为 Y 轴，向东为正，坐标系的象限按照顺时针编号，分别为Ⅰ、Ⅱ、Ⅲ、Ⅳ，如图1-10所示。

1.4 高程系统

　　地面点的空间位置通常用三维坐标来表示，除了其在基准面上的投影位置外，还需要确定其沿着投影方向到高程基准面的距离，这个距离就是地面点的高程。不同的高程基准面决定了不同的高程系统。

　　在大地坐标系当中，高程基准面是地球椭球面，地面点沿法线方向至椭球面的距离称为大地高，GNSS 测量得到的高程是大地高，大地高是一个几何量，没有物理意义。地面点沿铅垂线方向到大地水准面的距离称为正高，由于大地水准面无法精确确定，地面点的正高很难测量。在实际应用中选取与大地水准面十分接近的似大地水准面作为高程基准面，地面点沿铅垂线方向到似大地水准面的距离称为正常高，正常高又称为海拔或者绝对高程，简称高程，用 H 表示，我国高程系统采用正常高系统。

　　新中国成立后，我国在青岛设立验潮站对黄海海水面进行观测，采用 1950 年至 1956 年的观测资料确定的黄海平均海水面作为我国的高程基准面，在青岛观象山建立了国家水准原点，测定了水准原点的高程为 72.289m，以此建立了"1956 黄海高程系统"。1988 年以后，我国采用青岛验潮站 1952 年至 1979 年的观测资料重新计算了黄海平均海水面，测定了水准原点的高程为 72.260m，建立了"1985 国家高程基准"，1985 国家高程基准是我国目前使用的高程系统。

　　当在局部地区测量无法引用绝对高程时，也可以假定一水准面作为高程基准面。地面点沿着铅垂线方向到此水准面的距离，称为相对高程，用 H' 表示。地面上两点之间的高程之差称为高差，用 h 表示。地面点绝对高程、相对高程和高差的关系如图 1-11 所示。

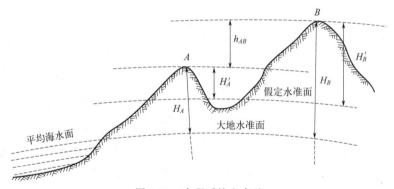

图 1-11　高程系统和高差

　　地面点 AB 之间的高差为
$$h_{AB} = H_B - H_A = H'_B - H'_A, \qquad H_B = H_A + h_{AB}$$
显然两点之间的高差与高程基准面无关。

1.5 标准方向与方位角

　　在测量工作中，地面直线的方向是用该直线与标准方向之间的夹角来表示，常用的标准方向有真北方向、磁北方向和坐标北方向，称为"三北"方向。

1.5.1 标准方向

（1）真北方向

过地球表面某点的真子午线的切线方向，称为该点的真子午线方向，真子午线方向北端所指向的方向为真北方向，真北方向用天文观测的方法确定。

（2）磁北方向

地球表面某点上当磁针自由静止时指向的方向为该点的磁子午线方向，磁针北端指向的方向为磁北方向，磁北方向可以使用罗盘仪测定。

（3）坐标北方向

在高斯平面直角坐标系中坐标纵线北端指向的方向为坐标北方向。

通常在地球表面"三北"方向不重合，如图 1-12（a）所示，这是因为地球的南北极和地球地磁场的南北极不一致，以及在高斯投影时除了中央子午线投影成为直线外，其它子午线投影后仍然保持了原来的弧线形状。因此在某点上磁子午线方向与真子午线方向就产生了一个夹角，称为磁偏角，用 δ 表示，当磁子午线方向在真子午线方向以东时称为东偏，δ 为正；磁子午线方向在真子午线方向以西时称为西偏，δ 为负，如图 1-12（b）所示。我国各地磁偏角的变化在 $-10°\sim+6°$ 之间。

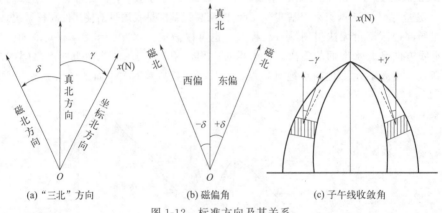

(a) "三北"方向   (b) 磁偏角   (c) 子午线收敛角

图 1-12　标准方向及其关系

地球表面某点的真子午线方向与该点处坐标纵线方向（即投影后的中央子午线方向）之间的夹角，称为该点的子午线收敛角，用 γ 表示。当坐标纵线方向在真子午线以东，称为东偏，γ 为正；坐标纵线方向在真子午线以西称为西偏，γ 为负，如图 1-12（c）所示。

子午线收敛角在普通测量中可用下面公式近似计算：

$$\gamma = \Delta L \sin B \tag{1-3}$$

式中，ΔL 是某点的经度与中央子午线经度之差，B 是该点的纬度值。

1.5.2 直线方向的表示方法

（1）方位角

测量工作中常用方位角表示直线的方向。从直线一端的标准方向起沿顺时针方向至该直线方向的水平角称为该直线的方位角，方位角的范围是 $0°\sim360°$。

根据标准方向的不同，方位角有不同的定义。以真北方向为标准方向定义的方位角称为真方位角，用 A 表示；以磁北方向为标准方向定义的方位角称为磁方位角，用 A_m 表示；以坐标北方向为标准方向定义的方位角称为坐标方位角，用 α 表示。

在常规测量中一般使用坐标方位角表示直线在坐标平面中的方向，如没有特别说明，所用方位角均指的是坐标方位角。如图 1-13 所示，三个方位角之间的关系为

$$\begin{cases} A = A_m + \delta \\ A = \alpha + \gamma \end{cases} \tag{1-4}$$

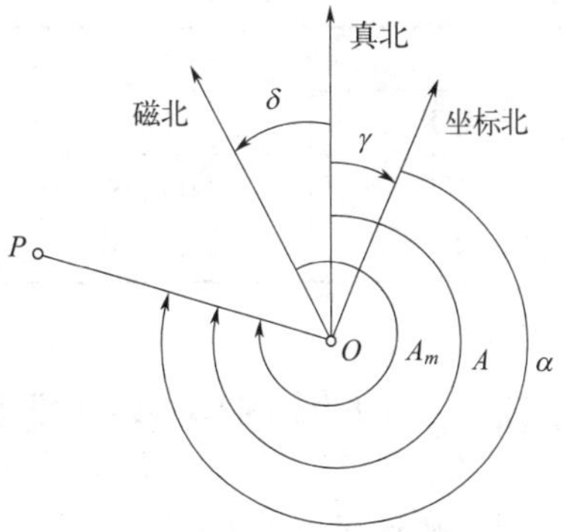

如果把直线 OP 方向的方位角 α_{OP} 称为正坐标方位角的话，则 PO 方向的方位角 α_{PO} 就称为反坐标方位

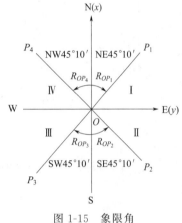

图 1-13　三北方向之间的关系

角，它们之间相差 $180°$，即 $\alpha_{PO} = \alpha_{OP} \pm 180°$，公式中如果 $\alpha_{OP} \geqslant 180°$，取 "－" 号；如果 $\alpha_{OP} < 180°$，取 "＋" 号。正反坐标方位角如图 1-14 所示。

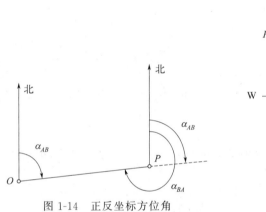

图 1-14　正反坐标方位角

图 1-15　象限角

（2）象限角

直线与标准方向线所夹的锐角，称为象限角，用 R 表示，象限角的范围是 $0° \sim 90°$。象限角也可以用来表示直线的方向，但是需要注明其所在的象限。

如图 1-15 所示，直线 OP_1、OP_2、OP_3、OP_4 分别位于测量平面直角坐标系的 I、II、III、IV 象限中，它们的象限角都一样，但它们的方向却完全不同，其方向分别用北东、南东、南西和北西表示。

直线 OP_1、OP_2、OP_3、OP_4 的象限角分别为

$$R_{OP_1} = 北东\ 45°10', \quad R_{OP_2} = 南东\ 45°10'$$
$$R_{OP_3} = 南西\ 45°10', \quad R_{OP_4} = 北西\ 45°10'$$

方位角和象限角根据所在的象限不同，可以用不同的公式进行转换，如表 1-2 所示。

表 1-2　方位角与象限角的换算关系

象限		由方位角 α 计算象限角 R	由象限角 R 计算方位角 α
编号	名称		
I	北东（NE）	$R = \alpha$	$\alpha = R$
II	南东（SE）	$R = 180° - \alpha$	$\alpha = 180° - R$

象限		由方位角 α 计算象限角 R	由象限角 R 计算方位角 α
编号	名称		
Ⅲ	南西(SW)	$R = \alpha - 180°$	$\alpha = 180° + R$
Ⅳ	北西(NW)	$R = 360° - \alpha$	$\alpha = 360° - R$

1.5.3 坐标方位角的推算

在实际测量工作中，大多数直线边的方位角不是直接测定的，而是通过测量与已知边（其坐标方位角已知）的水平角推算得到，如图 1-16 所示。

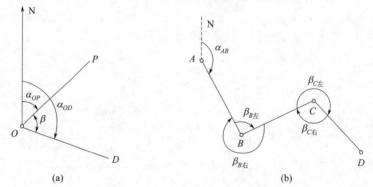

图 1-16 坐标方位角的推算

在图 1-16(a) 中，根据坐标方位角的定义和正反方位角的关系，直线 OP 和 OD 的方位角关系为

$$\alpha_{OD} = \alpha_{OP} + \beta \tag{1-5}$$

$$\alpha_{OD} = \alpha_{PO} + \beta \pm 180° \tag{1-6}$$

在图 1-16(b) 中，已知直线 AB 的坐标方位角 α_{AB}，测量了路线 $ABCD$ 前进方向的左侧和右侧的转折角 β，图中用 $\beta_{左}$ 和 $\beta_{右}$ 表示。现分别使用路线方向左侧和右侧的转折角推算相邻直线边方位角的关系。

若测量的是路线左侧转折角，则有

$$\alpha_{BC} = \alpha_{BA} + \beta_{B左} = \alpha_{AB} + \beta_{B左} \pm 180° \tag{1-7}$$

$$\alpha_{CD} = \alpha_{CB} + \beta_{C左} = \alpha_{BC} + \beta_{C左} \pm 180°$$

$$= \alpha_{AB} + \beta_{B左} + \beta_{C左} \pm 2 \times 180° \tag{1-8}$$

为了计算方便，式(1-8) 可以简化为

$$\alpha_{CD} = \alpha_{AB} + \beta_{B左} + \beta_{C左} - 2 \times 180° \tag{1-9}$$

若测量的是路线右侧转折角，则有

$$\alpha_{BC} = \alpha_{BA} - \beta_{B右} = \alpha_{AB} - \beta_{B右} \pm 180° \tag{1-10}$$

$$\alpha_{CD} = \alpha_{CB} - \beta_{C右} = \alpha_{BC} - \beta_{C右} \pm 180°$$

$$= \alpha_{AB} - \beta_{B右} - \beta_{C右} \pm 2 \times 180° \tag{1-11}$$

同样道理，式(1-11) 可以简化为

测/量/学

$$\alpha_{CD} = \alpha_{AB} - \beta_{B右} - \beta_{C右} + 2 \times 180°$$ (1-12)

在推算方位角的过程中，不管使用左侧转折角还是右侧转折角，如果方位角的计算结果大于360°应减去360°，如果计算结果小于0°应加上360°。

1.6 用水平面代替水准面的限度

水准面是测量工作的基准面，水准面是个不规则的曲面。在较小区域范围测量时，如果把水准面近似当作水平面看待，对测量值所产生的影响能够满足一定的测量精度要求的话，就可以把地面点沿铅垂线方向投影到水平面上进行相关的测量计算，以简化测量计算工作。将水准面近似看作水平面，会对距离、高差和角度产生影响。在多大的范围可以将水准面当成水平面，需要通过计算由此产生的误差是否满足测量要求来决定。

1.6.1 水准面曲率对水平距离的影响

在图 1-17 中，地面点 A、B 两点沿着铅垂线方向投影到大地水准面 Q 上为 a、b 点，ab 的弧长为 S，对应的圆心角为 θ，地球半径为 R。过地面 A 点在水准面上的投影点 a 作水平切面 P，B 点在水平切面上的投影为 b'，AB 在水平切面（水平面）上的距离为 t。

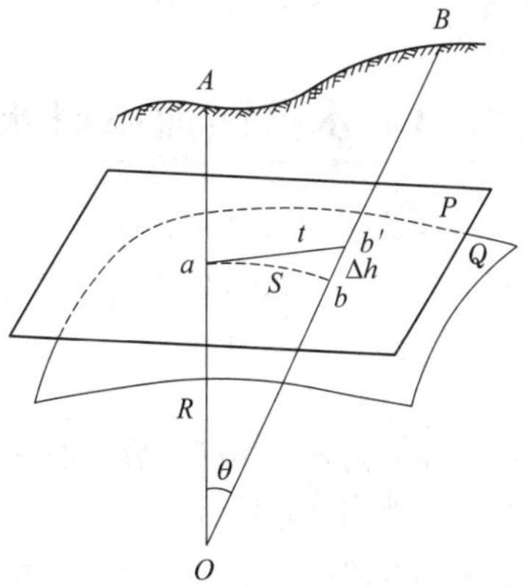

很显然地面 AB 投影到水准面和水平面上的距离不相等，产生的距离差为 ΔS

$$t = R\tan\theta, S = R\theta$$
$$\Delta S = t - S = R(\tan\theta - \theta)$$

将 $\tan\theta$ 用级数展开，代入上式中则有

$$\Delta S = R\left(\frac{1}{3}\theta^3 + \frac{2}{15}\theta^5 + \cdots\right)$$

θ 值一般很小，公式中可以省略高次项，并把 $\theta = S/R$ 代入，得到

图 1-17　水平面代替水准面的影响

$$\Delta S = \frac{S^3}{3R^2}, \frac{\Delta S}{S} = \frac{S^2}{3R^2}$$ (1-13)

式中，$\dfrac{\Delta S}{S}$ 称为相对中误差，一般用 $1/M$ 形式表示，M 越大精度越高。

R 取地球平均半径 6371km，并用不同的 S 值代入式(1-13)，得到以水平面代替水准面引起的距离差 ΔS 和距离相对中误差 $\dfrac{\Delta S}{S}$ 的数值，如表 1-3 所示。

表 1-3　水平面代替水准面产生的距离差

距离 S/km	距离差 ΔS/cm	相对中误差 $\dfrac{\Delta S}{S}$
10	0.82	1/1220000
25	12.83	1/194000
50	102.65	1/49000
100	821.23	1/12000

根据表 1-3 计算结果，当距离为 10km 时，用水平面代替水准面所引起距离差为 0.82cm 以及距离相对中误差为 1/1220000，这样微小的差值小于精密距离测量的容许误差。因此在半径为 10km（面积约为 320 km^2）的范围内，以水平面代替水准面产生的距离误差可以忽略不计。

1.6.2 水准面曲率对高差的影响

在图 1-17 中，用水平面代替水准面产生的高差为 Δh，根据图上的几何关系有

$$(R+\Delta h)^2=R^2+t^2$$

即

$$\Delta h=\frac{t^2}{2R+\Delta h}$$

上式中可用 S 代替 t，Δh 很小，与 $2R$ 相比完全可以忽略不计，因此上式可简化为

$$\Delta h=\frac{S^2}{2R} \tag{1-14}$$

分别以不同的距离值 S 等于 100m、200m、500m、1km、2km 代入上式，计算结果 Δh 分别为 0.8mm、3.1mm、19.6mm、78.4mm、310mm。由此可见即使在距离较短的条件下，用水平面代替水准面引起的高差也不能忽略不计，因此进行高程测量时应当顾及水准面曲率（地球曲率）的影响，加以改正。

1.6.3 水准面曲率对水平角的影响

由球面三角学可知，同一个空间多边形在球面上投影的各内角之和比其在平面上投影的内角之和大一个球面角超 ε，ε 的大小与多边形的面积成正比，计算公式为

$$\varepsilon=\rho\frac{P}{R^2} \tag{1-15}$$

式中，ρ 为一弧度对应的秒值（$\rho=57°17'45''=206265''$），P 为球面多边形的面积，R 为地球半径 6371km。

分别以面积 50km^2、100km^2、320km^2 代入式（1-15）计算，得到相应 ε 为 0.25″、0.51″、1.63″。对于面积在 100km^2 以内的多边形，地球曲率对水平角的影响只有在精密测量中才加以考虑，一般测量工作可以忽略不计。

1.7 测量工作概述

（1）测量定位基本要素

测量工作中不管是在地形测绘时地物地貌的定位测量，还是根据工程设计资料测设建（构）筑物的平面位置和高程，都需要测量距离、角度、方向和高差，因此这四个量称为常规测量的基本定位要素，通过它们直接或者间接确定点位的三维空间位置。虽然卫星导航定位技术可以直接测定地面点的空间三维坐标，但实际上也是利用了距离和方向的计算，才得出地面点的空间三维坐标。

（2）测量工作基本原则

在一定的环境条件下测量人员使用测量仪器设备对距离、角度、方向或者高差进行测

量，测量过程中不可避免地会产生误差，特别是在连续逐点测量时，误差会逐渐传递累积，影响测量的定位精度。为了限制误差的传递，要求测量工作遵循在布局上"由整体到局部"，在精度上"由高级到低级"，在程序上"先控制后碎部"的原则。在具体实施测量时，应从测量区域范围的整体考虑布设测量控制网，按照控制网等级和网形的需要选择控制点，控制点应均匀分布在测量区域中，采用高一级精度测定控制点的位置和高程，通过控制测量统一坐标系统和高程系统，为碎部测量提供定位、引测和起算数据。碎部测量是在控制测量的基础上，以控制点为已知点，用低一级精度方法测定其周围地物、地貌特征点的三维坐标，在工程测量中则是使用控制点对建（构）筑物进行放样定位测量，这样碎部测量的误差可得到有效的控制，保证局部测量的精度要求。

控制测量分为平面控制和高程控制。目前使用较多的平面控制测量主要有导线测量、卫星定位测量，卫星定位测量又分为静态测量和动态测量等不同形式。高程控制测量有水准测量、三角高程测量、精化大地水准面辅助下的卫星高程测量以及卫星定位加水准测量拟合高程等方法。卫星定位测量改变了传统测量模式，不仅提高了测量的精度，而且提升了测量效率，大大减轻了测量的劳动强度。

（3）测量定位常用方法

在碎部测量中，确定碎部点平面位置的方法有多种。极坐标法是通过测量角度和距离确定点位，全站仪直角坐标法是通过测量距离和方向计算得到点的坐标，角度交会法（前方交会、后方交会和侧方交会）是通过测量交会角度确定交会点的位置坐标，距离交会法是通过测量距离定点。目前采用卫星测量实时动态定位技术 GNSS RTK 进行测量定位已经成为工程测量的常用方法。现在省级区域的 GNSS 连续运行参考站系统（CORS）已经建立完善，再加上千寻 CORS 定位等系统提供的定位服务，使得实时动态定位技术 GNSS RTK 的工程应用已经普及。采用何种方法进行定位测量需要根据具体的条件和需要选择。

思政案例 新中国测绘科技发展成就见证大国自信

<<<< 思考题与习题 >>>>

1. 名词解释：测绘、测设、大地水准面、中央子午线、高斯平面、绝对高程。

2. 我国现在采用哪一个坐标系作为法定坐标系？采用哪个基准面作为高程系统的基准面？我国目前采用哪个高程系统？

3. 测量工作的基本定位要素有哪些？

4. 简述高斯投影建立平面直角坐标系的方法。

5. 在高斯平面直角坐标系中点的纵横坐标值代表什么意义？怎样根据坐标值判断点与中央子午线的位置关系？

6. 测量上的平面直角坐标系与数学坐标系有何不同？

7. 使用水平面代替水准面对距离和高差有何影响？在什么条件下可以忽略这种影响？

8. 测量工作需要遵循的基本原则是什么？

第 2 章

水准测量

本章知识要点与要求

　　本章重点介绍水准测量的基本原理，微倾式光学水准仪、自动安平水准仪和数字水准仪的基本构造和操作规程，水准测量的外业观测和内业计算，水准仪的检验和校正，水准测量的误差分析及注意事项。本章的难点是水准测量的外业观测和内业计算以及水准仪的检验与校正。通过本章的学习，要求学生理解水准测量的基本原理，掌握水准测量的外业观测程序和内业计算方法，能正确进行高差闭合差的分配和高程计算等。

2.1 水准测量原理

　　水准测量是利用水准仪形成一条水平视线，借助水准尺来测得地面两点之间的高差，进而由已知点高程推算出未知点高程。

　　如图 2-1 所示，设地面已知点 A 的高程为 H_A，欲求未知点 B 的高程 H_B，需测定 A、B 两点之间的高差 h_{AB}。则 B 点的高程 H_B 为

$$H_B = H_A + h_{AB} \tag{2-1}$$

　　式中，A 点为后视点，H_A 为后视点高程；B 点为前视点，H_B 为前视点高程；h_{AB} 为 A、B 两点之间的高差。

　　在 A、B 地面点上分别竖立有刻度的尺子——水准尺，并在 A、B 两点间安置一台能提供水平视线的仪器——水准仪。根据仪器所提供的水平视线，在 A 点水准尺上读数设为 a，在 B 点水准尺上读数设为 b，则 A、B 两点间的高差 h_{AB} 为

$$h_{AB} = a - b \tag{2-2}$$

　　如果水准测量前进的方向为从 A 到 B，如图 2-1 中的箭头所示，则相对前进方向而言，A 点为后视点，其读数 a 称为后视读数，B 点为前视点，其读数 b 称为前视读数，高差等于后视读数减去前视读数。高差 h 是一个有方向含义的值，且有正负号之分，h_{AB} 指的是从 A 点到 B 点的高差。若 $a > b$，高差 h_{AB} 为正，表示 B 点高于 A 点；反之，高差 h_{AB} 为负，表示 B 点低于 A 点。

　　此外，还可通过仪器的视线高程 H_i 来计算 B 点的高程，即

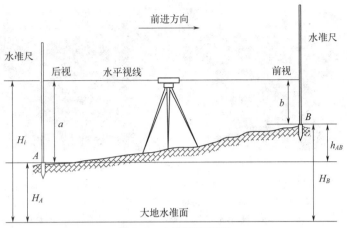

图 2-1　水准测量原理

$$H_A + a = H_B + b = H_i \qquad (2-3)$$

从而

$$H_B = H_i - b = H_A + a - b \qquad (2-4)$$

式(2-1)直接利用高差 h_{AB} 计算 B 点的高程,称为高差法,常用于水准路线的高程测量;而式(2-4)利用仪器视线高程 H_i 计算 B 点的高程,称为仪高法(或视线高法)。高差法适用于测定两点间的高差;而仪高法适用于安置一次仪器根据一个后视点测定若干个前视点的高差,在此情况下,仪高法只需观测一个后视读数,求得视线高程,然后再观测若干个前视读数,求得多个前视待求点的高程,此方法在线路测量中较高差法更为方便快捷。

2.2　光学水准仪和水准尺

水准测量所使用的仪器为水准仪,配合使用的辅助工具为尺垫和水准尺。我国水准仪按精度分为 $DS_{0.5}$、DS_1、DS_3、DS_{10} 四个等级,其中 D、S 分别为大地测量和水准仪的汉语拼音首字母,下标指仪器能达到的每千米往返测高差中数的中误差,单位为 mm。$DS_{0.5}$ 级和 DS_1 级水准仪称为精密水准仪,用于国家一、二等精密水准测量;DS_3 级和 DS_{10} 级水准仪称为普通水准仪,用于国家三、四等水准测量及等外水准测量。水准仪按结构又分为微倾水准仪、自动安平水准仪和数字水准仪(又称电子水准仪)。

2.2.1　水准仪的基本构造

如图 2-2 所示,为 DS_3 微倾式光学水准仪。使用微倾式光学水准仪观测时,在读数之前必须调节管水准器,使其气泡符合获取精确水平视线。图 2-3 为 DS_3 自动安平光学水准仪。水准仪主要由望远镜、水准器及基座组成。

自动安平水准仪是指在一定的视准轴微倾范围内,利用补偿器自动获取视线水平时水准标尺读数的水准仪。自动安平水准仪是利用自动安平补偿器代替管状水准器,在仪器微倾时补偿器受重力作用而相对于望远镜筒移动,使视线水平时标尺上的正确读数通过补偿器后仍旧落在水平十字丝上。

图 2-2   DS₃ 微倾式光学水准仪

1—物镜镜筒；2—管水准器；3—水准管气泡观察镜；4—圆水准器；5—目镜调焦螺旋；
6—目镜；7—准星；8—照门；9—物镜调焦螺旋；10—物镜；11—物镜微倾螺旋；
12—水平微动螺旋；13—望远镜制动螺旋；14—基座；15—脚螺旋

图 2-3   DS₃ 自动安平光学水准仪

1—目镜；2—目镜调焦；3—瞄准器；4—物镜调焦；5—物镜；6—水平微动螺旋；
7—脚螺旋；8—圆水准器；9—圆水准器观测镜；10—十字丝分划板护盖

传统的微倾式光学水准仪较自动安平水准仪和电子水准仪操作要复杂，要求较高。使用自动安平水准仪观测时，当圆水准器气泡居中仪器整平之后，即可进行读数，简化了操作步骤，提高作业速度，减少了外界条件变化所引起的观测误差。因此自动安平水准仪被广泛应用于水准测量和工程测量当中。

（1）望远镜

望远镜是水准仪的重要部件，用来瞄准远处的水准尺进行读数，由物镜、目镜、调焦透镜、十字丝分划板、物镜调焦螺旋和目镜调焦螺旋等组成。水准仪望远镜的构造如图 2-4(a) 所示。

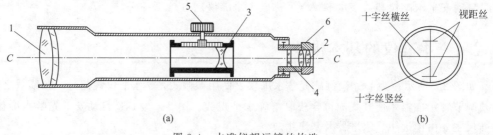

(a)   (b)

图 2-4   水准仪望远镜的构造

1—物镜；2—目镜；3—调焦透镜；4—十字丝分划板；5—物镜调焦螺旋；6—目镜调焦螺旋

水准仪的物镜由两片以上的透镜组成，作用是与调焦透镜一起使远处的目标成像在十字丝平面上，形成缩小的实像。旋转调焦螺旋，可使不同距离目标的成像清晰地落在十字丝分划板上，称为调焦或物镜对光。目镜是由一组复合透镜组成，其作用是将物镜所成的实像连同十字丝一起放大成虚像。转动目镜螺旋，可使十字丝影像清晰，称为目镜调焦。

十字丝分划板是安装在镜筒内的一块光学玻璃板，上面刻有两条互相垂直的十字丝，竖直的一条丝称为竖丝，水平的一条丝称为横丝或中丝，与横丝平行的上、下两条对称的短丝称为视距丝，用以测定距离，如图2-4(b)所示。物镜光心与十字丝交点的连线称为望远镜的视准轴，用 CC 表示。安置整平水准仪后，视准轴的延长线即成为水准测量所需要的水平视线。水准测量时，用十字丝交叉点和中丝瞄准水准尺并读数。

从望远镜内所看到的目标放大虚像的视角 β 与眼睛直接观察该目标的视角 α 的比值，称为望远镜的放大率，一般用 V 表示，DS₃型水准仪望远镜的放大率一般为 $28\sim32$ 倍。

（2）圆水准器

水准器主要用来整平仪器、指示视准轴是否处于水平位置，是辅助操作人员判定水准仪是否置平正确的重要部件。自动安平水准仪上的水准器为圆水准器。圆水准器外形如图2-5所示，顶部玻璃的内表面为球面，内装有酒精或乙醚溶液，密封后留有气泡。球面中心刻有圆圈，其圆心即为圆水准器零点，通过零点与球面曲率中心连线形成的轴 $L'L'$，称为圆水准器轴。当气泡居中时，该轴线处于铅垂位置；气泡偏离零点时，轴线呈倾斜状态。气泡中心偏离零点 2mm 所倾斜的角值，称为圆水准器的分划值。DS₃型水准仪圆水准器分划值一般为 $8'\sim10'$。圆水准器的精度较低，用于仪器的粗略整平。

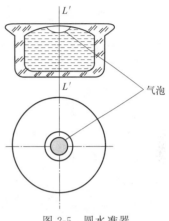

图 2-5　圆水准器

（3）基座

基座位于仪器下部，主要由轴座、脚螺旋和连接板等组成。仪器上部通过竖轴插入轴座内，由基座承托；脚螺旋用于调节圆水准气泡，使气泡居中；连接板通过连接螺旋与三脚架相连接。

水准仪除上述部分外，还装有制动螺旋和水平微动螺旋。拧紧制动螺旋时，仪器固定不动，此时转动水平微动螺旋，可使望远镜在水平方向作微小转动，用以精确瞄准目标。对于微倾式水准仪，微倾螺旋可使望远镜在竖直面内微动，由于望远镜和管水准器连为一体，且视准轴与管水准轴平行，所以圆水准气泡居中后，转动微倾螺旋使管水准气泡影像符合，即可利用水平视线读数。

（4）自动安平水准仪的结构和安平原理

如图2-6所示，自动安平水准仪是在望远镜内部安装了一个光学补偿器代替水准管，仪器粗平后，在补偿器的作用下，即可得到视线水平状态下的读数。

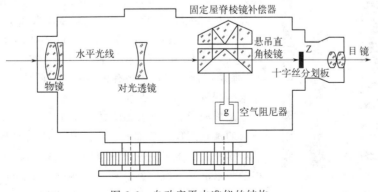

图 2-6　自动安平水准仪的结构

自动安平水准仪安平原理如图 2-7 所示，当视准轴水平时，设在水准尺上的正确读数为 a，因为没有管水准器和微倾螺旋，依据圆水准器将仪器粗平后，视准轴相对于水平面将有微小的倾斜角 α。如果没有补偿器，此时在水准尺上的读数为 a'。当在物镜和目镜之间设置补偿器后，进入十字丝分划板的光线将全部偏转 β 角，使来自正确读数 a 的光线经过补偿器后正好通过十字丝分划板的中丝，从而读出视线水平时的正确读数。由于 α 和 β 都是很小的角度，当下式成立时，就能达到补偿的目的。

$$f\alpha = d\beta \tag{2-5}$$

式中，f 是物镜到十字丝分划板距离；d 是补偿器到十字丝分划板的距离。

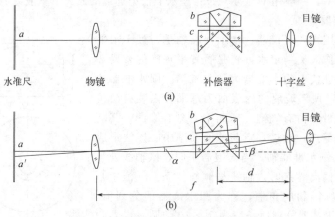

图 2-7　自动安平水准仪的安平原理

2.2.2　水准尺和尺垫

水准尺是水准测量时与水准仪配套使用的必备工具。要用伸缩性小、不易变形的优质材料制成，如优质木材、玻璃钢、铝合金等。常用的水准尺有双面尺和塔尺两种，如图 2-8 所示。

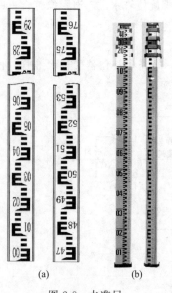

图 2-8　水准尺

图 2-8(a) 为双面尺，传统的水准尺长度为 3m，现在多数水准尺长度为 2m，两根尺为一对。黑面底部起点都为零，每隔 1cm 涂以黑白相间的分格，每分米处注有数字；红面底部为一常数，一根尺从 4.687m 开始，另一根尺从 4.787m 开始，其目的是避免观测时的读数错误，以便校核读数；同时用红、黑面读数求得的高差，可进行测站检核计算。双面水准尺一般用于三、四等水准测量。

图 2-8(b) 为塔尺，塔尺一般由两节以上组成，可以伸缩，其全长有 3m 或 5m 两种。尺的底部为零，以厘米或 0.5 厘米进行分划，数字有正字和倒字两种。塔尺仅用于等外水准测量和建筑工地上使用。

尺垫如图 2-9 所示。尺垫一般由铸铁制成，中间有一个凸起的球状圆顶，下部有三个尖脚。使用时将尖脚踩入地下踏实，然后将尺立于圆球顶部。尺垫的作用是防止点位移动和水准尺下沉。在连续水准测量时，转点上必须安放尺垫，才能保证水准尺底部在同一高度。水准测量时水准

测／量／学

尺应正确竖立在尺垫上，如图 2-9(a) 所示为正确的位置，图 2-9(b) 所示为错误的位置。

(a) 水准尺竖立在尺垫半球顶(正确)　　(b) 水准尺竖立在尺垫平台面(错误)

图 2-9　尺垫及水准尺在尺垫上的用法

2.2.3　水准仪的使用

自动安平水准仪使用操作的主要内容按程序分为安置仪器、粗略整平、瞄准水准尺和读数。

（1）安置仪器

安置水准仪的基本方法是：根据观测者的身高调节好架腿的长度，使其高度适中，张开三脚架，目估架头大致水平，取出仪器用连接螺旋将水准仪固连在架头上。地面松软时，应将三脚架腿踩入土中踩实，在踩脚架时应注意使圆水准气泡尽量靠近中心。

（2）粗略整平

粗略整平简称粗平，就是通过调节仪器的脚螺旋，使圆水准气泡居中，以达到仪器纵轴铅直、视准轴粗略水平的目的。基本操作方法如下。

如图 2-10 所示，当气泡偏离中心位置时，可先选择一对脚螺旋 1、2［如图 2-10(a) 所示］，用双手以相对方向转动两个脚螺旋，使气泡移至两脚螺旋连线的中间位置，然后再转动脚螺旋 3［如图 2-10(b) 所示］，使气泡居中［如图 2-10(c) 所示］，此项工作应反复进行，直至在任意位置气泡都居中。气泡的移动规律是，其移动方向与左手大拇指转动脚螺旋的方向相同。

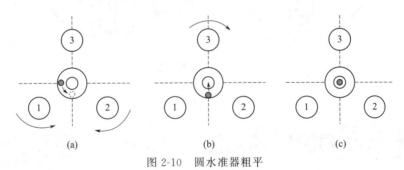

(a)　　　　　　　　(b)　　　　　　　　(c)

图 2-10　圆水准器粗平

（3）瞄准水准尺

瞄准就是使望远镜对准水准尺，清晰地看到目标和十字丝成像，以便准确地进行水准尺读数，基本方法如下。

① 初步瞄准。松开制动螺旋，转动望远镜，利用镜筒上的照门和准星连线对准水准尺，然后拧紧制动螺旋。

② 目镜调焦。转动目镜调焦螺旋，直至清晰地看到十字丝。

③ 物镜调焦。转动物镜调焦螺旋，使水准尺成像清晰。

④ 精确瞄准。转动微动螺旋，使十字丝的竖丝对准水准尺像。

瞄准时应注意消除视差。所谓视差就是当目镜、物镜对光不够精细时，目标的影像不在十字丝平面上，如图 2-11(b) 所示，以致两者不能同时被看清。

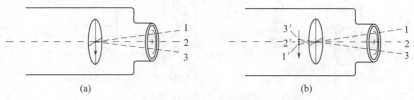

图 2-11　视差产生的原因

视差的存在会影响瞄准和读数精度，必须加以检查并消除。检查有无视差，可用眼睛在目镜端上下微微地移动，若发现十字丝和水准尺成像有相对移动现象，说明有视差存在。消除视差的方法是反复仔细地进行目镜调焦和物镜调焦，直至水准尺和十字丝成像都清晰，眼睛上下移动读数不变为止，如图 2-11(a) 所示。

（4）读数

当确认气泡居中后，应立即用十字丝横丝在水准尺上读数。读数前要认清水准尺的注记特征和影像方向，按注记由小到大进行读数。读数时要先读取米、分米及厘米值，再估读水准尺上的毫米数（小于一格的估值），一般应读出四位数。如图 2-12(a)、(b) 所示的读数分别为 0.940m 和 1.485m 或者 0940mm 和 1485mm。读数时，水准尺的影像无论是正像还是倒像，一律从小往大方向读数，读足 4 位数，不要漏 0。

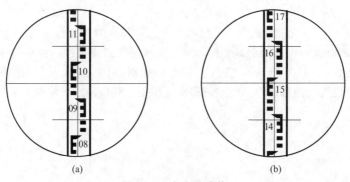

图 2-12　水准尺读数

2.3　水准测量实施方法

2.3.1　水准点与水准路线

（1）水准点

用水准测量的方法，测定的高程达到一定精度的高程控制点，称为水准点（bench mark，BM）。为了将水准测量成果加以固定，必须在地面上设置水准点。水准点根据需要，可分为永久性和临时性两种。各等级水准点均应埋设永久性标石或标志，水准点的等级应注记在水准点标石或标记面上。永久性水准点的标石一般用混凝土预制而成，顶面嵌入半球形的金属标志，图 2-13（a）表示国家等级水准点，图 2-13（b）表示工地上的永久性水准点；临时性水准点可选在地面突出的坚硬岩石或房屋勒脚、台阶上，用红漆做标记，也可用大木桩打入地下，桩顶上钉一半球形钉子作为标志，如图 2-13（c）所示。

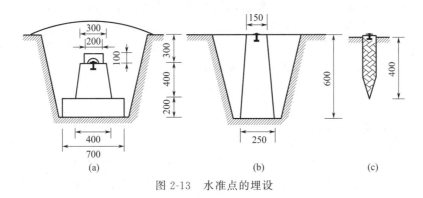

图 2-13　水准点的埋设

为方便以后的寻找和使用，埋设水准点后，应绘出能标记水准点位置的草图（称为点之记），图上要注明水准点的编号、与周围地物的位置关系。水准点以 BM 为代号。

（2）水准路线

一般情况下，从已知高程的水准点出发，要用连续水准测量的方法才能测出另一待定水准点的高程，在水准点之间进行水准测量所经过的路线称为水准路线。水准测量路线的布设分为单一水准路线和水准网。根据测区的情况不同，单一水准路线可布设成以下几种形式，如图 2-14 所示。

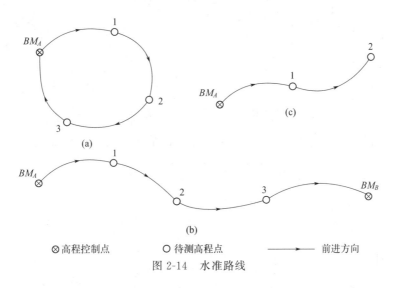

⊗高程控制点　　　○待测高程点　　　———— 前进方向

图 2-14　水准路线

① 闭合水准路线　如图 2-14（a）所示，从一个已知水准点 BM_A 出发，经过待测点 1、2、3，最后闭合回到 BM_A 点，称为闭合水准路线。沿这种线路进行水准测量，测得各相邻水准点之间的测段高差的总和在理论上应等于零，可以此作为观测正确性的检核，即闭合水准路线的高差观测值理论上应满足式（2-6）条件：

$$\sum h_{理}=0 \tag{2-6}$$

② 附合水准路线　如图 2-14（b）所示，从一已知水准点 BM_A 出发，经过待测点 1、2、

3，到达另一已知水准点 BM_B，称为附合水准路线。沿这种路线进行的水准测量所测得各相邻水准点间的测段高差总和应等于两端已知点之间的高差，可以此作为观测正确性的检核。即附合水准路线的高差观测值理论上应满足式(2-7)条件：

$$\sum h_{理} = H_{终} - H_{起} \tag{2-7}$$

③ 支水准路线

如图 2-14(c) 所示，从一已知水准点 BM_A 出发，经过待测点 1、2 后结束，既不闭合也不附合，称为支水准路线。支水准路线因为缺少检核，水准测量需要进行往返观测，则往测高差总和与返测高差总和在理论上应绝对值相等、符号相反，可以此作为观测正确性的检核。即支水准路线往、返测高差总和理论值应满足式(2-8)条件：

$$\sum h_{往} + \sum h_{返} = 0 \tag{2-8}$$

2.3.2　水准测量方法

实际工作中，若两点相距较远或高差较大，需要连续多次安置仪器才能测得两点间的高差，此时，需要在两点间设置若干个测站和立尺点进行连续的水准测量。如图 2-15 所示，水准点 A 为已知点，B 为高程待测点，①、②、③、④、⑤为测站序数，TP_1、TP_2、TP_3、TP_4 为转点。转点是在水准测量中临时立尺点，起到高程传递的作用。

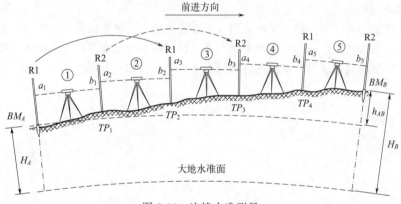

图 2-15　连续水准测量

在连续水准测量中分别把仪器安置在各测站上，在每一测站上读取的后视读数和前视读数分别为 a_1、b_1、a_2、b_2、…、a_n、b_n，则各测站测得的高差分别为

$$h_1 = a_1 - b_1$$
$$h_2 = a_2 - b_2$$
$$……$$
$$h_n = a_n - b_n$$

将各式相加，得

$$h_{AB} = h_1 + h_2 + \cdots + h_n = \sum_{i=1}^{n} h_i \tag{2-9}$$

或写成

$$h_{AB} = \sum_{i=1}^{n} a_i - \sum_{i=1}^{n} b_i \tag{2-10}$$

则 B 点的高程为 $H_B = H_A + h_{AB}$。式(2-10)常作为高差计算检核。

观测步骤与记录如下。

① 在起始点 A 上竖立水准尺作为后视，在地面坚固且安全的位置设置测站①，安置水准仪，在路线前进方向适当位置设置转点 TP_1，安放尺垫，在尺垫上竖立水准尺作为前视。注意前、后视距（仪器到前视点和后视点的距离）要大致相等。

② 将仪器粗略整平，瞄准后视水准尺，消除视差，精确整平，用十字丝中丝读取后视读数 a_1，记入表 2-1。

③ 转动水准仪，瞄准前视尺，消除视差，精确整平，用十字丝中丝读取前视读数 b_1，记入表 2-1 并计算本站高差 h_1。

以上为第①测站的观测、记录及计算等基本操作。

④ TP_1 点前视水准尺位置不动，变作后视，将仪器搬到测站②，在适当位置设置转点 TP_2 并竖立水准尺，重复②、③步骤操作，获得后视读数 a_2、前视读数 b_2。各测站以此类推，一直测到终点 B 为止。观测数据的记录和计算见表 2-1。

表 2-1　水准测量记录表

测站	测点	后视读数/m	前视读数/m	高差/m	高程/m
①	BM_A	1.537		+0.062	1000.000
	TP_1		1.475		
②	TP_1	1.478		+0.262	1000.062
	TP_2		1.216		
③	TP_2	1.355		+0.479	1000.324
	TP_3		0.876		
④	TP_3	1.259		+0.392	1000.803
	BM_B		0.867		1001.195
Σ		5.629	4.434	1.195	
计算检核：$\sum a-\sum b=1.195$，　$\sum h=1.195$，　$H_B-H_A=1.195$					

在进行连续水准测量时，若在其中任何一个测站上仪器操作失误，或任何一次前视或后视水准尺上读数有错误，都会影响高差观测值的正确性。因此，在每一个测站的观测中，为了能及时发现观测中的错误，通常用两次仪器高法或双面尺法进行水准测量。

（1）两次仪器高法

两次仪器高法是指在连续水准测量中，每一测站上用两次不同的高度安置水准仪来测定前视至后视两点间的高差，据此检查观测和读数是否正确。

图 2-16 为用两次仪器高法进行水准测量的观测实例示意图。设已知水准点 BM_A 的高程

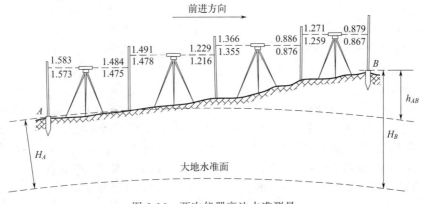

图 2-16　两次仪器高法水准测量

$H_A = 1000.000\text{m}$，需要测定 BM_B 的高程 H_B。观测数据的记录和计算见表 2-2。

表 2-2　两次仪器高法水准测量记录表

测站	测点	后视读数 /m	前视读数 /m	高差 /m	高差较差 (±3mm) /mm	平均高差 /m	高程 /m
1	BM_A	1.583		0.009	+1	0.008	1000
	TP_1		1.484				
	BM_A	1.573		0.008			
	TP_1		1.475				
2	TP_1	1.491		0.262	0	0.262	1000.008
	TP_2		1.229				
	TP_1	1.478		0.262			
	TP_2		1.216				
3	TP_2	1.366		0.480	+1	0.480	1000.270
	TP_3		0.886				
	TP_2	1.355		0.479			
	TP_3		0.876				
4	TP_3	1.271		0.392	0	0.392	1000.750
	BM_B		0.879				
	TP_3	1.259		0.392			
	BM_B		0.867				1001.142
Σ		Σ后=11.376	Σ前=8.912	Σh=2.284		Σh=1.142	
计算校核				Σ后$-\Sigma$前=2.284 $\Sigma h = 2(H_{BM_B} - H_{BM_A})$=2.284			

如果一测站中两次测得的高差较差在 ±3mm 以内，可取两次高差的平均值作为该测站的高差，记入平均高差栏中。每一个测站需完成高差的观测、记录和计算工作，观测时瞄准水准尺和读数的次序为：后视—前视—前视—后视，可简写为：后—前—前—后。

（2）双面尺法

用双面尺法进行水准测量时，需用有红、黑两面分划的水准尺，在每一测站上需要观测后视和前视水准尺的红、黑面读数，并需通过规定的检核。在每一测站上，仪器经过整平后的观测程序如下。

① 瞄准后视点水准尺黑面，读数。
② 瞄准前视点水准尺黑面，读数。
③ 瞄准前视点水准尺红面，读数。
④ 瞄准后视点水准尺红面，读数。

对于立尺点而言，其观测程序为"后—前—前—后"；对于尺面而言，其观测程序为"黑—黑—红—红"。每支双面水准尺的红面与黑面分划注记有一个零点差，对于后视读数或前视读数都可以进行一次检核，允许差数为 ±3mm。根据前、后视尺的红、黑面读数分别计算红面高差和黑面高差，两个高差的允许差数为 ±5mm，这也是一次检核。

表 2-3 是用双面尺法进行一条支水准路线的测量记录。从已知水准点 BM_A 测至待定水准点 BM_B，所用双面水准尺的零点差为 4687mm。通过测站检核，取往、返测高差总和的

平均值，最后计算待定点的高程。

表 2-3　双面尺水准测量记录表

测站	点号	尺面	水准尺读数/m		高差/m	平均高差/m	高程/m
			后视	前视			
①	BM_A	黑面	1.702	0.531	+1.171		456.320
	TP_1	红面 4687	6.389	5.216	+1.173	+1.172	
		K+黑−红	0mm< ±3mm	+2mm< ±3mm	−2mm< ±5mm		
②	TP_1	黑面	1.382	1.518	−0.136		457.492
	TP_2	红面	6.069	6.207	−0.138	−0.137	
		K+黑−红	0mm< ±3mm	−2mm< ±3mm	+2mm< ±5mm		
③	TP_2	黑面	1.346	1.151	+0.195		457.355
	TP_3	红面	6.134	5.938	+0.196	+0.196	
		K+黑−红	−1mm< ±3mm	0mm< ±3mm	−1mm< ±5mm		
④	TP_3	黑面	1.137	1.562	−0.425		457.551
	BM_B	红面	5.924	6.349	−0.425	−0.425	457.126
		K+黑−红	0mm< ±3mm	0mm< ±3mm	0mm< ±5mm		
	∑后=30.083 ∑前=28.472 ∑后−∑前=1.611 (∑后−∑前)/2=0.806				∑h=1.611	(∑h)/2=0.806	

2.3.3　水准测量成果整理

　　水准测量的观测记录需要按水准路线进行成果整理，水准测量的外业观测结束后，应对各测段的野外记录手簿进行认真检查，确认无误后，算出水准路线各段实测高差，随后进行高差闭合差的计算与调整，最后计算各点的高程。

（1）高差闭合差计算

　　对于一条水准路线，由于诸多误差（如转点移动、水准尺或仪器下沉等）对观测成果的影响，使得实测高差 $\sum h_测$ 与理论高差 $\sum h_理$ 不相符，存在的差值称为高差闭合差，用 f_h 表示为

$$f_h = \sum h_测 - \sum h_理 \tag{2-11}$$

　　因此，必须对高差闭合差进行精度检核，如果满足

$$f_h \leqslant f_{h容} \tag{2-12}$$

则表示水准路线的外业观测合格，否则应该补测或者重测。

　　由于测量仪器的精密程度和观测者的分辨能力都有一定的限制，同时还受观测环境的影响，观测值中含有一定范围内的误差是不可避免的。各种水准路线的高差闭合差是水准测量存在观测误差的反映，如果在规定范围内则认为精度合格，水准测量成果可用；否则应返工重测，直至符合要求为止。允许的高差闭合差是根据研究误差产生的规律和实际工作需要而

制订的。普通水准测量（等外水准测量）允许的高差闭合差 $f_{h容}$ 在水准测量规范中规定为

$$平地 \quad f_{h容} = \pm 40\sqrt{L}\,(\text{mm}) \tag{2-13}$$

$$山地 \quad f_{h容} = \pm 12\sqrt{n}\,(\text{mm}) \tag{2-14}$$

对于四等水准测量，高差闭合差容许值 $f_{h容}$ 的要求为

$$平地 \quad f_{h容} = \pm 20\sqrt{L}\,(\text{mm}) \tag{2-15}$$

$$山地 \quad f_{h容} = \pm 6\sqrt{n}\,(\text{mm}) \tag{2-16}$$

式中，L 为水准线路长度，km；n 为路线的测站数；$f_{h容}$ 为允许的高差闭合差，mm。

不同形式的水准路线，高差闭合差的计算方法有所不同。

① 闭合水准路线　如图 2-14(a) 所示，起点和终点为同一水准点 BM_A，水准路线的高差总和理论上应等于零，即 $\sum h_理 = 0$，因此闭合水准路线高差闭合差为

$$f_h = \sum h_测 - \sum h_理 = \sum h_测 \tag{2-17}$$

② 附合水准路线　如图 2-14(b) 所示，附合水准路线的起点和终点都为已知水准点，则水准测量路线高差总和理论上应等于两已知点的高差，则附合水准路线高差闭合差为

$$f_h = \sum h_测 - \sum h_理 = \sum h_测 - (H_终 - H_起) \tag{2-18}$$

③ 支水准路线　如图 2-14(c) 所示，支水准路线一般需要往返观测，往测高差和返测高差应绝对值相等而符号相反，故支水准路线往、返观测的高差之和理论值应为 0，其高差闭合差为

$$f_h = \sum h_往 + \sum h_返 \tag{2-19}$$

（2）高差闭合差的分配

当水准路线中的高差闭合差小于允许值时，可以进行高差闭合差的分配。对于闭合水准路线或附合水准路线，按与距离（或测站数）成正比的原则，将高差闭合差反其符号进行分配，以改正各水准点间测段的高差，使各测段高差总和满足理论值的要求，然后按改正后的测段高差计算各待定水准点的高程。对于支水准路线，则取往、返测高差绝对值的平均值，正负号则取往测高差的符号，作为改正后的高差。

按测段长度计算高差改正数的公式为

$$v_i = -\frac{f_h}{\sum L} \times L_i \tag{2-20}$$

按测段的测站数计算高差改正数的公式为

$$v_i = -\frac{f_h}{\sum n} \times n_i \tag{2-21}$$

上两式中，v_i 为第 i 测段的高差改正数；$\sum L$ 为水准路线的全长；L_i 为第 i 测段的路线长度；$\sum n$ 为水准路线测站总数；n_i 为第 i 测段的测站数。

各测段高差改正数的总和应与高差闭合差数值相等、符号相反，即

$$\sum v_i = -f_h \tag{2-22}$$

由于计算中四舍五入误差的存在，在数值上改正数的总和可能与闭合差存在一微小值，此时可将这一微小值强行分配到路线较长或测站数较多的测段高差上。

（3）计算各测段改正后的高差

各测段实测高差与其相应改正数的代数和就是改正后的高差。即

$$\hat{h}_i = h_i + v_i \tag{2-23}$$

各测段改正后高差的总和应等于相应的理论高差，否则要检查改正后高差的计算。

（4）计算待定点高程

根据改正后高差和已知点高程，按顺序逐点推算各水准点的高程。若 i 为已知点，$i+1$

为未知点，两点间的改正后高差为 $\hat{h}_i$，则有

$$H_{i+1}=H_i+\hat{h}_i \tag{2-24}$$

最后，推算出的已知点高程应与已知值相等，否则应对高程计算进行检核。

例 2-1 某平原地区普通附合水准路线测量数据如图 2-17 所示，A 点的高程 $H_A=$ 43.241m，B 点的高程 $H_B=46.957$m，1、2、3 为高程待定点，求各待定点的高程。

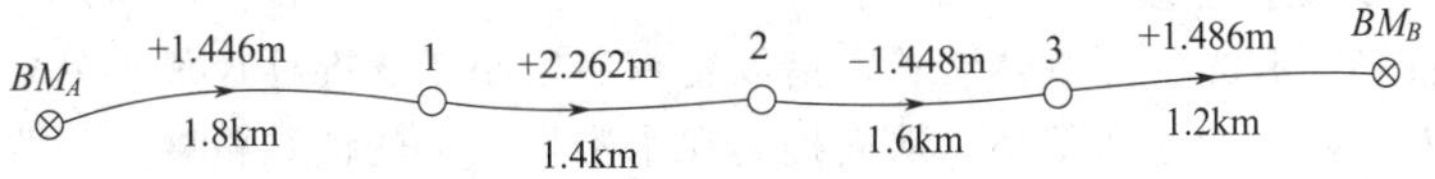

图 2-17 附合水准路线计算略图

解： 水准测量内业计算在表格中进行，计算结果填入表 2-4 中。

表 2-4 水准测量内业成果处理

测段	点名	路线长度 /km	实测高差 /m	改正数 /mm	改正后高差 /m	高程 /m	备注
1	2	3	4	5	6	7	8
Ⅰ	BM_A	1.8	+1.446	-9	+1.437	43.241	已知
	1					44.678	
Ⅱ		1.4	+2.262	-7	+2.255		
	2					46.933	
Ⅲ		1.6	-1.448	-8	-1.456		
	3					45.477	
Ⅳ		1.2	+1.486	-6	+1.480		
	BM_B					46.957	已知
Σ		6.0	3.746	-30	3.716		
辅助计算	$f_h=\sum h_{测}-(H_B-H_A)=+30\text{mm}, f_{h容}=\pm40\sqrt{6}\text{ mm}=\pm98\text{mm}$ $f_h\leqslant f_{h容}$，符合精度要求。$v_i=-\dfrac{L_i}{\sum L}\times f_h, \sum v_i=-30\text{mm}=-f_h$，计算无误。						

2.4 精密水准仪和水准尺

精密水准仪和配套使用的精密水准尺主要用于高精度的国家一、二等水准测量以及精密工程测量，如建（构）筑物的沉降观测、大型桥梁的施工测量和大型精密设备的安装等工作。

我国将精度等级为 $DS_{0.5}$ 和 DS_1 的水准仪称为精密水准仪。与 DS_3 等普通水准仪比较，精密水准仪具有以下特点。

（1）高质量的望远镜光学系统

为了在望远镜中能获得水准标尺上分划线的清晰影像，望远镜必须具有足够的放大倍率、分辨率以及较大的物镜孔径。望远镜十字丝横丝刻成楔形丝，有利于准确瞄准水准尺上分划。一般精密水准仪的放大倍率应不小于 38 倍，物镜的孔径应大于 50mm。我国规范规

定 DS$_1$ 水准仪望远镜的放大倍率不小于 38 倍，DS$_{0.5}$ 不小于 40 倍。

（2）坚固稳定的仪器结构

仪器的结构必须使视准轴与水准轴之间的联系相对稳定，不因外界条件变化而改变它们之间的关系。一般精密水准仪的主要构件均用特殊的合金钢制成，并在仪器上套有起隔热作用的防护罩。

（3）高精度的测微器装置

精密水准仪必须有光学测微器装置，借以精密测定小于水准标尺最小分划线间格值的尾数，采用测微器读数，读数误差小，从而提高在水准标尺上的读数精度。一般精密水准仪的光学测微器可以读到 0.1mm，估读到 0.01mm。

（4）高灵敏的管水准器

一般精密水准仪管水准器的格值为 10″/2mm。由于水准器的灵敏度高，在精密水准仪上必须有倾斜螺旋（又称微倾螺旋）的装置，借以使视准轴与水准轴同时产生微量变化，从而观测时使水准气泡较为容易地精确居中以达到视准轴的精确整平的目的。

（5）高性能的补偿器装置

自动安平水准仪补偿元件的质量以及补偿器装置的精密度都会影响补偿器性能。如果补偿器不能给出正确的补偿量，或是补偿不足，或是补偿过量，都会影响精密水准测量观测成果的精度。补偿器是由金属材料和玻璃材料组成，这些材料受到温度的影响，会引起补偿器微量的变化，因此要求补偿器具有温度补偿的性能。

2.4.1　精密水准仪

图 2-18 为苏一光生产的 DSZ2 自动安平精密水准仪［图（a）］、配套使用的平行玻璃测微器 FS1［图（b）］以及它们的组合［图（c）］。DSZ2 具有自动补偿功能，补偿器的工作范围是 $\pm 14'$，视线安平精度为 $\leqslant \pm 0.3''$。在使用普通水准尺时，DSZ2 的每公里往返测量高差中数

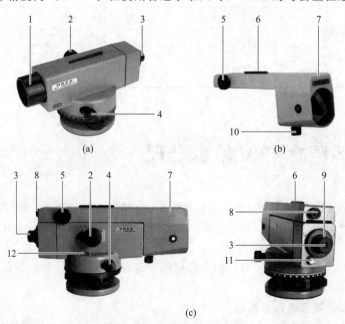

(a)　　　　　　　　(b)

(c)

图 2-18　DSZ2 自动安平精密水准仪、测微器 FS1 及其组合

1—物镜；2—物镜调焦螺旋；3—目镜；4—水平微动螺旋；5—测微螺旋；6—瞄准器；7—FS1 玻璃测微器；
8—测微器读数窗；9—目镜调焦螺旋；10—测微器固定螺旋；11—补偿器按钮；12—圆水准气泡

测／量／学

的中误差为±1.5mm；在使用钢钢标尺时，其中误差为±1.0mm；在安装平行玻璃测微器采用铟钢标尺时，其中误差为±0.7mm，因此DSZ2＋FS1可用于国家的二等水准测量和沉降变形等精密测量。

苏一光新生产的 DSZ$_1$、DS$_{05}$ 和 DS$_{03}$ 自动安平精密水准仪采用自动补偿等技术，在不需要外置平板玻璃测微器的情况下也可达到较高的精度。DS$_{05}$ 采用内置式测微平板结构和内置数字式光学测微尺读数系统，可以直读 0.1mm，估读 0.01mm，每公里往返测量高差中数中误差≤±0.5mm。DS$_{03}$ 在 DS$_{05}$ 的基础上采用齿轮直接啮合的测微平板结构，消除了传统测微平板结构中存在的行差，利用内置编码和数字电路处理的测微系统，读数直接由显示屏显示，直读 0.02mm，每公里往返测量高差中数中误差为±0.3mm，完全能够满足国家一、二等水准测量和各种精密工程测量的需要。

2.4.2　精密水准尺与读数方法

精密水准尺通常为铟瓦水准尺，是在木质尺身的凹槽中张拉一根铟瓦合金钢带，其零点固定在尺身的一端，另一端用弹簧以一定的拉力将其引张固定在尺身上，以免铟瓦合金钢带受到尺身伸缩变形的影响。由于铟瓦合金的膨胀系数很小，尺的长度分划几乎不会受到气温变化的影响。

铟瓦水准尺的长度分划在合金钢带上，数字注记在木质尺身上。水准尺的分划为线条式，分划值有 10mm 和 5mm 两种，如图 2-19 所示。图 2-19（a）为 10mm 分划水准尺，分两排分划，右边一排注记为 0～300cm，称为基本分划；左边一排注记为 300～600cm，称为辅助分划。同一高度的水平线在基本分划和辅助分划上的读数之差为一常数 301.55cm，称为基辅差或尺常数。在水准测量中，基辅差能够用来检查读数中存在的误差。图 2-19（b）为 5mm 分划的水准尺，水准尺只有一排分划，左边是单数分划，右边是双数分划；右边注记为米数，左边注记为分米数；分米注记值比实际长度大一倍，使用这种水准尺读数除以 2 才是实际的视线高度。

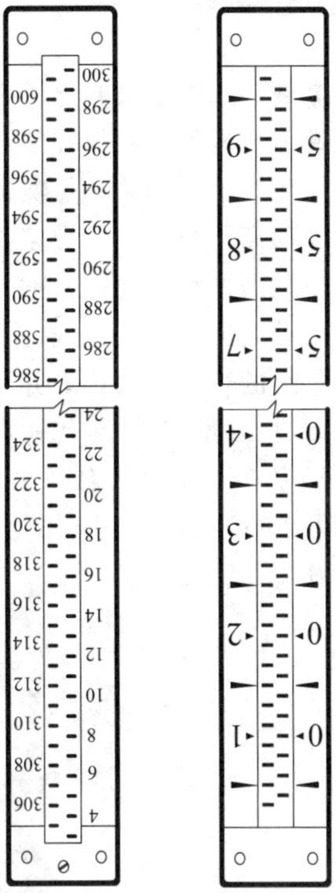

自动安平精密水准仪的使用方法与一般自动安平水准仪的使用基本相同，其操作分为仪器安置、粗略整平、瞄准标尺、读数、记录和计算等步骤。不同之处在于读数方法有差异，DSZ2 精密水准仪需要用光学平板测微器中的测微尺精密测出不足一个分划的数值。

(a)　　(b)

图 2-19　精密水准尺

如图 2-20 所示，平板玻璃测微器由平板玻璃、传动杆、测微尺与测微螺旋等部件构成。平板玻璃安装在物镜前面，它与测微尺之间用带有齿条的传动杆连接，转动测微螺旋时，传动杆带动平板玻璃绕其旋转轴前后倾斜，固定在齿条上方的测微尺也随之移动。标尺影像的视线通过倾斜的平行玻璃板后，产生上下平行移动，使原来并不对准铟瓦水准尺上某一分划的视线能够精确对准某一分划，从而读到一个整分划读数。而视线在尺上的平行移动量则由测微尺记录下来，通过测微器读数窗读出测微尺的读数。

由于不足一个分划的数值为 1cm，因此旋转平板玻璃测微螺旋，可以产生的最大视线平移量为 10mm，对应测微尺上 100 个分格。所以测微尺上 1 个分格等于 0.1mm，在测微尺上可以估读到 0.1 分格，即可以估读到 0.01mm。最后将标尺上的读数加上测微尺上的读数，即为实际完整读数。例如，图 2-20 的读数为 148cm＋0.655cm＝148.655cm＝1.48655m。

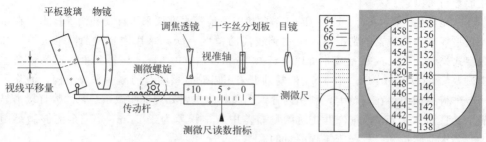

图 2-20　平板玻璃测微器读数原理

2.5　数字水准仪

数字水准仪又叫电子水准仪，主要由基座、水准器、望远镜、自动补偿系统、计算存储系统、数据处理系统和显示系统组成。电子水准仪是以自动安平水准仪为基础，在望远镜光路中增加了分光镜和探测器（CCD），采用条码标尺和图像处理电子系统构成的光机电测一体化的高科技产品。数字水准仪能够用电子测量方法自动测量标尺高度和距离。每个测站测量时只需概略居中圆气泡，只要按压一个键就可触发仪器自动测量，仪器采用高精度的补偿器自动完成对照准视线的水平纠正。当不能用电子测量时，还可以使用仪器配合米制标尺，用传统的光学方法读取并用键盘输入高差读数。

自 20 世纪 90 年代初数字水准仪研制成功以来，其技术不断发展，仪器更加稳定，功能趋于完善。各大著名测绘仪器生产厂家先后推出了各种型号、不同精度的数字水准仪。图 2-21(a) 为徕卡 LS15 数字水准仪，图 2-21(b) 为苏一光生产的 EL302A 数字水准仪。

(a)　　　　　　　　　　(b)

图 2-21　数字水准仪

徕卡 LS15 数字水准仪提供水准气泡粗平和电子气泡精平，视准轴能够达到更高精度的水平状态，仪器采用 3.6 英寸 QVGA 彩色触摸显示屏，通过观察屏幕即可瞄准水准尺，在自动对焦功能的帮助下使瞄准的水准尺瞬间由模糊变得清晰，使用配套标准的徕卡铟瓦尺（GPCL3）可达到每公里往返测高差中数中误差 0.2mm 的精度，能够用于国家一二等水准测量、大坝、高铁、地铁沉降观测等工程中。

EL302A数字水准仪采用图形窗口界面，具有24个数字键及功能键，操作方便，照准目标标尺并调焦后，按一下测量键，距离和高程即可显示在窗口界面。窗口界面6行中文显示，可以同时显示前后尺测量数据及差值，可实现高程和尺高切换显示，测量结果清晰直观。EL302A电子水准仪支持单点测量、线路测量、中间点测量和放样，具有连续测量线路平差功能。

2.5.1 数字水准仪基本原理

数字水准仪内部结构如图2-22所示。各部分作用如下：调焦发送器的作用是测定调焦透镜的位置，由此计算仪器至水准尺的概略视距值；补偿器监视的作用是监视补偿器在测量时功能是否正常；分光镜的作用是将经由物镜进入望远镜的光分离成红外光和可见光两个部分，红外光传送给探测器CCD作标尺图像探测的光源，可见光穿过十字丝分划板经目镜供观测员观测水准尺。探测器CCD的作用是将水准尺上的条码图像转化为电信号并传送给微处理器，信息经处理后即可求得测量信息。CCD探测器是组成数字水准测量系统的关键部件，作为一种高灵敏度光电传感器，在条码识别、光谱检测、图像扫描、非接触式尺寸测量等系统中得到广泛的应用。

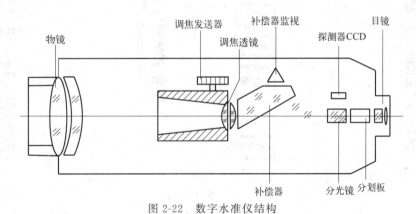

图 2-22　数字水准仪结构

数字水准仪的关键技术是数字图像识别处理与编码标尺设计，属专利保护，即不同厂家的产品具有不同的数字图像识别算法和不同的编码标尺设计。目前，世界上主要有三种不同数字水准仪编码标尺图像识别算法，即相关法（瑞士徕卡）、几何位置法（德国蔡司）、相位法（日本拓普康），基本原理如下。

（1）几何法读数

水准尺采用双相位码，标尺上每2cm为一个测量间距，其中的码条构成码词，每个测量间距的边界由过渡码条构成，其下边界到标尺底部的高度，可由该测量间距中的码条判读出来，对应的条码水准尺如图2-23（a）所示。水准测量时，一般只利用中丝上下各15cm的码条，即15个测量间距来计算视线高和视距。Trimble Dini（Zeiss Dini）系列电子水准仪采用此原理。

（2）相关法读数

条码尺上与常规标尺相对应的伪随机码事先储存在仪器中，作为参考信号（条码本源信息），如图2-23（b）所示。测量时望远镜摄取标尺某段伪随机码（条码影像），转换成测量信号后与仪器内的参考信号进行相关比较，若两信号相同，即得到最佳相关位置时，读数就可确定。比较十字丝中丝位置周围的测量信号，得到视线高；比较上、下丝的测量信号及条码影像的比例，得到视距。LeicaNA 系列电子水准仪采用此原理。

（3）相位法读数

如图 2-23(c) 所示，尺面上刻有三种独立相互嵌套在一起的码条，三种独立条码形成一组参考码 R 和两组信息码 A、B。R 码为三道 2mm 宽的黑色码条，以中间码条的中线为准，全尺等距分布（一般间隔 3cm）。A、B 码分别位于 R 码上、下方 10mm 处，宽度在 0～10mm 之间按正弦规律变化，A 码的周期为 600mm，B 码的周期为 570mm，这样在标尺长度方向形成明暗强度按正弦规律周期变化的亮度波。将 R、A、B 码与仪器内部条码本源信息进行相关比较确定读数。TopconDL 系列电子水准仪采用此原理。

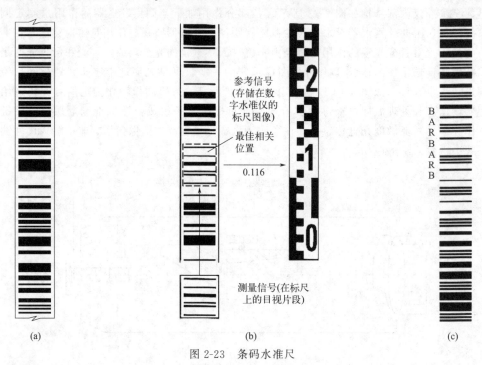

图 2-23　条码水准尺

2.5.2　数字水准仪的技术操作

（1）基本操作

电子水准仪的基本操作可分为粗平、开机设置、照准、读数 4 个步骤。

① 粗平：在测站上安置仪器，转动脚螺旋，使圆水准器的气泡居中（操作同普通水准仪），气泡居中情况可在水准器观察窗中看到。

② 开机设置：打开仪器电源开关，仪器自检，自检合格后显示屏显示程序清单，根据作业需要进行必要的参数设置，选择测量模式和测量程序。

③ 照准：目镜调焦，看清十字丝；照准标尺，物镜调焦，消除视差。

④ 读数：轻按"测量"键触发测量，仪器将自动显示或记录相应的观测成果。

（2）仪器设置

在作业前，应对仪器根据作业需要进行必要的设置，如 i 角改正、球气差改正、通信参数、时间格式、计量单位、最小读数位数、限差、记录与格式、目标点号记录方式、测量模式等，以及语言、声音、自动关机等功能设置，满足作业自动化的需要。设置时，打开功能菜单，选择"设置（配置）"，按相应键选择需要的设置（配置）项，设定相应参数。电子水准仪应用内储软件可进行标准测量、水准线路测量、高程放样、水准路线平差、仪器检校等。在某一测量模式下可多次测量、平均值测量，并能对测量数据自动记录、传输。

（3）标准测量

标准测量只获得中丝读数和视距，一般用于非等级水准测量。

① 仪器安置后，轻按电源键开机，在功能菜单下进入相应测量程序。

② 照准后视点，输入后视点号、高程，按测量键触发测量。数秒钟后，仪器显示依据设置项所测量的数据，如视线高程、中丝读数、后视距等。若设置为"记录"模式，仪器自动记录所测数据。

③ 照准前视点，输入前视点点号，按测量键触发测量，仪器显示中丝读数、前视距。若已有设置，同时显示前视点高程高差值。

④ 关机，迁站，进行下一站测量。

（4）线路测量

在等级水准测量中选择水准线路测量方式。通常在"记录"模式下作业，所有的观测值自动记录在内存中。

① 仪器安置后，轻按电源键开机，进入"测量程序"主功能菜单，选择"水准线路测量"，选择"新线路作业"并输入作业名称等（若继续未完线路测量，则选择"继续测量"），然后选择"观测方法"［后—前—前—后（BFFB）、后—后—前—前（BBFF）等］，输入起点点号、起点高程 H、后前视标尺编号等。

② 进入"设置限差"菜单，设置"观测值较差""测站高差容许较差""最大视距""最短视距""前后视距差""前后视距累计差"等，返回"水准线路测量"菜单。

③ 照准后视点，按测量键触发测量，仪器显示并自动记录所测数据。若所测数据超过限差，仪器报警，提示重新观测。

④ 照准前视点，输入前视点点号（或采用自动递增的点号），按测量键触发测量，仪器显示并记录测量数据，完成一个测站的观测。

⑤ 关机，迁站，进行下一站测量。

拓展阅读

苏一光 EL302A 数字水准仪

2.5.3　数字水准仪的注意事项

由于数字水准仪的测量是采集标尺条形码图像并进行处理来获取标尺读数的，因此图像采集的质量直接影响到测量成果的精度。如果在测量中能注意到以下事项，则会大大提高水准测量成果质量和测量工作效率。

① 精确调焦，多次观测取平均值。

② 遮挡的影响。虽然少量对标尺的遮挡不会影响测量结果，但如果要求精度较高时，建议尽可能减少对标尺的遮挡。

③ 逆光背光的影响。若标尺处于逆光或有强光对着目镜时测量，可使用物镜遮光罩。强烈的阳光下应该打伞。

④ 仪器振动的影响。安置时踩紧三脚架，测量时轻按测量键，才能使仪器稳定。

⑤ i 角的检校。电子 i 角的检校可以通过机内程序完成，光学 i 角的变化不会影响到数

字水准测量的精度，但补偿精度是对数字水准测量有影响的，高精度测量前应先对电子 i 角进行检校。

⑥ 在测量中前、后视距应尽量相等，减少仪器的调焦误差。

⑦ 标尺的影响。观测时要保持条码标尺的清洁并使标尺竖直，否则会影响到测量的精度。

⑧ 望远镜视线距地面高度不应小于 0.5m，以使地面大气折射对视线影响最小。

2.6 水准仪的检验和校正

根据水准测量的原理，水准仪必须能提供一条水平视线，才能正确地测出两点间的高差，从而由已知点高程推求未知点高程。水准仪出厂时各轴线间所具有的几何关系是经过严格检校的，确保仪器能提供一条水平视线，使仪器处于正常状态；但由于仪器在长期使用和运输过程中受到震动等原因，各轴线间之间的关系发生变化，使仪器处于非正常使用状态。为了确保仪器观测数据的准确，仪器主要轴线之间必须满足相应的条件。如图 2-24 所示，水准仪的主要轴线有视准轴 CC，仪器竖轴 VV、水准管轴线 LL 以及圆水准器轴 $L'L'$。

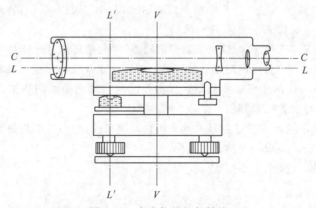

图 2-24　水准仪的几何轴线

各轴线间应满足的几何条件是：

① 视准轴平行于水准管轴，即 $CC /\!/ LL$；

② 圆水准器轴平行于竖轴，即 $L'L' /\!/ VV$；

③ 十字丝横丝垂直于竖轴。

对于自动安平水准仪还需要满足：

① 水准仪在补偿范围内，应能起到补偿作用；

② 视准轴 CC 经过补偿后应与水平视线一致。

2.6.1 圆水准器的检验与校正

目的：使圆水准器轴平行于仪器的竖轴。

检验：将仪器安装在三脚架上，用脚螺旋将气泡准确居中，旋转望远镜，如果气泡始终位于分划圆中心，说明圆水准器位置正确，否则需要进行校正。

校正：转动脚螺旋，使气泡向分划圆中心移动，移动量为气泡偏离中心量的一半；调节圆水准器的调节螺钉，使气泡移至分划圆中心，用上述方法反复检校，直到气泡不随望远镜的旋转而偏移，如图 2-25 所示。

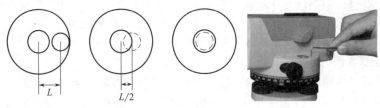

图 2-25　圆水准器的检验与校正

2.6.2　十字丝横丝的检验与校正

十字丝横丝的检测与校正如图 2-26 所示。

目的：使十字丝的横丝垂直于竖轴，可用横丝上任意位置读数。

检验：安置仪器，整平仪器后用横丝的一端对准一固定点，转动水平微动螺旋观察 P 点是否沿着横丝移动，若 P 点偏移十字丝的横丝，则需要校正。

校正：旋下目镜处十字丝环外罩，转动左右 2 个"校正螺丝"。

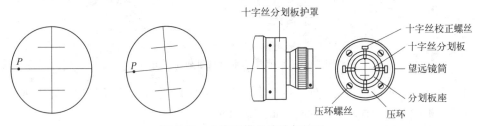

图 2-26　十字丝横丝检验与校正

2.6.3　水准管轴平行于视准轴的检验与校正

检验：在相距 60～80m 的 A、B 两点上竖立水准尺，水准仪架于中点 C，两次测量两点的高差，取平均值作为标准值 h_1，然后将仪器移至端点 B 一侧，再测量两端点的高差 h_2。如图 2-27 所示。

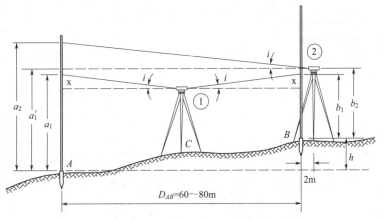

图 2-27　水准管轴平行于视准轴的检验

则 $h_1 = a_1 - b_1$，$h_2 = a_2 - b_2$，如果 $h_1 \neq h_2$，说明仪器存在 i 角误差。当仪器处于 AB 的中点 C，在计算测量高差 h_1 时，i 角误差被消除；当仪器移至 B 点一侧时，由于仪器靠近 B 点，i 角误差对读数 b_2 影响很小，而对 a_2 的影响很大，此时测出的高差 h_2 包含了 i 角带来的误差。

校正：有两种方法可以校正 i 角引起的误差。

（1）校正水准管

转动水准仪微倾螺旋，使望远镜中横丝对准远尺的正确读数 $a_2' = h_1 + b_2$ 位置，此时水准管轴随着倾斜，用校正针拨动上下一对水准管的校正螺丝 4、5，使气泡重新居中，如图 2-28（a）所示。

（2）校正十字丝

保持水准管气泡居中，即 LL 水平，卸下望远镜目镜罩，然后调整十字丝环上、下校正螺丝，使横丝对准读数 a_2' 读数位置，使 CC 水平，从而使 $LL /\!/ CC$，如图 2-28（b）所示。

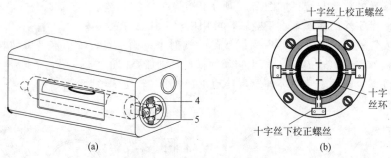

图 2-28 水准管轴平行视准轴的校正

对于自动安平水准仪，视准轴经过补偿后应与水平视线一致，其检验校正方法和微倾式水准仪的水准管平行于视准轴的检验校正方法相同。

2.6.4 水准仪补偿器的检验

目的：水准仪在补偿范围内，应能起到补偿作用。

检验：检验方法如图 2-29 和图 2-30 所示。

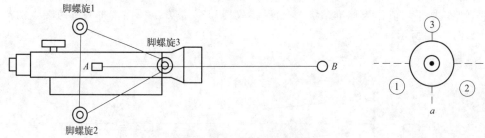

图 2-29 水准仪正常读数

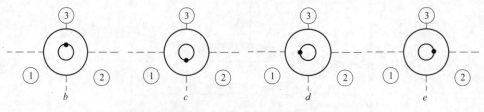

图 2-30 水准仪微倾斜读数

① A 点安置水准仪，B 点立一水准尺，AB 相距约 50m，粗平仪器，读取读数 a；

② 气泡前、后偏离少许分别读取读数 b、c；

③ 新整平仪器，左、右两侧倾斜分别读取读数 d、e；

④ 若 a、b、c、d、e 相差在 2mm 内，则水准仪补偿器正常。

2.6.5 注意事项

① 检校项目都需反复进行，一直到合格为止。

② 仪器的检验校正是一项重要的细致的工作。

③ 校正螺丝要先松后紧，松紧配合。

④ 仪器校正后，仍存在残留的误差，需要定期检校。

2.7 水准测量误差分析

水准测量的误差主要来源于仪器误差、观测误差和外界自然条件的影响三个方面。测量工作者应根据误差产生的原因，采取相应措施，尽量减少或消除各种误差的影响。

2.7.1 仪器误差

（1）仪器校正后残余误差

在水准测量前虽然经过严格的检验校正，但仍然存在的残余误差。而这种误差大多数是系统性的，可以在测量中采取一定的方法加以减弱或消除。例如视准轴不水平误差，若在观测时使前后视距相等，便可消除或减弱此项误差的影响。

（2）水准尺零点误差

水准尺误差包括分划不准确、尺长变化、尺身弯曲等，都会影响水准测量的精度。因此，水准尺要经过检验才能使用，不合格的水准尺不能用于测量作业。此外，由于水准尺长期使用致使底端磨损，或由于水准尺使用过程中粘上泥土，这些相当于改变了水准尺的零点位置，称为水准尺零点误差。它会给测量成果的精度带来影响。如果在测量过程中，以两支水准尺交替作为后视尺和前视尺，并使每一测段的测站数为偶数，即可消除此项误差。

2.7.2 观测误差

（1）视差影响

水准测量时，如果存在视差，由于十字丝平面与水准尺影像不重合，眼睛的位置不同，读出的数据不同，会给观测结果带来较大的误差。因此，在观测时，应仔细地进行调焦，严格消除视差。

（2）读数误差

读数时，在水准尺上估读毫米数的误差与水准尺的基本分划，望远镜的放大率以及到水准尺的距离有关。这项误差可以用下式计算：

$$m_V = \pm \frac{60''}{2\rho''} \cdot D \qquad (2-25)$$

式中，ρ 为望远镜放大率；$60''$ 为人眼的极限分辨能力；D 为水准仪到水准尺的距离。

为减少此项误差，水准测量中常对放大倍数和视线长度作出规定。当 $\rho=28$ 倍，D 分别为 $100\mathrm{m}$、$75\mathrm{m}$ 时，m_v 为 $1.0\mathrm{mm}$、$0.8\mathrm{mm}$。

（3）水准管气泡居中误差

水准管气泡居中误差会使视线偏离水平位置，从而带来读数误差。采用符合式水准器时，气泡居中精度可提高一倍，操作中应使符合气泡严格居中，并在气泡居中后立即读数。

（4）水准尺倾斜的影响

水准尺不论向前倾斜还是向后倾斜，都将使读数增大。误差大小与在尺上的视线高度以及尺子的倾斜程度有关。若沿视线方向前后倾斜 σ 角，会导致读数增大 Δ，其大小与读数和倾斜角度有关，如图 2-31 所示，读数误差为

$$\Delta=b-b_0=b(1-\cos\sigma) \tag{2-26}$$

将 $\cos\sigma$ 按幂级数展开，略去高次项取 $\cos\sigma=1-\sigma^2/2$，代入上式有

$$\Delta=\frac{b'}{2}\left(\frac{\sigma''}{\rho''}\right)^2 \tag{2-27}$$

当 $\sigma=3°$、$b=2\mathrm{m}$ 时，$\Delta=3\mathrm{mm}$。

由此可知，此项误差对观测成果影响较大，尤其是在山区测量中。为减少此项误差，观测时立尺员要认真扶尺，有的水准尺上装有圆水准器，扶尺时应使气泡居中。

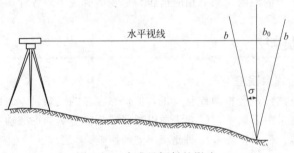

图 2-31　水准尺倾斜的影响

2.7.3　外界条件的影响

（1）仪器下沉

当水准仪安置在松软的地方时，仪器会产生下沉现象，由后视转为前视时视线降低，前视读数减小，从而引起高差误差。为减小此项误差的影响，应将测站选定在坚实的地面上，并将脚架踏实。此外，每站采用"后、前、前、后"的观测程序，尽可能减少一个测站的观测时间，也能消除或减小此项误差。

（2）尺垫下沉

如果转点选在松软的地面，转站时，尺垫发生下沉现象，使下一站后视读数增大，引起高差误差。因此，转点也应选在土质坚硬处，并将尺垫踩实。此外，采取往返测取中数等办法，可降低此项误差的影响。

（3）地球曲率及大气折光影响

在前述水准测量原理中把大地水准面看作水平面，但大地水准面并不是水平面，而是一个曲面，如图 2-32 所示。

水准测量时，用水平视线代替大地水准面在水准尺上的读数，产生的误差为 Δh，即影响为

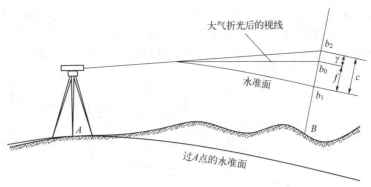

图 2-32　地球曲率与大气折光的影响

$$c = \Delta h = \frac{D^2}{2R} \tag{2-28}$$

式中，D 为仪器至水准尺的距离；R 为地球平均半径。

另外，由于地面大气层密度不均匀，使仪器的水平视线因折光而弯曲，弯曲的半径为地球半径的 7 倍，且折射量与距离有关。则大气折光对读数产生的影响为

$$\gamma = \frac{D^2}{2 \times 7R} \tag{2-29}$$

大气折光的影响与视距长度的平方成正比，前后等视距可消除或削弱大气折光的影响，但当视线距离地面太近时，大气抖动会影响水准测量的精度。

地球曲率和大气折光对一根水准尺读数的综合影响为

$$f = c - \gamma = \frac{D^2}{2R} - \frac{D^2}{14R} = 0.43 \frac{D^2}{R} \tag{2-30}$$

式中，f 为球气差改正，又称两差改正。

当前、后视距相等时，通过高差计算可减弱此两项误差的影响。

（4）大气温度和风力影响

大气温度的变化会引起大气折光的变化，以及水准气泡居中的不稳定。尤其当强光直射仪器时，会使仪器各部件因温度的急剧变化而发生变形，水准气泡会因烈日照射而缩短，从而产生气泡居中误差。另外，大风可使水准尺竖直不稳，水准仪难以置平。因此，在水准测量时，应随时注意撑伞，以遮挡强烈阳光的照射，并应避免在大风天气观测。

 思政案例

"国测一大队"的先进事迹　　

<<<< **思考题与习题** >>>>

1. 名词解释：视线高程、望远镜的视准轴、水准路线、水准点、高差闭合差。

2. 阐述自动安平水准仪视准轴 CC、圆水准器轴 $L'L'$ 的定义和竖轴 VV 的几何意义及水准仪各轴线间应满足什么条件？

3. 每站水准测量观测时为何要求前后视距相等？

4. 水准测量时，在哪些立尺点需要放置尺垫？哪些立尺点不能放置尺垫？

5. 什么是高差？什么是视线高程？前视读数、后视读数与高差、视线高程各有何关系？

6. 与普通水准仪比较，精密水准仪有何特点？

第 2 章　水准测量

7. 将水准仪置于 A、B 两点之间，在 A 点尺上的读数为 $a=1.432$，B 点尺上的读数 $b=1.221$，试求 h_{BA}，并说明 a、b 两个值哪一个为后视读数。

8. 按图 2-33 所示数据，填写水准测量手簿并进行计算与检核，求出 B 点的高程。

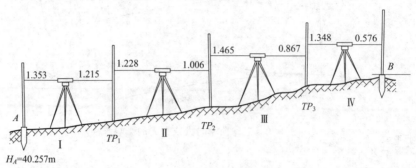

图 2-33　习题 8 水准测量示意图

9. 图 2-34 为双仪高观测示意图，试列表计算各站的高差，判断其成果是否可用，并说明理由。

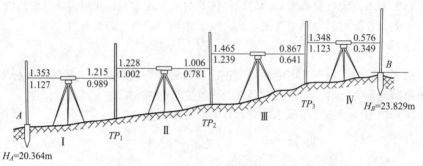

图 2-34　习题 9 双仪高水准测量观测示意图

10. 图 2-35 为一闭合水准路线的等外水准测量观测成果，$f_{h容}=\pm12\sqrt{n}$ mm，试列表计算各水准点的高程。

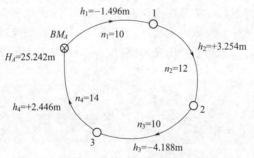

图 2-35　习题 10 闭合水准测量观测成果示意

11. 图 2-36 为一附合水准路线的等外水准测量观测成果，$f_{h容}=\pm40\sqrt{L}$ mm，试列表计算待定点 1、2、3 的高程。

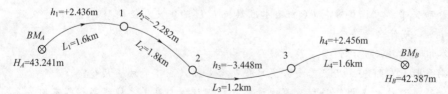

图 2-36　习题 11 附合水准路线观测成果图

第3章

角度与距离测量

本章知识要点与要求

　　本章重点介绍水平角、竖直角测量和距离测量的基本原理；经纬仪和全站仪基本构造以及基本操作方法；角度和距离测量观测操作、记录和计算方法；水平角测量误差来源与削减方法、全站仪轴系之间应满足的条件；了解全站仪检验与校正的内容与方法。通过本章的学习，要求学生掌握全站仪对中整平方法、水平角测回法与方向观测法，竖直角中丝法观测，钢尺量距，视距测量的原理以及全站仪精密测距的原理和方法。

3.1 角度测量原理

　　角度测量是确定地面点位的基本要素之一，分为水平角测量和竖直角测量；前者用于测定平面点位，后者用于测定高程或将倾斜距离化为水平距离。角度测量的仪器有光学经纬仪、电子经纬仪和全站仪。

3.1.1 水平角测量原理

　　水平角是空间两相交直线在水平面上的投影所构成的角度。如图 3-1(a) 所示，A、B、C 为地面上任意三点，连线 BA、BC 沿铅垂线方向投影到水平面上，得到相应的 ba 和 bc 方向，则 ba 与 bc 的夹角 β 即为地面 BA 和 BC 的水平角。水平角 β 实际上就是分别包含 BA、BC 方向的两铅垂面之间的二面角。

　　为了测定水平角 β，需要在地面点 B 上安置一台经纬仪或全站仪。测角仪器上有一个水平安置的刻度圆盘，称为水平度盘，度盘上沿着顺时针方向有 $0°\sim360°$ 的刻度。测量时水平度盘的中心必须位于过地面点 B 的铅垂线上。为了测角需要，经纬仪或全站仪的望远镜可以在水平方向旋转，也可以在铅垂面内旋转。通过望远镜分别瞄准高低不同的目标 A 和 C，在水平度盘上的读数分别为 α 和 γ，则水平角 β 为这两个读数之差，即

$$\beta = \gamma - \alpha \tag{3-1}$$

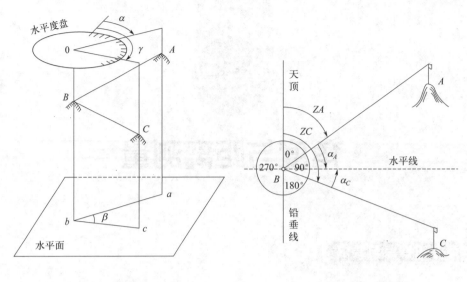

| (a) 水平角测量原理 | (b) 垂直角测量原理 |

图 3-1　角度测量原理

3.1.2　竖直角观测原理

在同一铅垂面内，某视线方向与水平线的夹角 α 称为竖直角，又称为垂直角，其范围为 $0°\sim\pm90°$。当视线水平时 $\alpha=0°$，当视线铅垂朝向天顶方向或铅垂向下时，垂直角 α 分别为 $+90°$ 和 $-90°$。瞄准目标的视线在水平线之上时竖直角为仰角，α 角值为正；瞄准目标的视线在水平线之下时竖直角为俯角，α 角值为负，如图 3-1(b) 所示。

视线与向上的铅垂线之间的夹角 Z 称为天顶距，角值范围为 $0°\sim180°$。$Z=90°$ 时为水平线，$Z<90°$ 时为仰角，$Z>90°$ 时为俯角。竖直角与天顶距的关系为

$$\alpha=90°-Z \tag{3-2}$$

为了测量竖直角或天顶距，经纬仪或全站仪上还需要在铅垂面内安装竖直度盘，简称竖盘。当仪器的望远镜瞄准目标后，视线方向与水平线之间的夹角就是竖直角。传统的经纬仪是通过读取视线方向与铅垂线之间的角度（即天顶距）Z 计算出竖直角的大小。现在的全站仪通过设定基准方向，即可测出竖直角或天顶距；在仪器中设置水平线为基准方向，全站仪显示的就是竖直角，如果设置铅垂线方向为基准方向，仪器显示的就是天顶距。

3.2　角度测量的仪器和基本操作

角度测量的仪器主要有经纬仪和全站仪。经纬仪又分为光学经纬仪和电子经纬仪，随着技术的进步，由于电子仪器具有多方面优势，在工程中更多地使用电子经纬仪和全站仪。国产经纬仪按其精度等级可划分为 DJ07、DJ1、DJ2、DJ6 四种，其中 D、J 分别是"大地测量"与"经纬仪"汉语拼音第一个字母，07、1、2、6 为仪器一测回方向观测中误差的秒数。光学经纬仪利用几何光学器件的放大、反射、折射等原理进行度盘读数；电子经纬仪则利用物理光学器件、电子器件和光电转换原理显示度盘读数。电子经纬仪在增加光电测距、

电子微处理器和操作系统等功能后，发展成为能测角、测距、对观测数据进行计算和处理的全站仪。

3.2.1 经纬仪

图 3-2(a) 为 DJ6 光学经纬仪，图 3-2(b) 为南方公司 2″ 精度的 NT-023 电子经纬仪，其构造基本相同，主要分为基座、照准部、度盘三部分，各部件名称见图中标示。

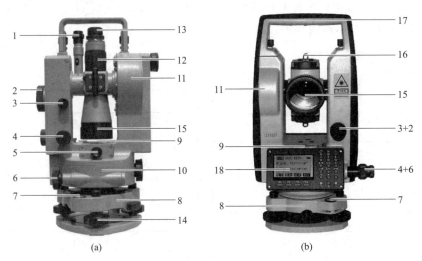

(a)   (b)

图 3-2 光学经纬仪及电子经纬仪

1—读数显微镜窗口；2—望远镜微动螺旋；3—望远镜制动螺旋；4—水平制动螺旋；5—光学对中器；
6—水平微动螺旋；7—圆水准气泡；8—基座；9—水准光；10—水平度盘；11—竖盘；12—物镜调焦螺旋；
13—望远镜目镜；14—基座脚螺旋；15—望远镜物镜；16—望远镜瞄准器；17—提把；18—显示屏幕

光学经纬仪与电子经纬仪不同之处在于照准目标后光学经纬仪需要人工读数，而电子经纬仪所测角度自动显示在屏幕上。现在有些电子经纬仪还具备存储和电子测距的功能。

（1）基座

基座上有三个脚螺旋，用以整平仪器。先依据固定在基座上的圆水准器粗略整平仪器，然后使用水准管精确整平仪器。基座底板中心有连接螺旋孔，安置仪器时，将三脚架上的连接螺旋旋入螺孔中，使仪器与三脚架连接固定。

（2）照准部

照准部上有望远镜、照准部水准管、支架、竖盘、度盘读数显微镜、光学对中器、水平和垂直制动、微动螺旋等。望远镜在垂直方向围绕仪器横轴旋转，垂直方向的转动用垂直制动、垂直微动螺旋来控制。照准部在水平方向围绕仪器纵轴旋转，水平方向的转动用水平制动、水平微动螺旋来控制。光学对中器的小望远镜通过装置在纵轴中心的光路可以瞄准地面点，以此将仪器进行对中操作，使仪器纵轴与通过地面点的铅垂线一致。

（3）度盘

光学经纬仪的水平度盘和垂直度盘采用光学玻璃制成，按照顺时针方向刻有精细的 0°～360° 圆周刻度。水平度盘安装在纵轴套外围，与基座相对固定，不随照准部转动，但可以通过水平度盘位置变换轮使它转动任意角度。垂直度盘以横轴为中心，并与横轴固连，随望远镜一起转动。电子经纬仪采用的是电子编码度盘，利用光电转换原理和微处理器对编码度盘自动进行读数和显示，现在的电子经纬仪度盘一般采用绝对编码形式测角。

第 ③ 章 ▾ 角度与距离测量 ▲

（4）度盘读数装置和读数方法

光学经纬仪的度盘读数装置包括光路系统和测微器。度盘上的分划刻度经照明后通过一系列棱镜和透镜光路折射成像于读数显微镜窗口。图 3-3（a）为 DJ6 光学经纬仪读数显微镜显示的读数测微尺，上面有"H"字样的是水平度盘分划及测微尺，下面有"V"字样的是竖直度盘分划及测微尺，两者读数方法一样。其中度盘整度仅显示相邻两度读数分划，细小的分划为测微尺，测微尺从 0 到 6 为 1°，即 60′；最小分划为 1′，可估读至 0.1′，即 6″。按度盘分划线在测微尺范围的读数即为度数，然后按度下面的读数指标线读至整分，估读至 6″的整数倍即可。图中水平角读数为 125°55′36″，天顶距读数为 65°04′00″。图 3-3（b）为南方公司 NT-023 电子经纬仪的读数显示。

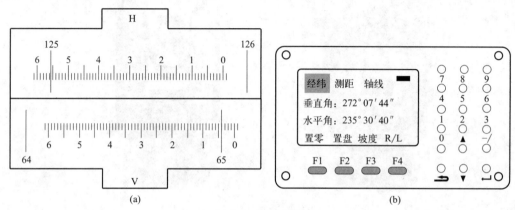

(a)　　　　　　(b)

图 3-3　度盘读数

3.2.2　全站仪

全站仪除了能够测角、测距外，还可以通过角度和距离计算并显示坐标、高程。在仪器操作系统和机载测量程序的支持下，还可以完成许多专业工程测量。NTS-342R 是南方公司推出的一款电脑型智能全站仪，具有 Windows-CE 操作系统和 128M 闪存（系统占 36M）。下面以 NTS-342R 全站仪为例，说明全站仪的组成及功能部件。和经纬仪一样，全站仪也可以分解为照准部、水平度盘和基座三大构件，如图 3-4 所示。

（1）照准部

从外观上看，全站仪照准部是指仪器基座以上（内部结构是在水平度盘以上），能够围绕仪器竖轴在水平面上自由旋转的全部部件的总称，主要包括竖盘、望远镜、U 形支架、电池、管水准器、补偿器、水平制动微动螺旋、望远镜制动微动螺旋、仪器显示屏幕和键盘等。

照准部的旋转轴称为竖轴，用 VV 表示，水平制动和水平微动螺旋控制照准部的旋转；望远镜绕横轴 HH 的纵向转动，由望远镜制动及其微动螺旋控制；照准部管水准器用于精确整平仪器。

进行角度测量时，需要在水平方向转动照准部和在垂直方向转动望远镜，并在制动微动螺旋调节下才能精确照准目标。

（2）水平度盘

全站仪的水平度盘根据测角原理不同分为编码度盘、条码度盘和光栅度盘。普通编码度盘是在玻璃圆盘上刻划 n 个同心圆环，然后按照一定的规则将 n 个同心圆环分别分为不同的扇区；条码度盘是将类似数字水准尺条码刻划在玻璃圆盘上作为度盘；光栅度盘是在玻璃

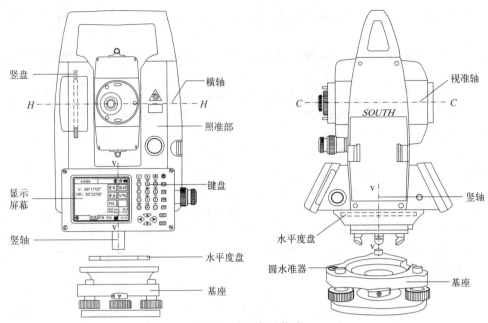

图 3-4　全站仪的构成

圆盘上沿径向均匀刻划明暗相间的等角距细线条构成光栅度盘。全站仪属于光、机、电精密测量仪器，水平度盘密封安装在照准部的内部，结构复杂。全站仪水平度盘测角原理详见第四章内容。

（3）基座

基座只起到固定支撑仪器、调节仪器水平的作用。基座上有三个脚螺旋和一个圆水准器，圆水准器用于仪器的粗略整平。

（4）全站仪的功能部件

图 3-5 为全站仪 NTS-342R 的功能部件名称及功能图，其主要技术参数如下。

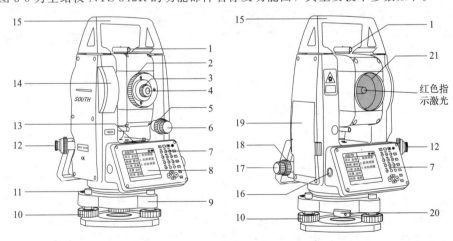

图 3-5　全站仪 NTS-342R 的功能部件

1—瞄准器；2—物镜调焦螺旋；3—目镜调焦螺旋；4—目镜；5—望远镜制动螺旋；

6—望远镜微动螺旋；7—数字字母键；8—显示屏幕；9—基座；10—基座脚螺旋；

11—圆水准气；12—光学对中器；13—管水准器；14—竖直度盘；15—提把；

16—RS-232C 通信接口；17—水平微动螺旋；18—水平制动螺旋；

19—电池；20—基座锁定钮；21—物镜

① 望远镜：有效孔径 45mm，正像，放大倍率 30，视场角 1°30′，分辨率 3″，最短视距 1.3m。

② 度盘：绝对编码度盘，光栅盘直径为 79mm，最小显示读数 1″/5″ 可选，测角精度 2″。

③ 测距：单棱镜 3km，三棱镜组 5km，测距标称精度 ±(2+2×10⁻⁶×D)mm；免棱镜 300m，反射片 800m，测距标称精度 ±(5+2×10⁻⁶×D)mm。距离测量时间为精测单次 2s，跟踪 0.7s。

④ 补偿器：双轴补偿，工作范围 4′，分辨率 1″。

⑤ 显示器：LCD 屏幕，电阻式触摸屏、按键。

⑥ 数据传输及存储：数据传输方式有 RS-232C、USB 及蓝牙，SD 存储卡。

⑦ 电池：6V 镍氢可充电电池 2800mA，一块满电电池可连续测距测角 8 小时。

（5）全站仪的显示屏幕与键盘

全站仪的屏幕用于显示测量结果和机载软件菜单系统，键盘用于数字、字母的输入和执行相关功能。图 3-6 为全站仪 NTS-342R 的显示屏幕和键盘。

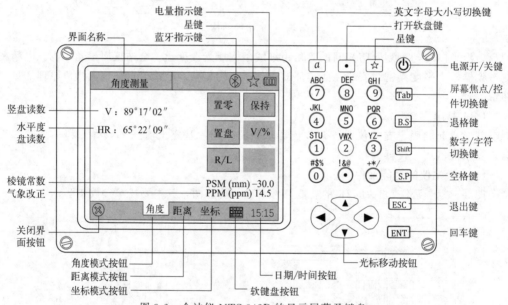

图 3-6　全站仪 NTS-342R 的显示屏幕及键盘

3.2.3　全站仪的基本操作

测角仪器的基本操作包括仪器的对中、整平、照准、读数、置零等步骤，它是仪器操作技术中的一项基本训练。通过仪器基本操作进一步加深对仪器测角原理、仪器构造的理解，达到正确使用仪器、掌握操作要领、提高观测质量的目的。下面以全站仪为例介绍测角仪器的基本操作。经纬仪的基本操作方法与全站仪相同。

（1）对中

仪器对中的目的是使仪器的竖轴和水平度盘的中心与测站点位于同一铅垂线上。对中的方法有垂球对中、光学对中器对中和激光对点器对中三种方法。在对中操作时根据仪器的配置选用不同方法。现在的全站仪多采用光学对中器和激光对点器对中方法。

根据观测者的身高，调节好三脚架腿的长度，再将三脚架打开，三脚架高度应适合进行观测操作，要求三脚架架头大致水平，将三脚架安置于测站点上方，架头的中心基本与测站点在一条垂线上。从仪器箱中取出全站仪，放置于三脚架头上，将连接螺杆旋入仪器基座中心螺孔。

采用垂球对中时，将垂球线悬挂在连接螺杆下面的吊钩上，并调节垂球线长度，使垂球尖离地面点约5mm。然后松开中心连接螺旋，在架头上轻移仪器，直到锤球对准测站点标志中心，然后轻轻拧紧连接螺旋。垂球对中误差应小于3mm。

采用光学对中器对中时，将仪器小心地安置到三脚架上，拧紧中心连接螺旋，调整光学对点器，使光学对点器的十字丝成像清晰。双手握住另外两条未固定的架腿，通过对光学对点器的观察调节两条架腿的位置；光学对点器大致对准侧站点时，使三脚架三条架腿均固定在地面上；此时调节全站仪的三个脚螺旋，使光学对点器精确对准侧站点。光学对中器对中误差应小于1mm。

采用激光对点器对中时，仪器安置到三脚架上后，拧紧中心连接螺旋，打开激光对点器，双手握住另外两条未固定的架腿，通过观察激光对点器光斑在地面上与测站点的相对位置，轻轻移动该两条架腿的位置，当激光对点器光斑大致对准侧站点时，使三脚架三条架腿均固定在地面上；然后调节全站仪的三个脚螺旋，使激光对点器光斑在地面上精确对准测站点。激光对点器对中误差应小于1mm。

（2）整平

整平仪器的目的是使仪器的竖轴处于铅直状态。对于光学经纬仪来说，整平的目的在于使水平度盘处于水平位置。整平分为粗略整平和精确整平仪器，粗略整平是通过伸缩三脚架架腿，使圆水准气泡居中；在伸缩架腿时需要控制圆水准气泡的移动方向，在操作时可以前后伸缩仪器两条架腿达到气泡居中的目的。在仪器粗略整平后，再进行精确整平仪器。精确整平仪器是通过调节基座上的脚螺旋使水准管气泡居中，如图3-7所示，具体操作如下。

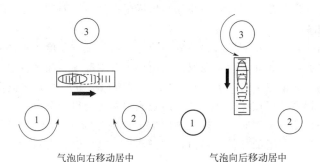

气泡向右移动居中　　　　　　　气泡向后移动居中

图3-7　仪器精确整平方法

① 旋转照准部，使水准管平行于任意两脚螺旋1和2的连线，根据气泡移动方向与左手大拇指移动方向一致的原则，两手相向、等速转动该对脚螺旋，使气泡居中。

② 将照准部旋转90°，使水准管垂直于1、2脚螺旋连线，旋转第三个脚螺旋使气泡居中。

③ 反复进行，直至在任何位置水准管气泡都居中为止。

（3）照准

确定目标方向后，望远镜视准轴要根据测量目的和目标形状瞄准目标。

① 松开望远镜制动螺旋，将望远镜瞄向远方明亮背景（如天空），调节望远镜目镜调焦螺旋，使十字丝影像清晰；然后水平转动照准部，用望远镜的瞄准器大致对准目标，拧紧水

平制动螺旋。

②调节望远镜物镜调焦螺旋，使目标成像清晰，同时再次调节目镜调焦螺旋使十字丝分划板成像清晰，消除视差。

③调节望远镜和水平微动螺旋，用十字丝准确瞄准目标。测水平角时，如果目标角粗，使用竖丝的双丝平分目标，如果目标较细，则用竖丝单丝瞄准目标；测竖直角时，则用中横丝切准目标点位置，如图3-8所示。

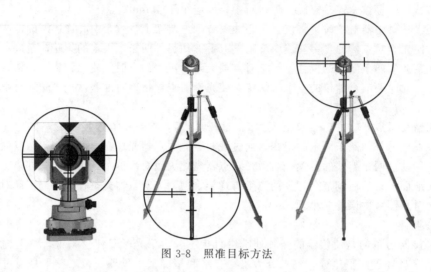

图 3-8　照准目标方法

（4）读数

全站仪和电子经纬仪在精确照准目标后，在显示屏上自动显示测量的水平角、天顶距或竖直角等信息，不需要人工读数。

对于光学经纬仪，则需要开启反光镜，将镜面调向来光方向，使读数窗上光线均匀，亮度适中；然后调节读数显微镜目镜，使视场影像清晰；最后按照读数方法读数。

（5）置零和置盘

在测量水平角时，在盘左需要将起始方向或零方向配置成零度附近的角值或指定的某一角值。使用全站仪或电子经纬仪时，在仪器的面板上有"置零"和"置盘"的功能键，置零就是将照准方向的方向值定义为 $0°00'00''$，置盘就是将照准方向的方向值定义为某一指定的角度。这一设置使得全站仪按照测回法和方向观测法测角变得十分方便。

使用光学经纬仪测量角度时，通过旋转照准部使度盘为零度附近，然后调节测微手轮，使测微器的读数为零度附近的分值和秒值，这样实现度盘置零，置盘的操作与置零类似。

3.3　水平角测量

常用的水平角测量方法有测回法与方向观测法两种，前者用于单角测量，后者用于多角测量。两种方法分别介绍如下。

3.3.1　测回法

如图3-9所示，设 O 点为测站点，A、B 为观测目标，$\angle AOB$ 为观测角。在 O 点上安置全站仪，在 A、B 点设置观测标志，仪器对中、整平完成后开始观测。观测步骤如下。

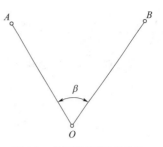

图 3-9　测回法观测水平角

（1）盘左观测

观测前，先将竖直度盘置于望远镜的左侧，此时称为盘左，又称为正镜。然后精确照准目标 A，按仪器面板上"置盘"按钮，输入比零度略大一点角度值 $0°00'12''$，则起始读数 a_L 为 $0°00'12''$；松开水平制动螺旋，顺时针转动照准部，精确照准目标 B，仪器显示读数 b_L 为 $53°35'20''$，将以上两个读数记入观测手簿（表 3-1）中，以上称为上半测回。

上半测回的角值计算公式为

$$\beta_L = b_L - a_L \tag{3-3}$$

即 $\beta_L = b_L - a_L = 53°35'20'' - 0°00'12'' = 53°35'08''$。

（2）盘右观测

纵转望远镜绕横轴 $180°$，转动照准部将竖直度盘置于望远镜右侧，称为盘右或倒镜。先照准目标 B，仪器显示水平度方向读数 b_R 为 $233°35'30''$；松开水平制动螺旋，逆时针转动照准部，瞄准目标 A，屏幕显示读数 a_R 为 $180°00'18''$，将以上两个读数记入观测手簿（表 3-1）中，以上称为下半测回，其角值计算公式为

$$\beta_R = b_R - a_R \tag{3-4}$$

即 $\beta_R = b_R - a_R = 233°35'30'' - 180°00'18'' = 53°35'12''$。

上、下两个半测回合称为一个测回。当上、下两个半测回角值的较差 $\Delta\beta = \beta_L - \beta_R$ 小于规定的限差时，取其平均值作为一测回值。

$$\beta = \frac{1}{2}(\beta_L + \beta_R) \tag{3-5}$$

即 $\beta = \frac{1}{2}(\beta_L + \beta_R) = \frac{1}{2}(53°35'08'' + 53°35'12'') = 53°35'10''$。

当测角精度要求较高时，为了提高测角精度，需进行 n 个测回的观测。为了减小度盘分划误差的影响，各测回间应以 $180°/n$ 为增量来变换盘左起始方向的水平度盘读数（第一测回起始方向盘左读数为 $0°$ 附近角值）。每个测回都测量了一个角值，当各测回观测值的互差小于规定的限值时，取平均值作为测量的角度值；超过时则应查找原因，重测不合格的测回。

表 3-1　测回法水平角观测手簿

测站	测回	竖盘位置	目标	水平度盘读数 ° ′ ″			半测回角值 ° ′ ″			一测回角值 ° ′ ″			各测回平均值 ° ′ ″		
O	1	盘左	A	0	00	12	53	35	08						
			B	53	35	20				53	35	10			
		盘右	A	180	00	18	53	35	12						
			B	233	35	30							53	35	12
	2	盘左	A	90	00	10	53	35	16						
			B	143	35	26				53	35	15			
		盘右	A	270	00	22	53	35	14						
			B	323	35	36									

3.3.2　方向观测法

方向观测法也称全圆测回法，适用于观测两个以上的方向。当方向多于三个时，采用方向观测法观测，要求每个半测回都从选定的起始方向（零方向）开始观测，在依次观测各个目标方向后，还需再次回到起始方向进行观测，称为归零。方向观测法由于旋转了一个圆周，所以又称为全圆方向法。

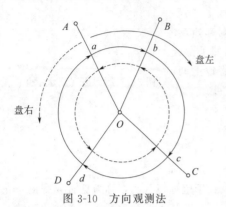

图 3-10　方向观测法

如图 3-10 所示，O 点为测站点，A、B、C、D 为观测目标，$\angle AOB$、$\angle BOC$、$\angle COD$ 为观测角。在 O 点安置全站仪，仪器对中、整平后以 A 点为起始方向进行观测。观测步骤如下。

（1）盘左观测

① 精确瞄准起始方向目标 A，使用"置盘"功能键设置起始方向读数 a_1，并记录在手簿中。

② 顺时针旋转仪器照准部，依次瞄准目标 B、C、D，相应的方向值读数为 b、c、d。

③ 继续顺时针旋转仪器，再次照准起始方向目标 A，读数为 a_2。读数 a_1 与 a_2 之差称为盘左半测回归零差，若在允许范围内（限差见表 3-2），取其平均值。

表 3-2　方向观测水平角的限差要求

仪器等级	半测回归零差/″	2c 值变化范围/″	同一方向各测回互差/″
1″全站仪	6	9	6
2″全站仪	8	13	9
5″全站仪	18	—	24

（2）盘右观测

① 瞄准起始方向 A，读数为 a_1'；

② 逆时针旋转仪器照准部，依次瞄准目标方向 D、C、B，相应读数为 d'、c'、b'；

③ 继续逆时针旋转仪器，再次照准目标 A，水平方向读数为 a_2'。a_1' 与 a_2' 之差称为盘右半测回归零差，若在允许范围内，取其平均值。

盘左盘右观测数据均需要按照观测顺序记录在观测手簿之中。以上即为一个测回的方向观测，盘左和盘右组成一个测回。当需要观测 n 个测回时，测回间的起始方向盘左初始读数按 $180°/n$ 增加。观测 2 个测回的全圆方向观测记录如表 3-3 所示。

（3）角值计算

表中第 6 栏是 2c 同一方向盘左和盘右水平方向值之差，称为两倍视准差，不能超过表 3-2 中允许值。第 7 栏为同一方向盘左、盘右读数的平均值，计算时只需将秒值取平均，度分值以盘左为准。起始方向 A 有两个读数平均值，应再次平均作为 A 方向的平均读数（填入括号内）。第 8 栏为归零后的方向值，即将各方向的平均读数减去起始方向 A 的平均读数，将 A 方向化为 $0°00'00''$。第 9 栏为各测回归零方向值平均值，即将 8 栏各测回中同一方向的归零后的方向值取平均值，同一方向值各测回互差应在限差值范围内。第 10 栏为观测角值，即第 9 栏相邻两方向值之差。

表 3-3　方向观测法记录手簿

测站	测回	目标	水平度盘读数 盘左			水平度盘读数 盘右			2c	平均读数			归零后方向值			方向平均值			角值			备注
			°	′	″	°	′	″	″	°	′	″	°	′	″	°	′	″	°	′	″	
1	2	3	4			5			6	7			8			9			10			11
O	1	A	0	01	40	180	01	28	−12	(0	01	30) 0 01 34	0	00	00	0	00 00		34	35	52	
		B	34	35	12	214	35	20	−8	34	35	16	34	34	46	34	34	52	118	03	48	
		C	152	40	18	332	40	22	−4	152	40	20	152	38	50	152	38	40	57	34	40	
		D	210	14	44	30	14	52	−8	210	14	48	210	13	18	210	13	20				
		A	0	01	26	180	01	24	2	0	01	25										
	2	A	90	00	00	270	00	12	−12	(90	00	09) 90 00 06	0	00	00							
		B	124	35	14	304	35	02	12	124	35	08	34	34	59							
		C	242	38	42	62	38	34	8	242	38	38	152	38	29							
		D	300	13	40	120	13	24	16	300	13	32	210	13	23							
		A	90	00	10	270	00	14	−4	90	00	12										

3.4　竖直角测量

在测角仪器中，竖直角是利用竖直度盘来测量。竖直度盘在仪器中处于铅垂状态，望远镜的旋转轴（横轴）通过竖直度盘中心，其固定在仪器的横轴一端，与横轴垂直。根据竖直角和天顶距的定义，当望远镜视准轴水平时，竖盘读数是一个固定值，盘左为90°、盘右为270°。因此，测量竖直角只需要直接照准目标并读数，由目标读数与水平视线的固定读数之差即可获得竖直角。

3.4.1　竖盘测角结构

光学经纬仪的竖盘装置由竖盘、竖盘、读数指标、指标水准管及其微动螺旋等组成。如图 3-11 所示，竖直度盘固定在横轴一端，用望远镜瞄准目标时，会随望远镜在竖直面一起转动。竖盘的读数指标与竖盘水准管或垂直补偿器连接在一起安装在支架上，不随望远镜转动，但是可以由指标水准管微动螺旋控制。当调节指标水准管的微动螺旋，指标水准管的气泡移动，读数指标随之移动。当指标水准管的气泡居中时，读数指标线移动到正确位置，即铅垂位置。在电子经纬仪和全站仪中，竖盘水准管及其微动螺旋被垂直补偿器代替，补偿器在重力作用下，竖盘读数指标线自动处于铅垂位置。

竖盘采用0°～360°注记，有全圆式顺时针注记和逆时针注记两种。但现在多数经纬仪采用顺时针注记形式。竖直角计算与竖盘注记顺序有关，使用时应加以区分。

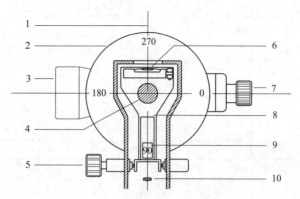

图 3-11　光学经纬仪竖盘测角结构

1—铅垂线；2—竖盘；3—望远镜物镜；4—横轴；5—竖盘水
准管微动螺旋；6—竖盘水准管；7—望远镜目镜；8—竖盘水
准管支架；9—竖盘读数棱镜；10—竖盘读数透镜

3.4.2　竖直角计算

竖直角是同一竖直面内目标方向线与水平视线的夹角，当望远镜视线水平、指标水准管的气泡居中、指标处于正确位置时，盘左天顶距读数为 $90°$，盘右读数为 $270°$，此时竖直角为 $0°$。当望远镜视准轴视线方向向上或向下时，盘左竖直角为瞄准目标读数与 $90°$ 之差，盘右竖直角为瞄准目标读数与 $270°$ 之差。光学经纬仪竖直角、天顶距与竖盘读数之间的关系如图 3-12 所示，图中竖盘按顺时针方向注记。

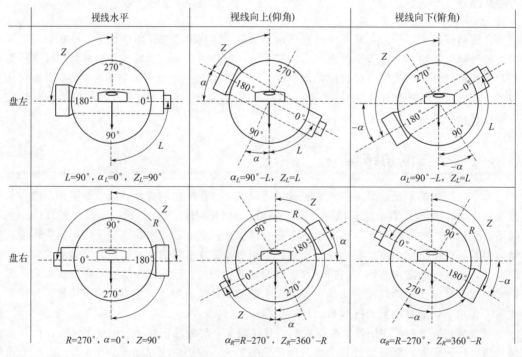

图 3-12　光学经纬仪竖盘读数与竖直角和天顶距的计算

图 3-12 中仪器瞄准目标时，设盘左的竖直角为 α_L，竖盘读数为 L；盘右的竖直角为 α_R，竖盘读数为 R，那么竖直角计算公式为

$$\begin{cases} \alpha_L = 90° - L \\ \alpha_R = R - 270° \end{cases} \tag{3-6}$$

盘左、盘右的天顶距与竖盘读数之间的关系为

$$\begin{cases} Z_L = L \\ Z_R = 360° - R \end{cases} \tag{3-7}$$

如果所用仪器竖盘为逆时针方向注记，相应的数字角和天顶距的计算公式为

$$\begin{cases} \alpha_L = L - 90° \\ \alpha_R = 270° - R \end{cases} \tag{3-8}$$

$$\begin{cases} Z_L = 180° - L \\ Z_R = R - 180° \end{cases} \tag{3-9}$$

3.4.3 竖盘指标差

由于竖盘水准管或补偿器未安装到正确位置，使竖盘读数指标线与铅垂线有一个微小的角度偏差，称为竖盘指标差，通常用 x 表示，如图 3-13 所示。当偏差的方向与竖盘刻度方向一致时，指标差 x 为正，反之为负。由于竖盘指标差的存在，望远镜视线水平、指标水准管的气泡居中时，盘左读数由原来的 90° 变为 90° + x、盘右读数由原来的 270° 变为 270° + x。因此对于顺时针注记的竖盘测量的竖直角计算公式为

$$\begin{cases} \alpha_L = (90° + x) - L \\ \alpha_R = R - (270° + x) \end{cases} \tag{3-10}$$

盘左、盘右取平均值

$$\alpha = \frac{1}{2}(\alpha_L + \alpha_R) \tag{3-11}$$

竖盘指标差 x 的计算式为

$$x = \frac{1}{2}(L + R - 360°) \tag{3-12}$$

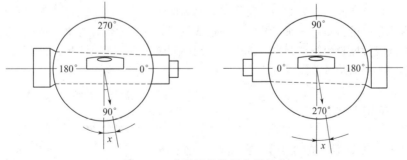

图 3-13　光学经纬仪竖盘指标差

在测站上多同一方向的观测，通过盘左和盘右的观测值计算可以消除竖盘指标差对竖直角的影响。当观测条件相同时，在一个测站的观测中可以认为竖盘指标差是一个常数；如果指标差变化较大，指标差互差超过规范规定的限差，说明观测质量较差，在分析原因后，对不合格的观测值需要重新观测。DJ6 和 DJ2 经纬仪同一方向测回间指标差的互差，应分别不超过 25″ 和 15″。

3.4.4 竖直角观测

全站仪安置在测站点上方，对中、整平后，将仪器变换为盘左位置。在仪器中设置天顶方向为基准方向，以便观测值为天顶距。如果使用光学经纬仪测量竖直角，在照准目标后读数之前，必须调节竖盘指标水准管微动螺旋，使竖盘水准管气泡居中。

（1）盘左观测

盘左位置瞄准目标，调节望远镜微动螺旋，使十字丝横丝卡准目标高位置（量取地面点至此为目标高），读取显示屏读数 L，并记录在手簿中，如表 3-4 所示。

（2）盘右观测

盘右位置瞄准目标，方法同第（1）步，读取竖盘读数 R，并记录在手簿中。至此完成了一个测回的竖直角观测。

（3）角值计算

竖直角的观测和计算见表 3-4。采用式(3-6)、式(3-11) 和式(3-12) 计算竖直角和指标差。

表 3-4　竖直角观测记录表

测站	目标	竖盘位置	竖盘读数 ° ′ ″			半测回竖直角 ° ′ ″			指标差 ″	一测回竖直角 ° ′ ″			备注
O	A	左	86	45	23	+3	14	37	+8	+3	14	44	
		右	273	14	52	+3	14	52					
	B	左	96	35	24	−6	35	24	−5	−6	35	29	
		右	263	24	26	−6	35	34					

3.5　距离测量

测量地面两点之间的距离称为距离测量。距离测量是确定地面点位的基本要素之一，工程测量经常也需要进行距离测量。两点之间连线投影在水平面上称为水平距离，高程不同的两点之间的连线长度称为倾斜距离。按照所使用的测量工具，距离测量分为钢尺量距、视距测量、光电测距和 GNSS 测距。

3.5.1　钢尺量距

钢尺是直接丈量距离的工具，通常钢尺带宽 10～15mm，厚 0.2～0.4mm，长度有20m、30m、50m 等几种，卷放在圆形的盒内或金属架上。钢尺的基本分划为厘米，最小分划为毫米，在米处和分米处用加粗的数字注记。钢尺量距时还需要标杆、测钎、垂球等，精密量距时还需要配备温度计和拉力器等设备。

钢尺尺面刻注的长度称为名义长度，钢尺首尾两端刻线之间的标准长度称为钢尺的实际长度，其实际长度往往不等于名义长度，总是存在一个差值。用这样的钢尺去丈量距离，每量一整尺长，就会使丈量的距离值包含这个差值，并且这种差值具有累计性。因此，为了要量得准确的距离，必须对钢尺进行检定，以求出其名义长度与实际长度的差值。同时由于钢尺使用时的温度和拉力与钢尺检定时差别较大，也需要加上由于温度变化引起的钢尺热胀冷缩的改正，才能得到精确的长度。钢尺尺长检定工作一般由专业的检定部门实施。

钢尺的尺长方程式是在一定拉力下（如对 30m 的钢尺，拉力为 100N；对 50m 钢尺，拉力为 150N），钢尺长度与温度的函数关系，其函数式为

$$l = l_0 + \Delta l + \alpha(t - t_0) \tag{3-13}$$

式中，l_0 为整尺段钢尺的名义长度；Δl 为整尺段的尺长改正，每把钢尺的 Δl 通过实际检定得到；α 为钢尺膨胀系数，一般等于 $(1.2 \times 10^{-5} \sim 1.25 \times 10^{-5})/℃$；$t$ 为量距时的实际温度（℃），t_0 为钢尺检定时的温度（℃）。

钢尺精密量距一般包括以下工作。

① 定线。如果丈量的距离超过钢尺长度，应在距离两端之间按尺段长度设置定向桩，一般可采用经纬仪定向，并在定向桩的桩顶面刻划标志。

② 量距。用钢尺丈量相邻定向桩之间的距离。丈量时对钢尺施加检定时的拉力，当钢尺达到规定的拉力、尺身稳定后，读尺员按一定程序和统一的口令，两端的前后读尺员同时读数，两端读数之差即为该尺段的长度 l_i。

③ 测量相邻定向桩之间的高差。使用水准测量的方法测量两点之间的高差 h_i，将丈量的倾斜距离换算成水平距离。

④ 量距成果的整理。对各测段观测值进行尺长改正、温度改正和倾斜改正后得到所需的两点之间的水平距离 D。

$$D = \sum l_i + \frac{\Delta l}{l_0}\sum l_i + \alpha(t - t_0)\sum l_i - \sum \frac{h_i^2}{2l_i} \tag{3-14}$$

为了防止钢尺距离丈量错误和提高丈量精度，两点间的距离一般需要往返丈量。将往返丈量距离的差值（取绝对值），除以往返距离的均值，并化为分子为 1 的分式，称为量距的相对精度，或称为相对误差。例如：AB 的往测距离为 174.896m，返测距离为 174.844m，往返平均距离为 174.870m。则量距的相对精度为

$$\frac{|D_{往} - D_{返}|}{\overline{D}} = \frac{|174.896 - 174.844|}{174.870} = \frac{0.052}{174.870} \approx \frac{1}{3300}$$

在平坦地区，钢尺一般量距的相对误差应不大 1/3000，困难地区应不大于 1/1000，当相对误差未超出上述限值时，取往、返测的平均值作为测回值的最终结果。

3.5.2 视距测量

视距测量根据几何光学原理，应用定角测距方式进行测距。由于仪器望远镜上十字丝分划板的上、下视距丝的位置固定，通过视距丝的视线所形成的夹角是一个定角。在测量视距时，利用望远镜十字丝分划板上的视距丝和标尺进行观测，方法简便、快速且不受地面起伏影响，但测距精度较低，只能达到 $1/200 \sim 1/300$。在传统地形测绘中就是采用经纬仪或平板仪视距测量的方法进行距离测量来确定地形特征点的位置。

（1）视线水平时的距离和高差测量

如图 3-14 所示，经纬仪安置于地面点 A，标尺立于地面点 B，两点之间的距离为 D，高差为 h。当视线水平时，望远镜十字丝分划板上的视距丝 m、n 照准标尺上的 M、N，MN 的长度称为视距间隔。

假设视距间隔 $MN = l$，十字丝分划板视距丝 $mn = p$，图 3-14 中视距丝的视线所形成的

夹角 φ 是一个定角，f 为物镜的焦距，d 是物镜交点至标尺的距离，δ 是物镜中心至仪器中心的距离。

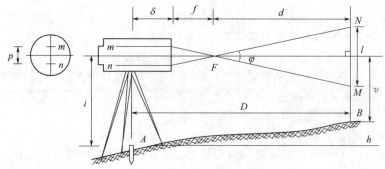

图 3-14　视线水平时的视距测量

由图 3-14 可知，AB 两点之间的水平距离为 $D=\delta+f+d$，根据相似图形原理可知

$$\frac{d}{f}=\frac{l}{p}, \qquad d=\frac{f}{p}l$$

于是

$$D=\frac{f}{p}l+f+\delta$$

令 $\frac{f}{p}=k$，定义为视距乘常数；$f+\delta=c$，定义为视距加常数。则

$$D=kl+c$$

为了方便计算，经纬仪在制造时，使 $k=100$，而 c 很小，可以忽略不计，则

$$D=kl \tag{3-15}$$

AB 两点之间的高差为

$$h=i-v \tag{3-16}$$

式中，i 为仪器高；v 为十字丝横丝在标尺上的读数。

（2）视线倾斜时的距离和高差公式

当两点之间高差较大时，使用经纬仪进行视距测量需要将望远镜视准轴倾斜才能观测到标尺。如图 3-15 所示，视线倾斜角度为 α，十字丝分划板上的视距丝瞄准标尺上的位置为 M 和 N，此时过 G 点作 $M'N'$ 垂直于视线，其与标尺的角度为 α。由于 φ 很小，可近似将 $\angle GM'M$ 和 $\angle GN'N$ 视为直角，因此可得

$$M'N'=MN\cos\alpha=l\cos\alpha$$

所以斜距 S 为

$$S=kl'=kM'N'=kl\cos\alpha$$

平距 D 为

$$D=S\cos\alpha=kl\cos^2\alpha \tag{3-17}$$

高差 h 为

$$h=h'+i-v=S\sin\alpha+i-v=kl\sin\alpha\cos\alpha+i-v$$

$$h=\frac{1}{2}kl\sin2\alpha+i-v \tag{3-18}$$

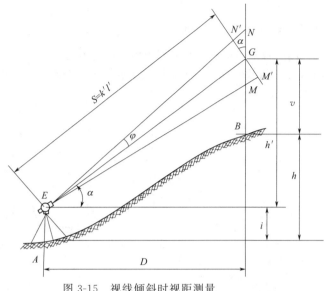

图 3-15 视线倾斜时视距测量

实际测量时，可以用十字丝的横丝瞄准标尺上等于仪器高的位置，使目标高 v 等于仪器高 i，以简化高差的计算。

B 点的高程等于测站点 A 的高程加上两点之间的高差 h，即

$$H_B = H_A + \frac{1}{2}kl\sin2\alpha + i - v \tag{3-19}$$

3.5.3 电磁波测距

电磁波测距是以电磁波作为测距信号测量两点之间的距离。电磁波测距具有测程远、精度高、操作简便、不受地形条件限制等优点。根据载波的不同，电磁波测距仪分为以光波为载波的光电测距仪和以微波为载波的微波测距仪。

光电测距仪分为激光测距仪和红外测距仪。激光测距仪具有光束集中、发散角小、大气穿透力强、测量距离远的特点，多用于大地测量；红外测距仪的体积小、重量轻、发光效率高，但由于其发散角比激光大，所以它的测程短，一般适用于工程测量。微波测距具有测程远和不必精确照准的优点，但在测距时微波发散较大，多路径效应严重，受大气湿度影响大，比光电测距精度低，所以很少用于大地测量和工程测量中。

按照国家《中、短程光电测距规范》（GB/T 16818—2008）的规定，光电测距仪按测程分为中、短、远程测距仪。测程在 3km 以内为短程测距仪，测程在 3~15km 的为中程测距仪，测程在 15km 以上的为远程测距仪。按测距精度分为Ⅰ级、Ⅱ级和Ⅲ级，其中Ⅰ级测距中误差小于±(1mm+1ppm❶)，Ⅱ级测距中误差小于±(3mm+2ppm)，Ⅲ级测距中误差小于±(5mm+5ppm)；误差大于±(5mm+5ppm) 的称为等外级。

光电测距的基本原理是通过测定电磁波在待测距离两端点之间往返的传播时间 t，利用电磁波在大气中的传播速度 c，计算两点间的距离 S，如图 3-16 所示，S 的计算公式为

---

❶ ppm 为非法定计量单位，$1ppm=1mm/km=10^{-6}$，即测量 1km 的距离有 1mm 的比例误差。

$$S = \frac{1}{2}ct \tag{3-20}$$

式中，c 为光波在大气中的传播速度，$c = \dfrac{c_{真}}{n}$（$c_{真} = 299792458 \text{m/s}$，为真空光速）；$n$ 为光在大气中的折射率；t 为电磁波在待测距离上往返传播时间。

根据测定时间 t 的方式不同，光电测距仪分为相位式测距仪和脉冲式测距仪。

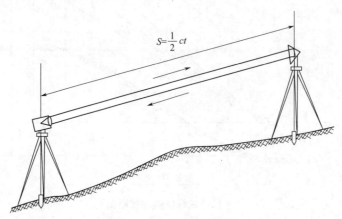

图 3-16　光电测距的原理

（1）相位式测距原理

相位式测距仪是通过测量调制光波在待测距离上往返传播所产生的相位差 $\Delta\varphi$，根据相位差间接计算出传播时间 t，进而得到两点之间的距离 S。

如图 3-17 所示，测距仪从 A 点发出的调制光波，经 B 点反射后回到 A 点时刻的相位变化为 $\varphi = N \times 2\pi + \Delta\varphi$，其中 N 为相位整周数，$\Delta\varphi$ 为不足一个周期的尾数。

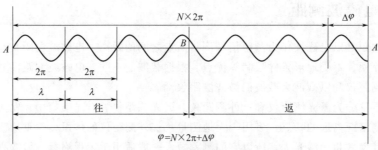

图 3-17　相位式测距原理

根据相位 φ 与调制光波的频率 f 以及时间 t 的关系 $\varphi = 2\pi ft$，则有

$$t = \frac{\varphi}{2\pi f} = \frac{1}{2\pi f}(N2\pi + \Delta\varphi)$$

顾及光速 c、波长 λ 与频率 f 的关系 $c = \lambda f$，则测量的距离 S 为

$$S = \frac{1}{2}ct = \frac{1}{2}\lambda f \frac{1}{2\pi f}(N \times 2\pi + \Delta\varphi)$$

即

$$S = \frac{\lambda}{2}\left(N + \frac{\Delta\varphi}{2\pi}\right) = \mu(N + \Delta N) \tag{3-21}$$

式（3-21）即为相位式测距的基本公式，式中，μ 称为"光尺"，相当于钢尺的尺长；N 相当于整尺数；ΔN 为不足一整尺的余尺数。

测／量／学

由于测距仪的相位计只能测出相位值的尾数 $\Delta\varphi$，不能确定整尺数，因此无法求得所测距离 S。为了解决这一问题，在测距仪中通常采用一组不同频率 f 和波长 λ 的调制光波进行组合测距，其中波长较长的称为"粗"测尺，波长较短的称为"精"测尺。"粗"测尺满足测程的要求，"精"测尺保证测距的精度。一般测距仪中测相精度为 1‰。比如，一把"粗"测尺的 $\mu=1000m$，可测出 1km 以内的距离，精度为 $\pm1m$，可测定距离的千米、百米、十米和米数；"精"测尺的 $\mu=10m$，可测出 10m 以下的距离，测距精度为 $\pm1cm$，可测定距离的尾数米、分米、厘米和毫米数。将两把光尺组合测距，可精确测定 1km 以内的距离值。

（2）脉冲式测距原理

脉冲式测距是通过对发射脉冲和返回脉冲进行计数来计算脉冲在距离上的往返时间 t，进而测量两点之间的距离 S。

如图 3-18 所示，由光脉冲发射器将发射光调制成一定频率的尖脉冲进行发射，同时由取样棱镜取一小部分发射光送入光电接收器，将光脉冲转换为电脉冲，由此打开电子门，时标振荡器产生的时标脉冲通过电子门，时标脉冲计数器开始计数；从目标反射回来的反射光脉冲也被转换成电脉冲，此时关闭电子门，时标计数器停止计数。设时标振荡器的振荡频率为 f（即每秒振荡的次数），周期 $T=1/f$（即每振荡一次的时间），计数器脉冲计数为 m个，则脉冲光波往返传播时间 $t=mT$，因此测量的距离为

$$S=\frac{1}{2}cmT \tag{3-22}$$

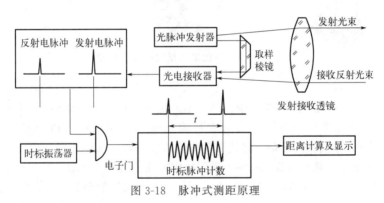

图 3-18　脉冲式测距原理

3.5.4　全站仪距离测量

自从 20 世纪 70 年代光电测距仪发明以来，随着微电子技术、激光、发光二极管等技术的发展，测量上所用的测距仪体积不断减小，精度得到提高，操作变得方便；尤其在 20 世纪 80 年代，各种型号的测距仪架设在经纬仪的上方，同时测角和测距，给测绘工作带来了极大的方便，这种测量方法在大地测量和工程测量中得到广泛应用。

将测距仪中的光电发射、接收系统、光电调制器、相位计、脉冲计等微电子单元与经纬仪的望远镜及测角系统组装在一起，构成了既能够测量角度、又能够测量距离的电子全站仪。20 世纪 90 年代开始全站仪逐步得到推广应用，到现在已经成为测绘工作的常用仪器。除了手持测距仪外，在测量中不再单独使用测距仪进行距离测量。

全站仪在距离测量前需要对反射目标类型、棱镜常数、气象改正以及测距模式等进行设置；由于全站仪测量的是仪器中心到棱镜中心的倾斜距离，因此全站仪和棱镜均需精确对中整平。距离测量后还需要对观测的距离进行仪器常数、气象以及倾斜改正等计算。

（1）参数设置

① 棱镜常数　全站仪距离测量需要在测距的另一端安置反射器，反射器分为反射棱镜和反射片。在精密测距和长距离测量中时需要设置反射棱镜，反射片只能用于近距离测量，且精度不高。现在很多全站仪具有免棱镜测距的功能，主要用在人无法到达情况下的测量。因此在距离测量之前，应先根据实际情况和需要选择反射目标类型。

反射棱镜是用光学玻璃磨制的直角三棱锥体，如同从正方体上切下的一只角。棱镜实物加工时，磨去切割面上的三个棱角，将三个直角三棱锥组合在一起，然后固定在棱镜框中。

距离测量时全站仪和反射棱镜分别安置于测线两端点，反射棱镜面与入射光线方向大致垂直，照准反射镜，检查经反射镜反射回的光强信号，合乎要求后即可开始测距。反射棱镜的作用是将发射来的调制光波信号反射至全站仪接收系统。随着测程的不同，使用的反射棱镜数目也不同，距离较远时需要安置棱镜组，才能将测距信号反射至全站仪进行测距。如图 3-19所示，为三棱镜、单棱镜和支架对中杆测距时的棱镜配置。

图 3-19　全站仪距离测量时的反射棱镜

光在空气中的折射率近似等于 1，在玻璃中的折射率为 1.5～1.6，所以光在玻璃中的传播要比空气中慢。因此光在反射棱镜中传播所用的超量时间会使所测距离增大某一数值，通常称这个值为棱镜常数。通常棱镜常数在厂家所附的说明书或在棱镜上标出，一般为－30mm。测距前根据使用棱镜型号将棱镜常数输入仪器后，仪器会自动对所测距离进行改正。在精密测量中，为减少误差，应使用仪器检定时使用的棱镜类型。

② 大气改正　由于在不同的气象条件下，光波受到大气折射的影响，使传播速度产生延迟，测距光波的光尺长度会发生变化。距离测量时的大气条件一般与仪器选定的基准大气条件（通常称为气象参考点）不同，使测距产生误差，因此必须进行气象改正（或称大气改正）。大气改正可直接设置改正值，也可以输入温度和气压值，全站仪会自动计算大气改正值，并对测距结果进行改正。现在有部分全站仪具有自动感应大气温度和气压的功能，能够很方便地自动进行大气改正。

③ 仪器常数改正　仪器常数包括仪器加常数和仪器乘常数。

全站仪的发射、接收测距信号的等效中心与仪器的几何中心不一致，反射棱镜接收、反射的等效中心与其几何中心不一致，以及测距信号在光路上的延迟等因素导致测量的距离与其距离的真值之间相差一个固定量，这个固定量称为仪器加常数。由于仪器在使用运输过程中的碰撞、抖动等原因，使仪器的结构受到影响，仪器加常数并非一个固定值。因此规范规定仪器加常数需要定期检测。在使用时可将仪器加常数直接输入仪器，由仪器自动对观测距离施加改正。

由于仪器实际调制的光波频率与设计频率不一致，产生了频率漂移而导致光尺长度发生变化，其对距离的影响与距离长度成正比，比例系数称为仪器乘常数。和仪器加常数一样，仪器乘常数也需要定期检测。在使用时可将乘常数输入仪器，仪器对测量的距离进行自动改正。全站仪的仪器加、乘常数的检定可采用六段解析法和六段比较法。

（2）距离测量

① 测距模式的选择　全站仪的测距模式有精测、跟踪和粗测模式三种。精测模式是最常用的测距模式，通过 n 次（事先设置）测量取测距的平均值作为测量值，最小显示单位 1mm；跟踪模式常用于跟踪移动目标或放样时连续测距；粗测模式在瞄准目标后只进行一次测量，测量结果作为观测值。测距模式应根据测距的需要通过仪器功能键和键盘预先设定。

② 开始测距　精确照准棱镜中心，按距离测量键，开始距离测量，有关测量信息（距离类型、棱镜常数改正、气象常数改正和测距模式等）将闪烁显示在屏幕上，然后仪器发出响声，提示测量完成，屏幕上显示出测出的斜距 S、平距 D 和垂距 V。显示的垂距 V 是全站仪横轴中心与棱镜中心的高差。

3.5.5　手持式测距仪简介

近年来，手持式测距仪的使用日益增多，主要得益于激光测距技术的快速发展。与红外测距仪相比，激光测距仪具有可见激光斑、体积小、激光可进行无合作目标模式测距（或免棱镜测距）等优点。所谓无合作目标模式测距，即测距仪向目标物体发出测距激光光束，只需接收目标物体表面的漫反射信号即可完成测距，因此无须在目标点上安置反射装置，从而使测距工作更加方便快捷。手持式测距仪一般采用电池供电，设计测程一般在 200m 以内，测距精度为 ±(1.5～2)mm。

手持式激光测距仪采用无合作目标模式测距，仪器外形十分小巧，便于携带和使用，且测距精度高，被广泛用于建筑施工、房屋测量、隧道测量等领域。除测量距离的基本功能外，一般还具有测量距离累加、面积测量、体积测量、勾股测量等扩展功能。有的手持测距仪还具有数据存储功能，测量数据无需手工记录。

3.6　全站仪的检验与校正

全站仪和经纬仪一样，具有严密的轴系关系。

图 3-20 所示为 NTS-342R 全站仪的轴线。VV 为竖轴，LL 为照准部水准管轴，$L'L'$ 为圆水准器轴，HH 为横轴，CC 为视准轴。照准部围绕仪器竖轴旋转。照准部水准管轴为通过水准管内壁圆弧中点的切线，当水准管气泡居中时，水准管轴处于水平位置。圆水准器轴为通过圆水准器内壁球面中心的法线，圆水准器气泡居中时，圆水准轴处于铅垂位置。横轴为望远镜在竖直面的旋转轴。视准轴为望远镜物镜光心与十字丝中心的连线，也是瞄准目标时的视线。

根据水平角和垂直角观测的原理，经过整平后，全站仪的轴线应满足下列条件：

① 照准部水准管轴应垂直仪器竖轴 $LL \perp VV$；
② 望远镜视准轴垂直仪器横轴 $CC \perp HH$；
③ 横轴垂直仪器竖轴 $HH \perp VV$；
④ 圆水准器轴平行于仪器纵轴 $L'L' /\!/ VV$；

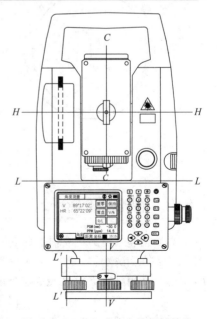

图 3-20　NTS-342R 全站仪的轴线

⑤ 十字丝的竖丝垂直仪器横轴 HH；

⑥ 竖盘指标差 $x=0$；

⑦ 光学对中器的视准轴与竖轴 VV 重合。

在仪器出厂时，虽经这些条件检验合格，但由于搬运、使用中的震动、碰撞等原因造成仪器几何关系变化，因此应定期进行检校。

3.6.1　照准部水准管轴的检校

目的：使照准部水准管轴垂直于仪器竖轴 $LL \perp VV$。

检验：粗略整平仪器，旋转照准部使水准管平行于任意一对脚螺旋，转动螺旋使气泡居中，再将照准部旋转 $180°$，若气泡仍然居中，表明 $LL \perp VV$，否则应校正。

校正：相向转动平行于水准管的一对脚螺旋使气泡向水准管中心移动原来偏差格数的一半，然后使用校正针拨动水准管一端的校正螺丝，使气泡完全居中。这项校正需要反复进行几次，才能完成。最后使照准部在任意位置旋转 $180°$ 水准管气泡的偏差小于半格。

3.6.2　十字丝竖丝的检校

目的：满足十字丝竖丝垂直于横轴，使竖丝处于视准面内。

检验：仪器整平后，先用十字丝交点瞄准一固定目标，旋紧照准部和望远镜的制动螺旋，然后转动望远镜微动螺旋使望远镜上下移动。如图 3-21(a) 所示，若竖丝始终未偏离目标，则表明条件满足，否则应进行校正。

校正：先用十字丝交点瞄准目标，拧下目镜处的护盖，再放松十字丝环的四个固定螺丝，转动十字丝环（但十字丝中心位置不变，仍对准原目标），直至望远镜上下微动时始终未离开目标为止，最后将四个固定螺丝拧紧。如图 3-21(b) 所示。

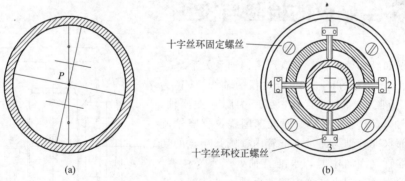

图 3-21　十字丝的检验与校正

3.6.3　视准轴的检校

目的：使望远镜的视准轴垂直于仪器的横轴 $CC \perp HH$。

检验：在大致水平方向上选择一个清晰目标点 P，先用盘左瞄准 P 点，水平度盘读数为 L；然后使用盘右瞄准 P 点，水平度盘读数为 R。如果

$$|L-(R \pm 180°)| > 20''$$

则认为视准轴不垂直于横轴，需要进行校正。

校正：首先计算盘右瞄准目标 P 时水平度盘正确读数为

$$\overline{R}=\frac{1}{2}\left[R+(L\pm180°)\right] \tag{3-23}$$

然后旋转水平微动螺旋，使盘右的水平度盘读数为 $\overline{R}$，此时望远镜十字丝竖丝必定偏离目标 P，最后使用校正针拨动左右一对十字丝校正螺丝，如图 3-21(b) 所示，使十字丝竖丝对准目标 P。

校正原理：视准轴 CC 与横轴 HH 的交角与 $90°$ 的差值称为视准轴误差 c，如图 3-22 所示。当存在视准轴误差时，盘左水平度盘读数 L 中包含误差 c，盘右水平度盘读数 R 中也包含误差 c，因此按式(3-23) 取盘左、盘右水平度盘读数时，可以抵消视准轴误差 c。校正时旋转水平微动螺旋使度盘读数对准正确的读数，校正十字丝，瞄准目标，即可消除视准轴误差 c。

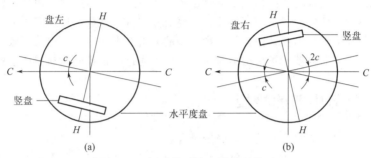

图 3-22　视准轴垂直于横轴的检验

3.6.4　横轴的检校

目的：使横轴垂直于竖轴。

检验：如图 3-23 所示，在距离墙面 $20\sim30\mathrm{m}$ 处安置仪器，将仪器整平。

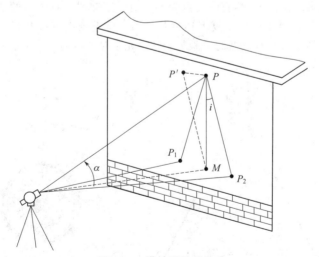

图 3-23　横轴误差的检验

以盘左位置瞄准仰角大于 $30°$ 的墙面明显目标点 P，放平望远镜，在墙面上定出 P_1 点，倒转望远镜以盘右再瞄准高点 P，放平望远镜，在墙面上定出 P_2 点，若 P_1、P_2 重合，表明横轴垂直于竖轴；若两点不重合，说明横轴不垂直竖轴，需要校正。

若 P_1、P_2 两点不重合，取 P_1P_2 的中点 M，盘右抬高望远镜至 P'，使 P' 与 P 同高，调整仪器横轴部件，使十字丝中心对准 P 点，则 $HH \perp VV$。由于仪器横轴是密封的，一般能保证横轴垂直于竖轴，如果需要校正，应由仪器检修人员拆卸外壳后进行。

3.6.5 竖盘指标差的检校

目的：满足条件 $x=0$，使指标水准管气泡居中时，指标处于正确位置。

对于光学经纬仪，竖盘指标差的检校方法为。

检验：仪器整平后，以盘左、盘右先后瞄准同一目标，在竖盘指标水准管气泡居中时，读取竖盘读数 L 和 R，计算指标差 x，若 x 超过 30″，则应进行校正。

校正：保持望远镜盘右位置瞄准目标不变，计算指标差为零时盘右正确读数 $R-x$，转动竖盘指标水准管微动螺旋使指标线对准该读数，此时气泡必不居中，用校正针拨动竖盘指标水准管校正螺丝，使气泡居中即可。校正需要反复进行，直至不超过限差为止。

对于全站仪和电子经纬仪，检验仪器指标差的方法基本与光学经纬仪一致，通过盘左和盘右测量竖直角，仪器自动计算出指标差，然后仪器通过内置程序自动完成指标差的检校。

3.6.6 光学对中器的检校

目的：使光学对中器的光学垂线与竖轴重合。

检验：全站仪整平后，在一张白纸上画一个十字交叉并放在仪器正下方的地面上。调整好光学对中器的焦距后，移动白纸使十字交叉位于视场中心。转动脚螺旋，使对中器的中心标志与十字交叉点重合。旋转照准部，每转 90°，观察对中点的中心标志与十字交叉点的重合度。如果照准部旋转时，光学对中器的中心标志一直与十字交叉点重合，则不必校正。否则需按下述方法进行校正。

校正：将光学对中器目镜与调焦手轮之间的改正螺丝护盖取下，固定好十字交叉白纸并在纸上标记出仪器每旋转 90° 时对中器中心标志落点，如图 3-24 所示的 A、B、C、D 点，用直线连接对角点 AC 和 BD，两直线交点为 O；用校正针调整对中器的四个校正螺丝，使对中器的中心标志与 O 点重合。重复上述检验步骤，检查校正至符合要求。最后将护盖安装回原位即可。全站仪激光对点器的检验与全站仪光学对中器的检验方法一致。

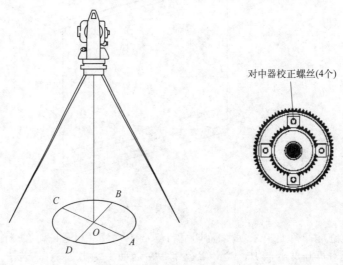

对中器校正螺丝(4个)

图 3-24 光学对中器的检验

以上介绍的仪器检验与校正方法属于物理校正方法，其中视准轴、横轴和竖盘指标差的校正方法并不适用于全站仪。全站仪是光、机、电一体的精密仪器，它自带了相关的程序与命令对仪器轴系误差进行检验与校正，将检验求得的轴线误差自动保存在仪器内存中，对测量的角度进行自动改正。对全站仪的电子校正需要进入指定程序，按照提示进行操作。

3.7 角度测量的误差分析

水平角测量误差主要来源于仪器误差、观测误差及外界条件的影响。

3.7.1 仪器误差

（1）视准轴误差

视准轴 CC 不垂直于横轴的偏差称为视准轴误差 c，如图 3-22 所示。存在视准轴误差 c 时，视准轴 CC 绕横轴 HH 旋转，旋转面是圆锥面。如图 3-25 所示，盘左瞄准目标点 A，水平盘读数为 L，水平度盘为顺时针注记时的正确读数应为 $L'=L+c$；纵转望远镜，盘右瞄准 A 点，水平盘读数为 R，正确读数为 $R'=R-c$；此时盘左、盘右方向观测值取平均值为

$$\overline{L}=L'+(R'\pm180°)=L+c+R-c\pm180°=L+R\pm180° \tag{3-24}$$

式（3-24）说明，盘左盘右取平均值后可以消除视准轴误差 c 的影响。

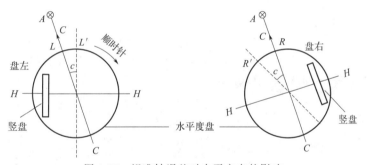

图 3-25 视准轴误差对水平方向的影响

（2）横轴误差

横轴 HH 不垂直于竖轴 VV 产生的偏差，与水平面之间的夹角 i 称为横轴误差。假设 CC 已垂直于 HH，此时，CC 绕 HH 旋转面是一个与铅垂面成 i 角的倾斜平面。当望远镜瞄准的目标与仪器同高，即视准轴 CC 水平时，$i=0$，水平方向观测值不受 i 的影响；当望远镜抬高或降低时，竖直角 a 增大，CC 绕 HH 旋转面偏离铅垂面愈明显。

采用盘左和盘右观测同一个目标时，由于它们视线扫过的平面是与铅垂面成反向 i 角的倾斜平面，其在盘左和盘右位置对水平方向的影响大小相等，符号相反。因此，观测同一个方向，采用盘左、盘右观测取平均值可以消除横轴误差 i 的影响。横轴误差类似视准轴误差对水平方向的影响，可参考图 3-25 加以理解。

（3）竖轴误差

竖轴 VV 不垂直于管水准器轴 LL 的偏差称为竖轴误差，竖轴误差通常用 δ 表示。当管水准器轴 LL 水平时，VV 偏离铅垂线 δ 角，导致横轴 HH 也偏离水平面 δ 角。由于仪器的

照准部是围绕倾斜的竖轴旋转，所以照准部的旋转面不再是水平面，而是一个倾斜平面，无论是盘左还是盘右进行观测，竖轴 VV 的倾斜方向都一样，使得横轴 HH 的倾斜方向也相同。因此竖轴引起的方向观测值误差无法通过盘左和盘右观测取平均值的方法消除。为此，观测前应严格校正仪器，观测时保持照准部管水准气泡居中，如果观测过程中气泡偏离，其偏离量不得超过一格，否则应重新进行对中整平操作。

（4）照准部偏心差与度盘分划不均匀误差

照准部偏心误差是指照准部旋转中心与水平度盘分划中心不重合而产生的测角误差。这项误差可以通过盘左、盘右观测取平均值予以消除。水平度盘分划不均匀误差是指度盘最小分划间隔不相等而产生的测角误差，各测回零方向根据测回数 n，以 $180°/n$ 为增量配置水平度盘读数可以削弱此项误差的影响。

3.7.2　观测误差

（1）对中误差

对中误差是仪器中心与测站中心不重合所引起的误差。如图 3-26 所示，B 为测站点，由于存在对中误差，实际仪器中心对中 B' 点，偏心距为 e。设水平角观测的起始方向 A 与偏心方向的水平夹角为 θ，称为测站偏心角。观测水平角值 β' 与正确水平角值 β 之间的关系为

$$\beta = \beta' + (\delta_1 + \delta_2) \tag{3-25}$$

由于 δ_1 和 δ_2 很小，其正弦值可以用其弧度代替，即

$$\delta_1 = \frac{e\sin\theta}{D_1}\rho'', \quad \delta_2 = \frac{e\sin(\beta'-\theta)}{D_2}\rho'' \tag{3-26}$$

则仪器对中误差对水平角观测的影响为

$$\Delta\beta = \delta_1 + \delta_2 = e\rho''\left(\frac{\sin\theta}{D_1} + \frac{\sin(\beta'-\theta)}{D_2}\right) \tag{3-27}$$

当 $\beta = 180°$，$\theta = 90°$ 时，$\Delta\beta$ 有最大值

$$\Delta\beta_{\max} = e\left(\frac{1}{D_1} + \frac{1}{D_2}\right)\rho'' \tag{3-28}$$

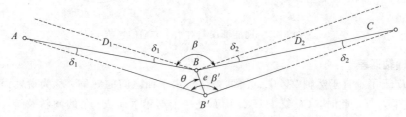

图 3-26　对中误差对水平角观测的影响

由此可知：

① 仪器对中误差的影响与偏心距成正比，与角度两边的边长成反比；

② 当水平角近于 $180°$、偏心角近于 $90°$ 时，对中误差影响最大。

（2）目标偏心误差

目标偏心误差是指瞄准的目标点上所竖立的标志（如标杆、悬吊垂球线、觇牌等）中心与地面点的标志中心不在同一铅垂线上所引起测角误差。

如图 3-27 所示，A 为测站点，B 为目标点，B' 为瞄准的标志中心，e_1 称为目标偏心距，θ_1 为观测方向与偏心方向的夹角，称为目标偏心角。则目标偏心误差对水平角观测的影

响为

$$\Delta\beta_1 = \frac{e_1 \sin\theta_1}{D}\rho'' \qquad (3-29)$$

从上式可以看出,垂直于瞄准方向的目标偏心影响最大,并且与偏心距 e_1 成正比,与边长 D 成反比。由于目标偏心的影响,在观测水平角时,标杆应竖立垂直,并尽量照准目标底部;边长越短,尽可能照准目标中心,可减小目标偏心的影响。

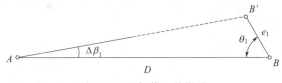

图 3-27 目标偏心的影响

(3)瞄准误差

人眼可以分辨的两个点的最小视角约为 $60''$,当使用放大倍数为 V 的望远镜观测时,最小分辨视角 m_V 为 $m_V = \pm 60''/V$。比如某全站仪望远镜的放大倍数为 $V = 30$,则 $m_V = \pm 60''/V = \pm 2''$。

3.7.3 外界条件的影响

外界条件的影响主要为观测环境对仪器、观测者及观测行为的综合影响,这些影响导致测量结果出现误差。外界条件的影响因素很多,如地表沉降、温度变化、风力大小、光照条件、大气透明度、大气湿度等,这些因素均会影响观测结果的精度。为此,在测量水平角时,应选择有利的观测时间确保成像清晰稳定,尽量避开地面温度过高容易引起辐射光线的时段;测站点和目标点应避开松软的土壤,踩实三脚架的脚尖,防止仪器下沉;观测时为仪器撑伞遮阳,避免仪器受到阳光暴晒;尽可能使观测视线远离建筑物、水面以及烟囱顶等位置,以防止这些部位受到因气温引起的大气水平密度变化所产生的旁折光影响等。

3.8 距离测量误差

对于相位式测距,顾及大气折射对调制光波速度的影响和仪器加常数 C 的同时,由式(3-21)可得相位式测距的基本公式为

$$S = \frac{c_0}{2fn}\left(N + \frac{\Delta\varphi}{2\pi}\right) + C \qquad (3-30)$$

式中,c_0 为真空中的光速;n 为大气的折射率;f 为调制光波的频率;$\Delta\varphi$ 为不足一周期的相位。

由式(3-30)可知,测距误差来自 c_0、n、f 以及 $\Delta\varphi$ 和 C 的误差。将 S 对 c_0、n、f、$\Delta\varphi$、C 求全微分,应用误差传播定律得到距离 S 的方差 m_S^2 为

$$m_S^2 = \left(\frac{m_{c_0}^2}{c_0^2} + \frac{m_n^2}{n^2} + \frac{m_f^2}{f^2}\right)S^2 + \frac{\lambda^2}{4\pi}m_{\Delta\varphi}^2 + m_C^2 \qquad (3-31)$$

式(3-31)表明,c_0、n、f 的误差与测量的距离 S 成正比,而 $\Delta\varphi$ 和 C 的误差与所测距离无关,因此可以将距离测量误差公式简写为

$$m_S^2 = A^2 + B^2 S^2 \qquad (3\text{-}32)$$

式中，A 为固定误差；B 为比例误差。

通常全站仪距离测量精度的经验公式为

$$m_S = \pm(a + bS) \qquad (3\text{-}33)$$

式中，a 为固定误差，mm；b 为比例误差，mm/km（10^{-6}）；S，km。$1\text{mm/km} = 1\text{ppm} = 1 \times 10^{-6}$。

假设某全站仪距离测量的标称精度为 $\pm(2\text{mm} + 2\text{ppm})$，用此全站仪测量 1km 的距离，其精度为 $\pm(2\text{mm} + 2 \times 10^{-6} \times 1 \times 10^6 \text{mm}) = \pm 4\text{mm}$。

针对测距的误差来源，可采用以下方法和措施减小这些误差对距离测量结果的影响。

① 全站仪在使用过程中，由于电子元件的老化和观测环境温度变化等因素，使得调制光波的设计频率发生漂移，而产生误差 m_f。因此全站仪需要定期进行检定，求出这部分的比例系数，对测量的距离进行改正。

② 气象条件引起的误差 m_n 是大气温度 t 和大气压力 P 的函数。为了减小这项误差对距离的影响，在野外测量时，通过测量距离测线两端的气温和气压，取平均值对距离进行气象改正。

③ 测相误差 $m_{\Delta\varphi}$ 包括自动数字测相系统的误差和测距信号在大气传输中的信噪比误差等。自动数字测相系统的误差取决于仪器的性能与精度，而信噪比的误差是由观测环境引起的。在外业观测时，尽量选择能见度清晰、光照稳定均匀的天气，观测视线应距离地面一定高度，避免地面较高温度引起的辐射热效应，观测视线尽量离开具有强电（磁）场的区域。

④ 仪器对中误差 $m_{\text{中}}$ 包括全站仪对中误差和棱镜对中误差。观测时要检查对中误差的大小，一般要求对中在不能大于 $1 \sim 2\text{mm}$。如果对中误差较大，需要对仪器的对中器进行校正。

距离测量的精度通常采用相对误差表示。距离相对误差 K 定义为距离的绝对误差 m_D 与距离测量值 D 之比，即

$$K = \frac{m_D}{D} = \frac{1}{D/m_D} \qquad (3\text{-}34)$$

一般 K 用分子为 1 的分数表示，分母越大，表明距离测量的精度越高；分母越小，距离测量的精度越低。

思政案例

不畏艰险勇测珠峰（一）

<<<< **思考题与习题** >>>>

1. 名词解释：水平角、竖直角、天顶距、视准轴、竖盘指标差、相对误差、相位式测距、视距测量、钢尺尺长改正。

2. 全站仪为什么需要对中整平？对中整平怎样操作？

3. 全站仪测量水平角时，为什么需要进行盘左和盘右测量？

4. 测量竖直角时，如何消除竖盘指标差的影响？

5. 阐述测回法测水平角的基本操作。

6. 全站仪需满足哪些轴系条件？

7. 相位式测距为何要采用组合测尺频率？

8. 完成表 3-5 测回法观测水平角的各项计算。

表 3-5　习题 8 测回法水平角计算表

测站	测回	目标	竖盘位置	水平度盘读数 °　'　"	半测回角值 °　'　"	一测回角值 °　'　"	各测回平均值 °　'　"
O	1	A	盘左	0　00　44			
		B		46　25　20			
		A	盘右	180　00　45			
		B		226　25　21			
	2	A	盘左	90　00　25			
		B		136　25　08			
		A	盘右	270　00　38			
		B		316　25　16			

9. 完成表 3-6 竖直角观测的各项计算。

表 3-6　习题 9 竖直角计算

测站	目标	竖盘位置	竖盘读数 °　'　"	半测回竖直角 °　'　"	指标差 "	一测回竖直角 °　'　"	备注
O	A	左	87　35　24				
		右	272　24　42				
	B	左	98　45　44				
		右	261　14　12				

10. 表 3-7 为视距测量的观测值，计算测站至各点的水平距离和高差。

表 3-7　习题 10 视距测量计算表

测站	点号	上丝读数/m	下丝读数/m	中丝读数/m	竖盘读数	备注
A （仪器高 i=1.562m）	1	1.506	0.638	1.070	73°55'	
	2	2.105	0.764	1.435	95°25'	
	3	1.770	1.132	1.450	85°32'	
	4	1.662	0.138	0.899	103°52'	

第4章

全站仪测量

本章重点介绍了全站仪的结构组成和系统功能组成；全站仪的望远镜结构和补偿器的作用；电子度盘测量方式及其原理；常用的测量方法。通过本章的学习，要求学生掌握全站仪的功能组成，理解全站仪电子测角、测距的原理，熟悉全站仪的基本测量功能和设置，掌握全站仪坐标测量、坐标放样、后方交会以及悬高测量的操作方法。

4.1 概述

全站仪又称为全站型电子速测仪，是集光、电、机为一体的高精度测量仪器，具有水平角、竖直角、距离、高差、坐标等基本测量功能和对测量数据进行存储、计算、绘图、管理以及通信传输等高级功能。

全站仪经历了从组合式到整体式的发展阶段。最初的全站仪是将光电测距仪与光学经纬仪（或者将光电测距仪与电子经纬仪）组合进行角度和距离测量，测量数据可通过数据线保存在外部存储器中，这个时期的全站仪一般称为电子速测仪；到20世纪90年代发展为整体式全站仪，即将光电测距仪的光波发射接收系统的光轴和经纬仪的视准轴组合为同轴的整体式全站仪。随着技术的发展和进步，现在生产的全站仪都为整体式全站仪。

随着光电测量、微电子、电子计算、通信、数据记录存储等技术的迅速发展和广泛应用，国内外测绘仪器制造厂家不断推出各种型号的全站仪，以满足各类用户不同用途的需要。新一代的智能型全站仪内置了微处理器和存储器，能够实现自动补偿，不仅测量速度快、精度高、具有功能强大的操作系统软件、能够根据需要编写实用丰富的专业应用程序，而且还可通过有线、无线等方式，与外部设备和网络进行双向数据传输及存储，可实现显示、设计、计算、绘图、放样等许多高级功能。

新一代全站仪由测角系统、测距系统、电源、数据处理系统、显示屏幕、键盘以及通信接口等部分组成。实际上，全站仪就是一个带有系列测量功能的计算机控制系统，其微机处理装置由微处理器、存储器、输入部分和输出部分组成。微处理器对测量获取的倾斜距离、水平角、竖直角、垂直轴倾斜误差、视准轴误差、竖直度盘指标差、棱镜常数、气温、气压等信息加以处理，从而获得各项改正后的观测数据和计算数据。测量程序固化在仪器的只读存储器中，测量过程由程序自动完成。全站仪的整体功能结构如图 4-1 所示。

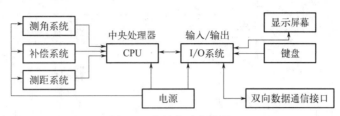

图 4-1　全站仪功能结构

其中，测角系统测量水平角、竖直角和坐标方位角；补偿系统对由于仪器竖轴倾斜引起水平角和竖直角误差进行自动补偿改正；测距系统测量两点之间的距离；电源负责各部分的供电；中央处理器接受输入指令，控制各种观测作业方式，进行数据处理；输入、输出系统包括显示屏幕、键盘以及双向数据通信接口。

目前全站仪已经进入了自动化、智能化的发展阶段，国内外各个主要测量仪器制造厂商相继推出了马达驱动的能够自动测量的测量机器人全站仪。现在生产的全站仪大都属于集成式智能型全站仪。

集成式智能型全站仪一般具有下列特性和功能：

① 先进的微处理器和强大的系统软件，具有丰富的专业应用程序，可实现导线测量、交会测量、道路放样等复杂操作流程和数据处理；

② 经能够自动进行仪器检校、参数设置、外界大气条件感应和气象改正；

③ 三轴补偿器可自动测定竖轴误差、横轴误差和视准轴误差并加以改正，能够提高半测回测角精度；

④ 通过主机的标准通信接口、蓝牙以及 USB 接口，可实现全站仪与外部设备和计算机之间的数据通信，从而使得测量数据的采集、处理与绘图等实现无缝连接，形成内外业一体化的高效率测量系统；

⑤ 激光对点器和电子水准器使对中、整平更为简便、准确。视准轴激光指示给工程测量带来很大方便。

4.2　全站仪的望远镜和补偿器

全站仪包括竖盘、望远镜、显示屏、键盘、水平度盘和基座以及 U 形支架等部分，如图 4-2 所示为南方公司的 NTS-342R 全站仪的结构组成。为了能够清晰显示全站仪的结构，图 4-2 中将照准部与基座及水平度盘拆分绘制。

（1）全站仪的望远镜

望远镜是全站仪的重要组成部分，特别是新型全站仪将光电测距和光学瞄准系统融为一体，使仪器外观精致、结构紧凑、操作方便、测量精度高。因此全站仪的望远镜结构比经纬仪更加复杂。新型全站仪将光电测距信号的发射、接收和全站仪的视准轴设计成三轴同轴，共用一个望远镜。图 4-3 为 NTS-342R 全站仪的望远镜装配图，图 4-4 为 NTS-342R 全站仪的望远镜光路图。

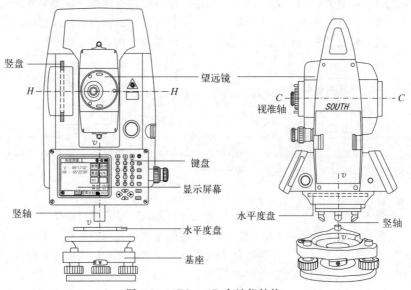

竖盘
望远镜
H — — — H
C — — — C
SOUTH
视准轴
键盘
显示屏幕
竖轴
水平度盘
水平度盘
竖轴
基座

图 4-2　NTS-342R 全站仪结构

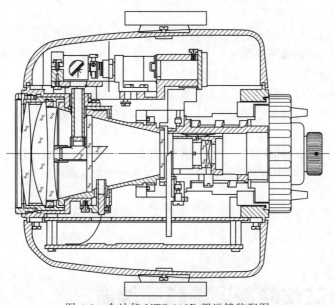

图 4-3　全站仪 NTS-342R 望远镜装配图

　　由于测距测角系统同轴，因此角度和距离测量时只需一次瞄准即可。在使用全站仪进行测量时，配套使用棱镜对中杆或支架对中杆，在仪器水平方向和望远镜竖直方向制动及微动螺旋的调节下，瞄准目标只需单手操作即可，测量结果自动显示在仪器显示屏上面。

　　（2）全站仪的补偿器

　　由于在制造过程中不严密，在运输过程的剧烈震动和使用不当，甚至使用时外界环境的变化，都会导致全站仪的视准轴、水平轴（横轴）和仪器的垂直轴（竖轴）产生误差，这些误差称为仪器的三轴误差。由于三轴误差的存在，使得它们之间无法满足正确轴线关系。在测量过程中，视准轴误差和水平轴误差可以采用仪器盘左、盘右观测读数取平均值的方法予以消除，而仪器垂直轴的倾斜误差不能通过盘左、盘右观测法消除其对水平角和竖直角的影响。

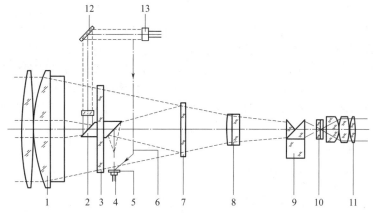

图 4-4　全站仪 NTS-342R 望远镜光路图

1—物镜组；2—扩束镜；3—平板玻璃；4—接收二极管；5—滤光片；6—内光路；
7—分光平板；8—物镜调焦镜；9—转像棱镜；10—十字丝分划板；
11—目镜组；12—反光板；13—激光发射管

　　全站仪补偿器是由光学型（经纬仪）转向光电型（全站仪）后出现的一种全新的误差改正器件。补偿器又称倾斜传感器，是全站仪的重要组成部分，按工作原理可划分为摆式补偿器和液体补偿器，按补偿范围可划分为单轴补偿器、双轴倾斜补偿器和三轴补偿器。

　　摆式补偿器多用于早期的电子经纬仪。新型全站仪普遍采用液体补偿器，液体补偿器的补偿范围一般为 $\pm 3'$，其基本原理是：当仪器倾斜时，倾斜传感器液体光模导致光束随之位移，并将位移量感应在 CCD 阵列上，全站仪的微处理器根据位移大小计算仪器的倾斜量及由倾斜引起的改正数，并提供给角度输出系统。图 4-5 为 NTS-342R 全站仪的双轴倾斜补偿器及其电子气泡。

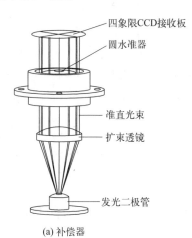

(a) 补偿器

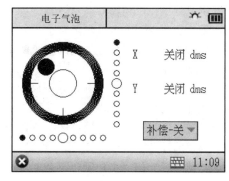

(b) 电子气泡

图 4-5　NTS-342R 全站仪补偿器及其电子气泡显示

　　① 单轴补偿器　单轴补偿器只能补偿由于垂直轴倾斜而引起的垂直度盘的读数误差。

　　② 双轴倾斜补偿器　双轴倾斜补偿器能自动改正垂直轴倾斜误差对垂直度盘和水平度盘读数的影响，目前绝大部分具有双轴补偿的全站仪均采用液体补偿器。

　　③ 三轴补偿器　三轴补偿器不仅能够补偿全站仪垂直轴倾斜引起的垂直度盘和水平度盘的读数误差，而且还能补偿由于水平轴（横轴）倾斜误差和视准轴误差引起的水平度盘的读数误差。三轴补偿是利用全站仪内置的计算软件来改正因横轴误差和视准轴误差引起的水

平读数误差。

补偿器作用原理是通过检测仪器垂直轴倾斜在视准轴方向（X 轴）和水平轴方向（Y 轴）的分量信息，将双轴倾斜分量传输到仪器微处理器，自动对测量观测值进行改正，从而提高采集数据的精度。对于仅有双轴补偿器的全站仪来说，只能改正垂直轴倾斜引起的垂直和水平读数误差。当补偿器工作时，转动望远镜，水平读数就随之变化；当补偿器关闭以后，无论如何转动望远镜，水平读数也不会变化。打开补偿器的目的就是为了减少仪器的三轴误差对观测数据的影响。

（3）电子气泡

现在新型全站仪大多数装备有电子气泡。电子气泡是补偿器的显示单元，它直接显示仪器工作时的倾斜状态。

电子气泡有两种显示形式，一种是数字显示，一种是图形显示。第一种数字显示，直接显示仪器在纵向即视准轴方向（X 轴）和横向即水平轴方向（Y 轴）的倾斜值，当二者都为零时，仪器为整平状态；第二种图形显示，常常用一个圆点在大圆圈中的位置来表示，当小圆点位于大圆圈的圆心时，仪器为整平状态。

在实际测量作业时，在粗略整平仪器后，可以利用电子气泡代替管水准器对仪器进行精确整平。通过设置，仪器允许用户对整平后的残余倾斜量进行补偿或不进行补偿。

图 4-5（b）为南方全站仪 NTS-342R 的电子气泡图，可以通过右下角的补偿开关设置当前补偿状态。若双轴补偿打开，电子气泡图显示 X 和 Y 方向的当前补偿值，图 4-5（b）电子气泡图既有数字显示补偿值，又有图形显示补偿状态。

4.3 全站仪电子测角原理

全站仪测角采用电子度盘测量，电子度盘是利用光电转换原理和微处理器自动测量度盘读数，并将测量值输出到仪器显示屏幕进行显示。全站仪角度测量有静态度盘测角和动态度盘测角两种方法。由于动态度盘测角结构复杂、可靠性低、成本高等原因，现在生产的全站仪很少采用。静态度盘测角分为编码度盘测角、条码度盘测角和光栅度盘测角。

（1）编码度盘测角

编码度盘是在玻璃圆盘上刻划 n 个同心圆环，每个同心圆环称为码道，n 为码道数。将码道圆环从外向内分别等分为 2^n、2^{n-1}、2^{n-2}、…、2^1 个扇形区，扇形区称为编码，编码按透光区和不透光区间隔排列，黑色区为不透光编码，白色区为透光编码。

外环码道圆环共 2^n 个编码，每个编码对应的圆心角为 $\delta = 360° \div 2^n$，δ 为角度分辨率，是编码度盘能够区分的最小角度。其余 $n-1$ 个码道圆环上的编码是确定当前方向位于外环码道的绝对位置。

图 4-6(a) 所示为 4 码道二进制编码度盘，由于外环码道的编码数为 16，因此其角分辨率为 $\delta = 360° \div 2^4 = 22°30'$，由外向内，其余码道的编码数分别为 8、4、2。

在编码度盘的上下两侧对应每个码道位置分别安装一排发光二极管和一排光敏二极管，如图 4-6(b) 所示。当发光二极管的光线经过码道的透光编码区被另一侧的光敏二极管接收时逻辑为 0，光线被码道不透光编码区遮挡时逻辑为 1。全站仪瞄准某一方向，全站仪视准轴的度盘信息可表示为二进制代码的组合，图 4-6(b) 中视准轴方向的度盘信息对应的二进制代码为 0101，按角分辨率 $\delta = 22°30'$ 计算，二进制代码 0101 对应的角度方向值为 $112°30'$。由于以二进制代码表示编码度盘上的绝对位置，这种测角方法又称为绝对编码度盘测角。绝

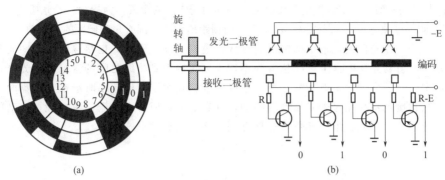

(a)   (b)

图 4-6   编码度盘测角原理

对编码度盘在仪器关机以后，仍能保持原来的定向角度。

由于角度分辨率是编码度盘能够区分的最小角度，要提高测角精度，需要在度盘上增加码道数，使角分辨率变小，但增加码道数会受到度盘物理尺寸的限制，因此在度盘的两侧还需安装二极管等设备。直接利用编码度盘测角无法满足精密测角的要求。因此编码度盘只能用于角度粗测，角度精测还需采用电子测微技术。

随着电子技术和图像识别技术的发展，现在很多全站仪采用单码道编码度盘。如图 4-7 所示，在玻璃度盘上均匀刻划 n 条圆心角相等、宽度不等的线条，类似于条码水准尺的刻划线，线条宽度按一定规律变化，并保存在全站仪的内存中。测量时光线照射玻璃度盘，度盘上的刻划线条投影到一侧的 CCD 像元上，经过 CPU 处理和图像识别，将瞄准方向的度盘信息转换为实际角度值。

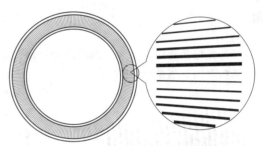

图 4-7   单码道编码度盘的刻划线

徕卡全站仪的条码度盘测角系统属于单码道编码度盘，如图 4-8 所示。它采用类似数字水准条码标尺的单一轨道刻划编码度盘。条形编码是一组按一定编码排列的条纹、空符号，用来表示相应的字符、数字及符号组成的信息。度盘角度编码信息由一个线性 CCD 阵列和一个 8 位的 A/D 转换器读出，为了确定其位置，一般需要捕获至少 10 条编码线信息。在实际角度测量过程中，单次测量包括大约 60 条编码线，通过取平均值和内插的方法可以进一步提高角度的测量精度，测角精度可优于 $\pm 0.5''$。

（2）光栅度盘测角

在玻璃圆盘上沿径向均匀刻划明暗相间的等角距细线条构成光栅盘，如图 4-9(a) 所示。

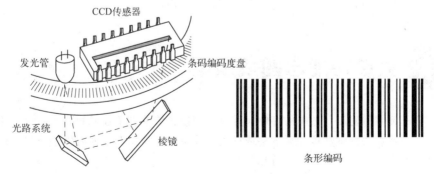

图 4-8   徕卡条码编码度盘测角

光栅度盘上每毫米刻划线条数为刻划线密度，相邻两栅之间的距离称为栅距。若光栅刻线宽度为a，刻线之间的缝隙宽为b，栅距$d=a+b$。光栅栅距所对应的圆心角为栅距的分划值。

图 4-9（b）在光栅度盘上下两侧对应刻线位置安装发光管和光电接收管。照明光学系统发出的光线照射到光栅度盘上刻线位置为不透光区，照射到刻线之间的缝隙为透光区，这样就可以将光信号转化为数字电信号。当全站仪照准部在水平方向转动时会带动度盘两侧的光学照明系统和接收系统相对于光栅度盘移动，计数器累计所移动的栅格数，计算转动的角度值。由于光栅度盘是通过累计计数，这种方法又称为光栅增量式测角。

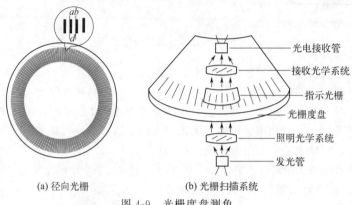

(a) 径向光栅　　　　　(b) 光栅扫描系统

图 4-9　光栅度盘测角

尽管光栅的栅距很小，但对应的分划值仍然较大。如在光栅度盘上均匀刻划 16200 条刻线，其栅距的分划值为 $360°×3600''/16200=80''$。为了提高测角精度，需要对栅距进行细分。但由于光栅度盘物理尺寸的限制，无法直接在度盘上增加刻线数量。在光栅度盘测角系统中是采用莫尔条纹技术将光栅栅距放大，再由细分和计数来达到减小分划值的目的，而提高测角精度。

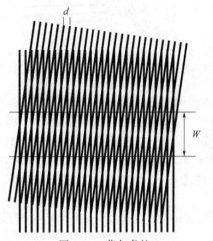

图 4-10　莫尔条纹

根据莫尔条纹产生原理，取一小段与光栅度盘具有相同栅距和密度的光栅（称为指示光栅），以微小的间距和较小的倾角与光栅度盘进行重叠安放，在重叠区域就会出现放大的明暗交替的莫尔条纹。莫尔条纹将光栅的栅距由 d 放大到 W，如图 4-10 所示。

在角度测量时，随着照准部的转动，指示光栅相对于度盘作横向移动，形成的莫尔条纹也随之移动，计数器累计条纹移动的个数，根据条纹个数和其分划值计算出瞄准方向的角度。

4.4　菜单功能总图及设置

为了便于测量和对测量数据的存储、计算、调用、传输以及数据的图形显示，现在电脑型全站仪一般将相关测量功能和设置集成在程序菜单中，操作者根据需要选择相应菜单，在菜单下选择命令选项进行测量或进行相关设置。

NTS-342R 全站仪默认的菜单界面如图 4-11 所示，共有 10 个菜单，每个菜单根据包含命令数量按 A、B、C 页进行管理，每页最多只能显示 5 个命令，如图 4-11(a) 为"项目"菜单 A 页下的 5 个命令，图 4-11(b) 为"项目"菜单 B 页的 4 个命令。

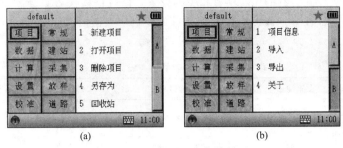

图 4-11　NTS-342R 菜单界面

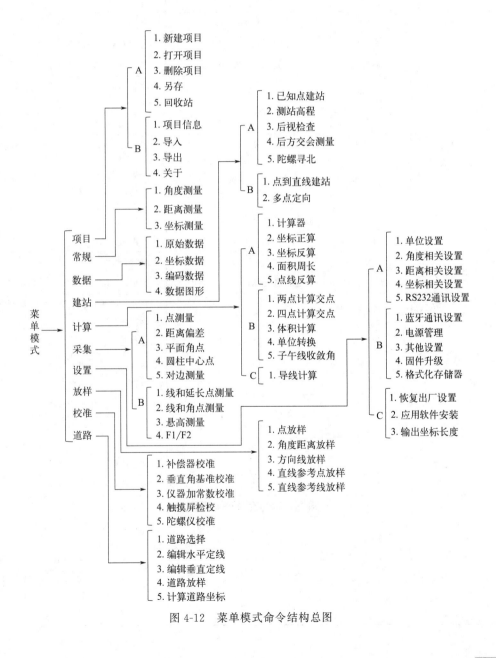

图 4-12　菜单模式命令结构总图

按照每个菜单包含的命令，NTS-342R 全站仪的菜单及其所有命令如图 4-12 所示。NTS-342R 全站仪是按照项目对测量数据进行存储、显示、查阅、传输等操作。在测量之前通常需要进行相关设置，有的是与项目相关的设置，修改这些设置只会影响到当前的项目；有的设置属于全局性设置，修改会影响到所有的项目。点击图 4-11 所示"设置"菜单即可进行相关设置。表 4-1 为 NTS-342R 主要"设置"命令。

表 4-1   NTS-342R 菜单"设置"命令

菜单命令	设置项目	选择项	说明
单位设置	角度	度分秒/新度(哥恩)/密位	测角单位，360 度 = 400 哥恩 = 6400 密位
	距离	米/国际英尺	测距单位
	温度	摄氏度(℃)/华氏	测距大气改正温度单位
	气压	Hpa/mmHg/inHg	测距大气改正气压单位
角度相关设置	垂直零位	水平零位/天顶零位	垂直角测量需设置
	倾斜补偿	关/X-开/XY-开	设置是否开启自动补偿
距离相关设置	比例尺	1.00000	设置当前项目测站位置的比例尺因子
	高程	0	设置当前项目测站位置的高程
	T-P 改正	关/开	是否开启温度气压补偿
	两差改正	0.14/0.20	设置当前项目对大气折光和地球曲率的影响进行改正的参数
	模式	N 次测量/连续精测/跟踪测量	测量模式选择
	目标	棱镜/反射板/无合作	照准目标类型
坐标相关设置	坐标顺序	N-E-Z/E-N-Z	坐标显示顺序
	盘左右	盘左盘右结果相同/结果对称	测量坐标值是否与盘左或盘右相关
RS-232 通信设置	串口开关	关/开	是否打开串口，当打开蓝牙时将自动关闭串口
	主动发送	否/是	选择是否主动发送数据
	波特率	9600/4800/19200	设置串口通信的波特率
	数据位	8 位/7 位	设置串口通信的数据位
	检验位	无/奇/偶	设置串口通信的检验位
	停止位	1 位/2 位	设置串口通信的停止位
蓝牙通信设置	蓝牙开关	开/关	是否打开蓝牙，打开串口通信时将自动关闭蓝牙
	密码	1234	输入连接密码
电源设置	电池电量	▮▮▮▮▮▮▮▮▮▮▮▮▮▮▮▮▮□	显示电池剩余电量
	休眠时间	手动输入	设置仪器无操作时进入休眠的时间
	关机时间	手动输入	设置仪器无操作时关机的时间
	背光时间	手动输入	设置仪器无操作时关闭背光的时间

菜单命令	设置项目	选择项	说明
电源设置	自动背光	勾选	根据当前环境自动设置屏幕背光
	按键背光	自动	是否打开或者关闭按键背光
	十字丝背光	勾选	是否打开测距头内的十字丝照明
其他设置	语言选择	中文	选择仪器显示的语言

4.5 全站仪坐标测量原理及常规测量操作

全站仪可进行点的平面坐标和高程测量。在输入测站点坐标、后视方位角（或后视点坐标）、仪器高、目标高后，使用全站仪坐标测量的功能可以测量目标点的二维平面坐标（N，E）和高程 $Z(H)$。

如图 4-13 所示，A 点为测站点，B 点为后视点，C 点为待测点。已知测站点 A 的坐标为（N_A，E_A，Z_A），后视点 B 的坐标为（N_B，N_E，Z_B），待测点 C 的坐标为（N_C，E_C，Z_C）。

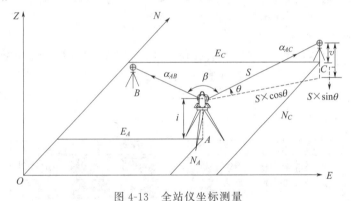

图 4-13　全站仪坐标测量

全站仪测量了 AB 至 AC 方向的水平角 β，测站点 A 至待测点 C 的斜距 S 和竖直角 θ，并量取了仪器高 i 和目标高 v。

根据坐标反算公式计算测站点 A 至后视点 B 的坐标方位角 α_{AB}，$\alpha_{AB}=\arctan\dfrac{E_B-E_A}{N_B-N_A}$，则 AC 方向的坐标方位角 $\alpha_{AC}=\alpha_{AB}+\beta$。

由图 4-13 可计算待测点 C 的坐标：

$$\begin{cases} N_C=N_A+S\cos\theta\cos\alpha_{AC} \\ E_C=E_A+S\cos\theta\sin\alpha_{AC} \\ Z_C=Z_A+S\sin\theta+i-v \end{cases} \tag{4-1}$$

在坐标测量时，通过操作键盘输入测站点和后视点坐标数据以及仪器高和目标高后，全站仪根据式（4-1）自动计算待测点的坐标和高程。

下面以南方全站仪 NTS-342R 介绍常规测量的基本操作方法。

打开 NTS-342R 进入主菜单，如图 4-14（a）所示，左侧的 10 个图标按钮为主菜单名称。点击选取的主菜单名称后，在右侧实时显示当前主菜单下的子菜单命令，每屏最多可显示 5 个子菜单命令，可选择子菜单执行相应命令。

第 4 章　全站仪测量

（1）角度测量

点选"常规"主菜单，右侧显示 3 个子菜单，分别为角度、距离和坐标测量。点选第一项"角度测量"，打开角度测量界面，如图 4-14（b）所示，其中 V 显示垂直角，HL 或 HR 显示水平左角或水平右角；"置零"按钮将当前望远镜照准方向设置为零度；"置盘"按钮通过输入角度值设置当前照准方向角度；"保持"按钮保持当前角度不变，直到释放为止；"V/％"按钮为显示垂直角在角度与百分比之间进行切换；"R/L"按钮为水平角显示在左角和右角之间转换。

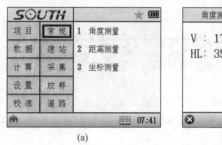
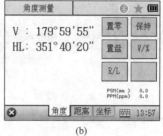

图 4-14　常规测量菜单及角度测量界面

角度测量界面底部为常规测量选项图标，当前选项为"角度"测量，点选"距离"或"坐标"按钮可切换至距离测量或坐标测量功能界面。

（2）距离测量

在"常规"菜单下，点击"距离测量"命令或点击"角度"测量界面底部"距离"选项卡即可进入"距离"测量界面，如图 4-15（a）所示。

距离测量前需要进行 PPM、合作目标和测量模式的设置。点击屏幕右上方星键，进入设置界面，如图 4-15（b）所示。

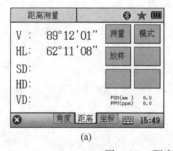
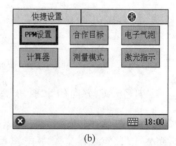

图 4-15　距离测量及其设置

在图 4-15（b）界面分别点击所述选项按钮后，弹出图 4-16 所示的设置界面和图 4-17（a）所示的选择界面。PPM 设置温度、气压引起的距离改正。全站仪内置了电子温度和气压计，

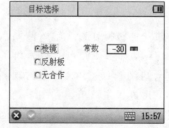

图 4-16　大气改正设置和测量目标类型选择

能够自动感应大气温度气压值，需要将"T—P自动"设置为打开状态；如果选择合作目标为棱镜，需要输入棱镜常数。测量时根据需要选择距离测量模式。

在每次输入数据后，需要按窗口左下角的"√"按钮予以确定，相当于键盘上的回车键。精确照准目标后，点击图4-17(b)中"测量"键，即得到测量结果，图中SD是测量的斜距、HD是水平距离、VD是垂距，即仪器横轴至目标点的垂直距离。

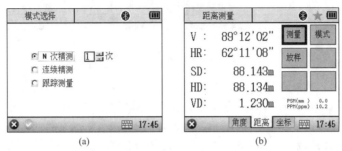

图 4-17　距离测量模式选择及测量

（3）坐标测量

点击"角度"测量界面底部"坐标"选项卡，切换至坐标测量界面，如图4-18(a)所示，点击"测站"按钮，弹出"输入测站"窗口界面，如图4-18(b)所示，然后通过键盘输入测站坐标。

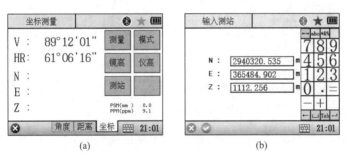

图 4-18　坐标测量界面及测站坐标输入

点击"仪高"和"镜高"，分别输入仪器高和棱镜高，如图4-19所示。

图 4-19　坐标测量输入仪高和镜高

然后点击"角度"选项，输入角度设置后视方位角，如图4-20(a)所示；望远镜精确瞄准目标后，在"坐标测量"界面点击"测量"，测量结果显示在"坐标测量"界面，如图4-20(b)所示。

上面是在"常规"菜单下点击"坐标测量"命令进行坐标测量的操作过程。使用"坐标

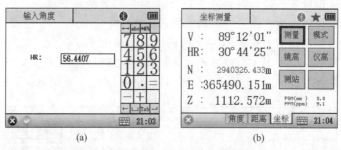

(a)   (b)

图 4-20　后视方位角输入及坐标测量值

测量"进行测量时，测站点坐标只能输入，不能调用仪器内存中当前项目文件中的控制点；只能将后视方向水平角设置为后视方位角，没有后视点坐标输入选项，无法输入后视点坐标；测量点的坐标只能显示在屏幕上，无法保存至项目文件。由此可见，在"坐标测量"命令下操作受到很大的限制。如果要想在坐标测量中使用上述未能操作的几项功能，可以在"建站"菜单下选择"已知点建站"命令和在"采集"菜单下选择"点测量"命令实现，具体操作如下。

　　点击"建站"菜单下选择"已知点建站"命令，如图 4-21 所示。

图 4-21　已知点建立测站

　　在"已知点建站"界面中通过调用当前项目文件中的已知控制点作为测站点，无需再输入测站点坐标，如图 4-22 所示。

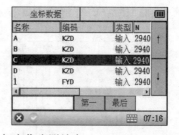

图 4-22　调用已知点作为测站点

　　同样在"已知点建站"界面中后视点也可调用当前项目文件中的已知控制点，如图 4-23 所示。

　　输入仪高和镜高后，测站数据和后视数据输入完成。全站仪在获得测站点和后视点的坐标后，自动计算测站点至后视点的坐标方位角，在"已知点建站"界面上出现提示"照准后视"字样。精确照准后视点后，点击界面中的"设置"按钮，仪器弹出"设置成功"提示字样，到此测站建立完成，如图 4-24 所示。

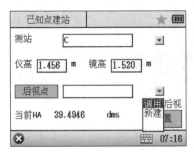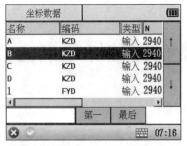

图 4-23　调用已知点作为后视点

图 4-24　照准后视设置测站

测站建立完成后，点击"采集"菜单下的"点测量"命令，进入"单点测量"界面，如图 4-25 所示。

图 4-25　单点测量界面

在"单点测量"界面，输入照准点点号，照准目标点后，点击界面右下部"测距"按钮，测量目标点的坐标和高程，再点击"保存"按钮，所测量的目标点坐标和高程保存至当前项目文件中，同时点号自动增加 1；在"单点测量"界面只显示了测量的角度和距离，没有显示坐标；点击屏幕底部"数据"选项卡查看测量点坐标，点击"测存"按钮测量并存储测量点坐标，如图 4-26 所示。

图 4-26　查看测量点坐标

4.6 坐标放样和后方交会测量

（1）坐标放样

打开 NTS-342R 全站仪，建立测站后，在默认界面，点击"放样"菜单，选择"点放样"命令，进入点放样界面，如图 4-27 所示。

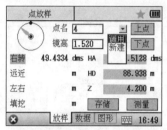

图 4-27　坐标点放样界面

在"点放样"界面中，可以"调用"当前项目中待放样点，或者通过"新建"方式输入待放样点进行放样。全站仪获取待放样点坐标后，自动计算出测站点至放样点的坐标方位角和水平距离，称为放样元素，并显示在"点放样"界面，如图 4-28（a）所示，HA 为测站点至放样点的坐标方位角，HD 为测站点至放样点的水平距离。

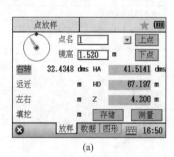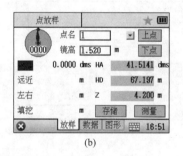

(a) (b)

图 4-28　放样元素及放样方向的调整

在图 4-28（a）图中左上部的指针指示了放样点相对于测站点的方向，指针下面显示仪器需要转动的方向和角度（水平角差）。仪器操作人员根据这些数据和提示，在水平方向转动仪器照准部，使水平角差等于 0°，望远镜照准方向即为放样点的方向，如图 4-28（b）所示。

此时，仪器操作员需固定仪器照准方向，指挥司镜员移动至望远镜视准轴方向，上下调节望远镜使其瞄准棱镜中心，点击"测量"按钮，测出当前位置的距离，并与放样距离比较后，仪器在界面上提示远近和左右移动距离。按照提示移动方向和距离，司镜员逐渐靠近放样点位置；当仪器界面上显示的"照准""移远（近）""向右（左）"后面的数据都为 0 时的位置即为放样点的准确位置，如图 4-29 所示。坐标放样是一个需要多次反复测量和移动的过程，需要仪器操作员和司镜员的密切配合才能完成。

（2）边角后方交会测量

边角后方交会是测站点与其周围的已知控制点之间通过角度和距离测量，计算测站点坐

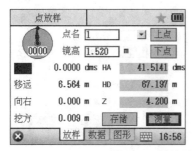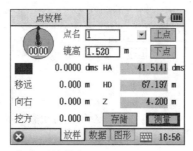

图 4-29　测量距离逐渐靠近放样点

标的测量方法，测站点的位置根据需要灵活选择，所以又称为自由设站法，如图 4-30 所示。边角后方交会需要测量两个及以上已知点，方可解算测站点坐标。

如图 4-31 所示，在"建站"菜单中点击"后方交会测量"，进入后方交会测量界面，在后方交会界面中，点击界面底部的"测量"选项卡，即可照准已知点开始测量。

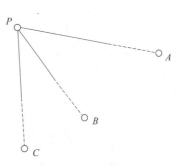

图 4-30　后方交会图

已知点可以通过"调用"当前项目中的控制点，也可以通过"新建"或"输入"的方式确定；后面两种方法需要手工输入已知点的点名和坐标。一般可选择三个已知控制点进行测量。

图 4-31　选择后方交会测量功能

点击"测量"按钮后，弹出已知点选项按钮，通过"调用"选择已知点 A，如图 4-32 所示。然后望远镜精确瞄准 A 点棱镜，点击"测角 & 测距"按钮，测量出测站点至 A 点的水平方向、天顶距和斜距，并显示在界面中，如图 4-33 所示。

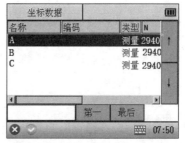

图 4-32　调用已知点

使用同样的方法测量已知点 B 和 C。每测完一个已知点，会弹出"后方交会"界面，显

图 4-33 测量已知控制点 A

示该已知点的坐标,如图 4-34(a) 所示。已知点测量完成后,点击"后方交会"界面底部"计算"按钮,计算测站点坐标,然后再点击"保存"按钮,弹出如图 4-34(b) 所示界面,输入测站点点名和仪高,点击底部 ✓ 按钮,确认输入,最后仪器自动保存测站点坐标到当前项目文件,如图 4-35 所示。要查看后方交会得到的测站点坐标,需要在"数据"菜单下的"坐标数据"中查询。

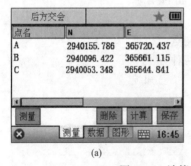

(a)   (b)

图 4-34 计算及保存测站坐标

图 4-35 测量已知控制点 B 及 C

后方交会测量能较快确定测站点坐标,在测量工作中经常用到。后方交会的精度受交会图形的影响,如果测量的已知点之间的交会角太小或太大,计算的测站坐标精度会较差,所以要选择已知点与测站点之间构成较好的几何图形。

4.7 悬高测量

对于高压电线、悬空电缆等物体距地面的高度,一般采用悬高测量方法进行测定,如

图 4-36 所示。

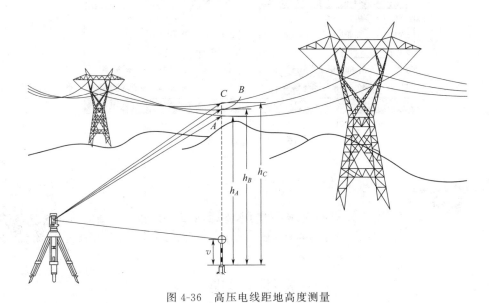

图 4-36　高压电线距地高度测量

悬高测量的原理如图 4-37 所示，地面点 G 是悬空点 A 在地面上的垂直投影位置，通过测量至 G 点的水平距离 D 和至 A 点的竖直角，即可计算出悬空点 A 距地面的高度 h_A。

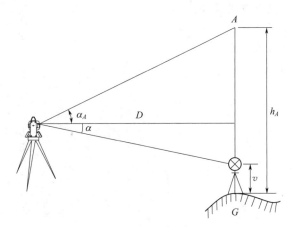

图 4-37　悬高测量的原理

$$h_A = D(\tan\alpha_A - \tan\alpha) + v \tag{4-2}$$

式中，α_A 为仪器至 A 点的竖直角；α 为仪器至 G 点棱镜中心的竖直角；v 为 G 点棱镜高度。

现在大多数全站仪都内置了悬高测量的程序，能够方便测量悬高点距地面的高度。南方全站仪 NTS-342R 在"采集"菜单下设置了悬高测量的功能。

如图 4-36 所示，在待测目标附近安置全站仪，在待测目标点 A 正下方安置棱镜，量取棱镜高。操作仪器进入悬高测量界面，输入棱镜高度，照准棱镜中心，按"测距 & 测角"按钮，测出竖直角和水平距离，如图 4-38(a) 所示；然后转动望远镜照准目标点 A，显示屏幕实时显示测量结果，如图 4-38(b) 所示，其中 VA 为瞄准目标点的天顶距，dVD 为目标点至地面点的距离。

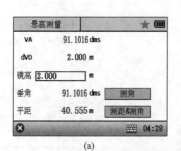 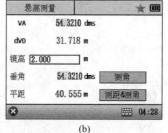

(a)   (b)

图 4-38　悬高测量

思政案例

不畏艰险勇测珠峰（二）

<<<< **思考题与习题** >>>>

1. 全站仪由哪些功能模块组成？
2. 简述全站仪补偿器的作用原理。
3. 全站仪电子测角有哪些方法？
4. 全站仪坐标测量的原理是什么？
5. 全站仪常规测量需要进行哪些设置？
6. 阐述全站仪后方交会的操作方法。
7. 全站仪坐标放样怎样操作？

测/量/学

第 5 章

全球导航卫星系统 (GNSS) 测量

本章知识要点与要求

本章重点介绍了四大全球卫星导航系统的基本情况和应用；卫星导航定位系统的组成；导航定位的原理和方法；介绍了南方公司的卫星定位测量仪器银河 6 测量系统的基本使用方法等内容。通过本章的学习，要求学生掌握测距码定位和载波相位测量定位的原理，理解相对静态测量和实时差分动态测量的原理；通过学习银河 6 GNSS 接收机的基本测量操作方法，触类旁通地掌握常规 GNSS RTK 测量和静态控制测量的方法。

5.1 全球导航卫星系统介绍

全球导航卫星系统（global navigation satellite system，GNSS）是随着现代科学技术的快速发展而建立起来的新一代高精度无线电卫星导航定位系统，目前包括美国的全球定位系统（GPS）、俄罗斯的格洛纳斯卫星导航系统（GLONASS）、中国的北斗卫星导航系统（BDS）和欧盟的伽利略卫星导航系统（Galileo）。

5.1.1 全球定位系统 GPS

美国是最早利用卫星进行导航定位的国家。GPS 卫星定位系统自 20 世纪 70 年代初开始设计研制，历时 20 余年，耗资 300 亿美元，于 1994 年全部建成并投入使用。GPS 系统由卫星星座、地面监控和用户设备组成，可以在全球范围内对海、陆、空的目标实现全天候、连续、实时的定导航位、测速和授时。美国当初研制 GPS 主要目的是为陆、海、空三军提供实时、全天候和全球性的导航服务，GPS 发展到今天，民用范围更加广泛。

（1）空间部分

GPS 的空间部分由 24 颗工作卫星组成，构成了 GPS 卫星星座，其中 21 颗用于导航，3 颗为备用卫星。24 颗卫星分布在 6 个倾角为 55°的轨道上，每个轨道面上至少有 4 颗卫星，轨道距地面高度约为 20200km，如图 5-1 所示。卫星运行周期为 12 恒星时，即 11h58min。随着 GPS 系统现代化计划的实施，到现在为止，GPS 系统总在轨卫星数量为 32 颗。在截止高度角 15°以上时，这样设计的 GPS 卫星星座保证在地球表面任何地点任意时刻至少能同时观测到 4~8 颗卫星；当截止高度角为 10°时，最多能观测到 10 颗卫星；当截止高度角为 5°，最多能够观测到 12 颗卫星。

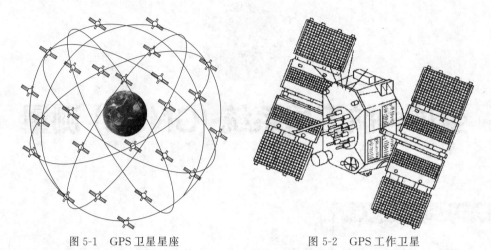

图 5-1　GPS 卫星星座　　　　　　　　图 5-2　GPS 工作卫星

如图 5-2 所示为 GPS 系统的工作卫星，其两侧设计有两块太阳能帆板，在运动过程中能够自动调整姿态，对日定向，利用太阳能给卫星正常工作供电。每颗 GPS 卫星上装有多台高精度的原子钟，原子钟的基本频率 $f_0 = 10.23\text{MHz}$。原子钟是导航卫星的核心设备，它的作用是发射标准频率信号，为导航定位提供高精度的时间标准。GPS 卫星通过装在星体底部的螺旋天线发射 L_1、L_2 和 L_5 载波信号，并在载波上调制了 C/A 码、P 码等多种信号。

（2）地面监控部分

支持 GPS 系统正常运行的地面设施称为地面监控部分，包括 1 个主控站、17 个监测站、3 个注入站。

① 主控站　主控站是整个地面监控系统的行政管理中心和技术中心，又称联合空间执行中心，位于美国科罗拉多州斯普林斯附近的佛肯空军基地。其主要任务是：

ⓐ 负责协调和管理地面监控系统中各部分的工作；

ⓑ 根据各监测站的观测资料，推算并预报卫星轨道、计算卫星钟差和大气修正参数等，并按照规定格式编制导航电文送往地面注入站；

ⓒ 调整卫星轨道和卫星钟读数，负责修复出现故障的卫星，启用备用卫星以维持系统正常运行。

② 监测站　监测站是 GPS 系统中无人值守的数据自动采集中心，整个全球定位系统共设立 17 个监测站，其中美国空军监测站 6 个，美国国防部所属监测站 6 个和分布在其他国家的监测站 5 个。

监测站的主要作用是：

ⓐ 对视场中的 GPS 卫星进行伪距观测；

ⓑ 通过气象传感器自动测定并记录气象元素，包括气温、气压、相对湿度等；

ⓒ 对伪距观测值进行改正后再进行编辑、平滑和压缩，然后传送给主控站。

③ 注入站　注入站的作用是向 GPS 卫星输入导航电文和其他命令。站内主要设备包括一台直径为 3.6m 的天线、一台 C 波段发射机和一台计算机。注入站将接收到的导航电文存储在计算机中，当卫星通过其上空时，使用大口径发射天线将导航电文和其他命令发送给卫星。

（3）用户设备部分

用户设备是指能够接收 GPS 卫星信号进行导航定位测量的 GPS/GNSS 仪器设备以及相

应的数据处理软件。

按照 GPS/GNSS 接收机的用途，可以将用户设备分为导航型接收机、测地型接收机和授时型接收机。

① 导航型接收机　导航型接收机主要用于运动载体的导航。通过接收导航卫星的信号，能够实时给出运动载体的位置和速度。导航型接收机一般采用 C/A 码进行伪距测量达到实时单点定位的目的，或者采用 GPS 伪距差分定位。采用伪距单点定位精度较低，现在在多系统综合定位条件下，可以达到 5~10m 的精度，伪距差分定位可以达到米级精度。导航型接收机根据应用领域可分为车载导航仪、船舶导航定位设备、航空航天导航定位设备。现在的智能手机大多数能够接收 GNSS 卫星信号，通过实时定位后在导航电子地图上实现导航功能。

② 测地型接收机　测地型接收机主要用于精密大地测量和工程测量。测地型接收机与导航型接收机不同，测地型接收机是利用 GPS 的载波相位观测值进行相对定位，定位精度高，能达到亚毫米级的精度，但仪器价格较昂贵。测地型接收机按照载波频率分为单频接收机和双频接收机。单频接收机只能接收 L_1 载波信号，不能消除电离层延迟的影响，因而常用于短基线（小于 15km）的精密测量。双频接收机可以同时接收 L_1 和 L_2 载波信号，可以消除电离层对测距信号延迟的影响，能够用于长距离（大于 100km 以上）的精密测量定位。现在生产的测地型接收机能够接收多系统多频段的无线电信号，可以观测到不同导航系统的、数量更多的可见卫星，有利于改善卫星几何图形结构，提高定位精度。

③ 授时型接收机　授时型接收机是利用 GPS 卫星提供的高精度时间标准，用于天文台授时及无线电通信中的时间同步。

5.1.2　格洛纳斯卫星导航系统 GLONASS

GLONASS 是苏联从 20 世纪 70 年代中期提出计划，80 年代初开始建设的卫星导航定位系统，1982 年 10 月 12 日发射了第一颗 GLONASS 导航卫星，到 1996 年全部建成具有 24 颗星座的导航系统，并投入使用。和 GPS 系统一样，GLONASS 由卫星星座、地面监测和用户设备组成。GLONASS 卫星星座有 24 颗卫星，卫星分布在 3 个倾角为 64.8° 的轨道平面，轨道距地高度为 19130km，卫星运行周期约为 11h15min。系统根据载波频率来区分不同卫星，每颗卫星发射 L_1 和 L_2 载波，L_1 载波频率为 $1602+0.562k$（MHz），L_2 载波频率为 $1246+0.4375k$（MHz），$k=1\sim24$（每颗卫星的频率编号）。

由于苏联解体和后来俄罗斯经济不景气，GLONASS 系统发展缓慢，系统缺乏有效维护，早期卫星寿命较短，导致一定时期内在轨卫星大幅度减少，到 2000 年底卫星数已减至 6 颗，系统已经无法正常工作。为了提高 GLONASS 系统的定位能力，俄罗斯决定对其进行现代化改造升级。从 2003 年开始，俄罗斯陆续发射了新一代的导航卫星，并增加发射 L_3 载波频段，目前 GLONASS 已有 24 颗在轨卫星运行，具备为全球导航提供服务的能力。

5.1.3　北斗卫星导航系统 BDS

北斗卫星导航系统是我国自主研制的全天候、全天时、高精度的全球导航定位系统。北斗卫星导航系统 BDS 服务于国家安全和经济社会发展，是具有定位、导航和授时服务功能的国家重要空间基础设施。

北斗卫星导航系统由空间段（空间星座）、地面段和用户段三个部分组成。BDS 全球卫星导航系统的建设和发展经历了三个阶段。

第一阶段，2000年初步建成北斗卫星导航试验系统，即北斗一号系统，目标是向中国境内提供导航定位服务。北斗一号系统又称为双星定位系统，属于有源定位系统。从2000～2007年，这一阶段共发射了4颗导航试验卫星。试验系统是通过双向通信方式实现定位，定位精度优于20m，授时单向100ns，双向20ns。

第二阶段，在北斗卫星导航试验系统的基础上，2006年开始建设拥有自主知识产权的北斗卫星导航系统，即北斗二号系统，目标是向亚太地区提供导航定位服务。北斗卫星导航系统的星座由地球静止轨道卫星（GEO）、地球中圆轨道卫星（MEO）和地球同步倾斜轨道卫星（IGSO）组成。由2007年开始至2012年发射的14颗北斗导航卫星组成了北斗二号系统的星座，其中5颗GEO卫星，4颗MEO卫星和5颗IGSO卫星。北斗区域卫星导航系统于2012年12月27日正式建成并开始运行，北斗二号系统为亚太地区提供导航定位服务，定位精度平面10m、高程10m，测速精度优于0.2m/s，授时单向精度50ns。

第三阶段，至2020年，全面建成全球北斗卫星导航系统，即北斗三号系统，目标是向全球提供导航定位服务。从2012年开始至2020年6月发射了40颗北斗导航卫星，由3颗GEO卫星、3颗IGSO卫星、24颗MEO卫星构成北斗三号系统的星座。2020年7月北斗三号全球卫星导航系统建成，正式开通，向全球提供导航定位服务。北斗三号全球卫星导航系统定位精度为10m（三维），测速精度0.2m/s，授时精度20ns。

北斗卫星导航系统提供开放服务和授权服务。开放服务是在服务区免费提供定位、测速和授时服务。授权服务是向授权用户提供更安全的定位、测速、授时和通信服务及系统完好性信息，授权服务包括精密单点定位、星基增强、短报文通信和中轨搜救等服务。

北斗二号系统在B1、B2和B3三个频段提供B1I、B2I和B3I三个公开服务信号。其中，B1频段的中心频率为1561.098MHz，B2为1207.140MHz，B3为1268.520MHz。北斗三号系统提供B1I、B1C、B2a、B2b和B3I五个公开服务信号。其中，B1I频段的中心频率为1561.098MHz，B1C频段的中心频率为1575.420MHz，B2a频段的中心频率为1176.450MHz，B2b频段的中心频率为1207.14MHz，B3I频段的中心频率为1268.520MHz。

（1）空间段

北斗三号全球卫星导航系统的空间段由3颗地球静止轨道GEO卫星、3颗地球同步倾斜轨道IGSO卫星和24颗地球中圆轨道MEO卫星组成，其星座图如图5-3所示。24颗MEO卫星分布在3个轨道面上运行，轨道倾角为55°，轨道面之间的夹角为120°均匀分布，轨道高度为21500km；3颗IGSO卫星分布在3个倾斜同步轨道面上，轨道倾角为55°，轨道高度为36000km；3颗GEO卫星分布在与赤道平行且倾角为0°的轨道面上，轨道高度为36000km。因GEO卫星的运动周期为23h56min04.099s，与地球自转周期相同，卫星定点于赤道上空，相对地面保持静止，所以被称为地球静止轨道卫星。

（2）地面段

地面段包括主控站、监测站和注入站。北斗卫星导航系统在国内的监控站分布在北京、乌鲁木齐、喀什、成都、三亚、厦门和绥阳等地。监控站连续跟踪观测北斗导航卫星，然后将观测数据发给主控站，主控站对观测数据进

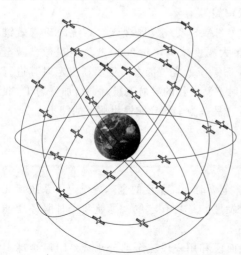

图5-3 北斗三号系统星座

行处理，生成导航电文、广域差分改正数和完备性信息。主控站生成的导航电文等信息通过注入站发射给北斗卫星。

（3）用户段

用户段即各类不同用途的 GNSS 接收机设备。现在大多数用户导航设备同时可兼容多卫星导航定位系统，以满足不同的需求。

（4）北斗卫星导航系统的特点

① 北斗系统空间段采用三种轨道卫星组成的混合星座，与其他卫星导航系统相比高轨道卫星更多，抗遮挡能力强，尤其低纬度地区性能优势更为明显；

② 北斗系统提供多个频点的导航信号，能够通过多频信号组合使用等方式提高服务精度；

③ 北斗系统创新融合了导航与通信能力，具备定位导航授时、星基增强、地基增强、精密单点定位、短报文通信和国际搜救等多种服务能力。

5.1.4　伽利略卫星导航系统 Galileo

Galileo 系统是由欧洲空间局和欧洲联盟共同发起建设的一项空间信息基础设施，它是第一个基于民用的全球卫星导航定位系统。Galileo 系统的第一颗试验卫星 GIOVE-A 于 2005年 12 月发射，第二颗试验卫星 GIOVE-B 于 2008 年 4 月发射。截至 2018 年 8 月，伽利略系统已有 26 颗卫星成功发射进入轨道，标志其基本达到全面运行能力（full operational capability，FOC）。2023 年 1 月 27 日，欧空局在第 15 届欧洲太空会议上宣布，经过工程师在 ESTEC 技术中心几个月的测试，由 28 颗卫星组成的伽利略全球导航卫星系统，其高精度定位服务（HAS）已启用，水平和垂直导航精度分别可达到 20cm 和 40cm。

Galileo 导航系统由 30 颗卫星组成，卫星轨道分布在高度约为 23600km、倾角 56°、相互间隔 120°的 3 个倾斜轨道面上，每个轨道面上包括 9 颗工作卫星和 1 颗在轨备用卫星，卫星运行周期 14h。Galileo 系统发射四个频率的信号，分别是 E5a、E5b、E6 和 L1；四个频率分别为 1176.45MHz、1207.14MHz、1278.75MHz 和 1575.42MHz。

Galileo 系统提供 4 种服务，分别是公开服务（OS）、生命安全服务（SoLS）、商用服务（CS）和公共特许服务（PRS）。与此同时 Galileo 还具备基于工作的国际搜救系统（Cospas-Sarsat System）的全球搜索与救援（SAR）功能，每颗卫星上装有转发器，能将用户发出的求救信号转发到救援合作中心，启动救援工作。

5.1.5　卫星导航定位技术的应用

随着导航技术的不断发展，其在军事、国土测绘、工程监测、交通运输、精准农业、国际搜救、野生动物保护、灾害监控、公共安全、智慧城市、数字施工等领域得到了广泛的应用。以下主要就几个方面介绍卫星定位技术的应用情况。

（1）卫星导航定位技术在军事中的应用

卫星导航定位系统最基本、最重要的功能是高精度、实时导航定位。美国建立 GPS 系统的初衷就是为美国的陆、海、空三军的潜艇、军舰、战斗机、导弹以及军事作战等服务。在军事侦察卫星高清图像的配合下，应用 GPS 定位功能能够获取敌方机场、弹药、油库、防控系统、通信系统、电力系统以及指挥中心等重要军事目标的精准位置信息，然后利用 GPS 导航对各类导弹和军机进行精确制导，对敌方军事目标进行远程精准打击和轰炸，摧毁敌方的各种军事设施和有生力量；GPS 系统与电子地图的结合，将位置、机动路线、速度等信息传输到指挥中心的电子地图上，为多兵种的协同作战提供统一的时空基准，在定点轰炸、火力支援、空中加油、空投后勤补给等方面发挥重要作用。在战场上，多架战机根据安装的 GPS 接收机连续测定自身位置，利用无线电测向等方法确定地方地面防空系统或雷达的位置，进而直接摧毁敌军地面雷达系统。

在 1991 年的海湾战争中，美军充分利用 GPS 系统导航定位性能，使用一系列最新式飞机和各种精确制导武器，对伊拉克境内重要军事目标实施多方向、多波次、高强度的持续空袭，极大削弱了伊军的指挥、控制、通信和情报能力；美军使用 B-52 轰炸机轰炸伊拉克的军事目标，为了避免在上万公里的航程中加油时被对方发现，在关闭无线电信号的情况下，使用 GPS 系统引导成功完成空中加油的任务，因此 GPS 在轰炸伊拉克的军事目标中起到了至关重要的作用。

（2）卫星导航定位技术在测量领域中的应用

测量是较早使用卫星导航定位技术的领域。自从 GPS 系统建立以来，测量人员就开始使用卫星定位技术建立不同等级不同精度的测量控制网，为测绘工作提供基准。从 21 世纪初动态差分技术 GNSS RTK 推广应用以来，RTK 测量已经成为地形测量、地籍测量和工程测量的主要方法。将实时差分 RTK 和后差分 PPK 技术应用于航空摄影和遥感测量中，大幅度减轻了外业工作量，提高了工作效率和测量的精度。在多卫星导航定位系统 GNSS 提供更多的卫星信号的条件下，卫星定位技术必将以其高精度、高效率、低成本、操作简便等优势广泛应用于测量工作中。

① 在地球动力学与大地测量中的应用

ⓐ 建立和维持国际地球参考框架、测定地球自转参数。由国际 GNSS 服务 IGS 提供的间隔一星期的时间序列，已作为 IERS 在建立和维持国际地球参考框架 ITRF 及确定地球自转参数（极移值 XP、YP 及日长变化 $UT1-UTC$）中的重要数据。利用 IGS 站提供的观测数据，不仅能够测定各主要板块间的运动，还能测定板块内的运动，了解地质构造的运动细节。

ⓑ 建立和维持区域性的动态参考框架。长期连续运行的 CORS 系统可通过定期与周围的 IGS 站进行联合解算来不断更新站坐标而建立区域性的动态参考框架，取代原来以天文大地网为代表的静态参考框架。

ⓒ 建立高精度国家大地控制网。现在 GPS 定位技术已完全取代了传统三角测量和距离测量手段来建立区域性或国家的大地控制网。使用 GPS 定位技术可以建立高精度的区域性或国家的大地控制网，以此作为区域性或国家的高精度坐标框架，为地球动力学、空间科学、板块运动以及地壳形变方面的研究提供服务。

我国从 1992 年开始组织多部门应用 GPS 定位技术相继布设测量了 GPS A、B 控制网、全国 GPS 一、二级控制网和全国 GPS 地壳运动监测网，共计 2600 多点。其中 GPS A 级网由 33 点组成（2-7 个主点，6 个副点），网的平均边长 650km，GPS B 级网由 818 个点（含 GPS A 级网）构成，平均边长 150km。上述三个全国性的 GPS 网在经过统一的平差数据处理后构成了 2000 国家 GPS 大地控制网。平差处理后的 2000 国家 GPS 大地网的点位中误差为 ±2.13cm，2000 国家 GPS 大地控制网提供的地心坐标精度平均优于 ±3cm。2000 国家 GPS 大地网为建立中国 2000 国家大地坐标系 CGCS200 奠定了坚实的基础。

② 在工程测量中的应用

ⓐ 布设各种类型的工程测量控制网。在各类大型的工程项目中，通常对工程控制网有较高的要求，同时可能受到地形条件和周围环境的限制和影响，比如一些大型的铁路、公路、桥梁、隧道、大坝、输电线路等项目，要求控制点的点位和精度均需满足施工的需要。利用卫星定位技术布设工程控制网时，点位选择不受控制网本身形状的限制，布网灵活，且

能获得较高精度。因此，现在通常采用卫星定位技术建立工程控制网。

ⓑ 工程变形监测。利用卫星定位技术不仅可以对地震、滑坡、地面沉降等地质灾害进行变形监测和监控，也可以对大型建筑物和构筑物（如大坝、桥梁、塔楼、大型厂房等）在施工时和运营过程中发生的外部形变进行监测，以保证建筑物和构筑物的安全。利用导航卫星的载波相位观测值进行变形监测时，可达到亚毫米级的精度水平，能够满足多数变形监测的要求。

1995～1998 年，由湖北清江水电开发有限公司与武汉大学测绘学院联合开发了"隔河岩大坝外观变形 GPS 自动化监测系统"，该系统利用 GPS 定位技术监测隔河岩大坝的外部变形，无需人员值守，监测数据采集、传输、解算、显示、输出、入库、转储等全过程实现全自动化，系统响应时间小于 10min。系统 6h 解的平面和垂直位移精度优于 ±1.0mm，2h 解的精度优于 ±1.5mm，完全满足《混凝土坝安全监测技术标准》（GB/T 51416—2020）相应观测项目所规定的精度指标。该系统运行稳定，尤其经受了 1998 年特大洪水的考验，在大坝的运行中发挥了重要的作用。

现在的大型桥梁大多数利用卫星定位技术建立了自动化的变形监测系统，以保证桥梁的正常运行。

ⓒ 一般工程测量。在土木建筑、公路、渠道、输电线路等一般工程项目施工中，可以采用 RTK 技术进行测量和施工放样，可达到厘米级的精度。

（3）卫星导航定位在交通运输业中的应用

利用卫星导航系统可以为车辆进行定位和导航路径选择，为合理选择、规划自己的行车路线提供依据和参考；可以在交通流量高峰期，有效避开拥堵路段，选择最优路线，达到节省时间和缓解交通的作用。

对于旅游大巴、危险品运输车辆以及重型载货等运输车辆，安装卫星导航设备的车载终端后，能够获取车辆实时位置信息、运行状态等关键行车数据，利用互联网通信技术实时回传至车辆安全管理系统，实现对车辆动态位置数据的实时查看和管理、车辆历史轨迹查询、车辆编队调度管理等功能。通过系统—终端联动报警功能，对超速驾驶、疲劳驾驶等违规行为进行告警。有效降低道路事故发生风险，提升道路运输管理水平及车辆调度能力。

目前，在国内已经实现利用卫星导航定位技术和设备终端对重点营运车辆实行监管，已推广安装超过 700 万台车载终端，实现了对境内所有跨省旅游巴士、危险品运输车辆及 12 吨以上重型载货运输车辆的管理。据统计，自 2012 年投入使用以来，中国道路运输重特大事故发生数及伤亡人数均呈现明显下降趋势。

5.2 GPS 定位测量的基本原理

目前所建立的全球四大卫星导航定位系统，由于在系统组成、定位原理及应用方法等诸多方面均具有相似之处，因此下面以 GPS 为例，简要介绍卫星导航定位技术的基本原理。

5.2.1 GPS 定位原理

GPS 卫星围绕地球运动，在地球上全天候、全天时任意位置至少可以观测 4 颗卫星，以卫星作为动态已知点，采用空间交会的原理对地面点进行定位。如图 5-4 所示，接收机安置于地面上 P 点，同时接收来自 4 颗卫星发射的测距码信号，接收机解算出测距码从卫星传

播到接收机的时间 Δt，由于卫星钟与接收机钟不同步，需要对 Δt 进行改正，卫星至接收机的空间距离 $\tilde{\rho}$ 为

$$\tilde{\rho} = c\,\Delta t + c(v_{tR} - v_{tS}) \tag{5-1}$$

式中，c 为光速；v_{tR} 为接收机钟差；v_{tS} 为卫星钟差。

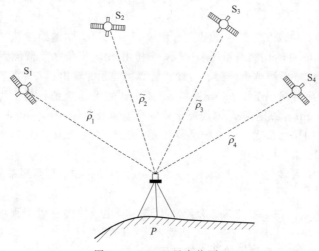

图 5-4　GPS 卫星定位原理

　　GPS 卫星星载钟是原子钟，精度在皮秒级（1×10^{-12} s），接收机时钟一般是石英钟，精度高的每秒误差在十万分之一秒（10^{-5} s）以内，精度低的每秒误差可以达到万分之一秒（10^{-4} s）。按照无线电波的速度 $c = 299792458$ m/s 计算，无线电波 10 个皮秒的运动距离是 2.99mm，十万分之一秒的运动距离是 3km，万分之一秒的运动距离是 30km。因此卫星钟和接收机钟的误差对距离测量的影响十分明显。在 GPS 定位测量中，测距码信号离开卫星时，卫星钟相对于标准的 GPS 时的钟差为 v_{tS}，信号到达接收机时接收机钟相对于标准的 GPS 时的钟差为 v_{tR}，两个时钟不同步对距离的影响为 $c(v_{tR} - v_{tS})$。通过地面监测站的连续跟踪观测，利用观测资料已经计算出每颗卫星的钟差，并且包含卫星广播星历钟，所以卫星钟差 v_{tS} 是已知的，而接收机钟差 v_{tR} 是未知数，需要通过观测方程进行解算。

　　实际上，式（5-1）计算的距离 $\tilde{\rho}$ 没有考虑到电离层和对流层对测距码信号折射的影响，$\tilde{\rho}$ 并不是卫星到接收机的真实距离，所以一般称其为伪距。

　　在观测时刻 t_i，P 点接收机接收卫星 S_i 播发的广播星历，解算出卫星 S_i 在 t_i 时刻在 WGS—84 坐标系中的坐标 (x_i, y_i, z_i)，则卫星至地面点 P 的空间几何距离为

$$\rho_i = \sqrt{(x_P - x_i)^2 + (y_P - y_i)^2 + (z_P - z_i)^2} \tag{5-2}$$

结合式（5-1）和式（5-2），有 $\tilde{\rho} = \rho_i$，即可得到伪距观测方程为

$$c\,\Delta t_i + c(v_{tR} - v_{tSi}) = \sqrt{(x_P - x_i)^2 + (y_P - y_i)^2 + (z_P - z_i)^2} \tag{5-3}$$

　　在式（5-3）中，有 x_P，y_P，z_P，v_{tR} 共 4 个未知数。要解算 4 个未知数，至少要有 4 个方程，所以在观测时至少应同时接收 4 颗卫星的信号，才能得到伪距方程组

$$\begin{cases} c\,\Delta t_{1P} + c(v_{tR} - v_{tS1}) = \sqrt{(x_P - x_1)^2 + (y_P - y_1)^2 + (z_P - z_1)^2} \\ c\,\Delta t_{2P} + c(v_{tR} - v_{tS2}) = \sqrt{(x_P - x_2)^2 + (y_P - y_2)^2 + (z_P - z_2)^2} \\ c\,\Delta t_{3P} + c(v_{tR} - v_{tS3}) = \sqrt{(x_P - x_3)^2 + (y_P - y_3)^2 + (z_P - z_3)^2} \\ c\,\Delta t_{4P} + c(v_{tR} - v_{tS4}) = \sqrt{(x_P - x_4)^2 + (y_P - y_4)^2 + (z_P - z_4)^2} \end{cases} \tag{5-4}$$

解算方程组（5-4），即可计算出 P 点坐标 (x_P, y_P, z_P)。

5.2.2 GPS 卫星信号

GPS 卫星发射的信号包括载波、测距码和导航电文，它们是由原子钟的基准频率 $f_0=$ 10.23MHz 产生的，如图 5-5 所示。

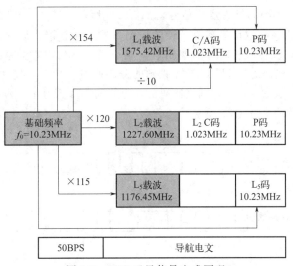

图 5-5　GPS 卫星信号生成原理

（1）载波信号

可运载调制信号的高频振荡波称为载波。目前 GPS 卫星发射的载波信号均位于微波的 L 波段，分别为 L_1 载波、L_2 载波和 L_5 载波，其频率和波长为

$$L_1 载波:f_1=154×f_0=1575.42MHz,\lambda_1=19.03cm \tag{5-5}$$

$$L_2 载波:f_2=120×f_0=1227.60MHz,\lambda_2=24.42cm \tag{5-6}$$

$$L_5 载波:f_5=115×f_0=1176.45MHz,\lambda_5=25.48cm \tag{5-7}$$

GPS 采用多个载波频率的主要目的在于能够更好地消除电离层延迟，组成更多的线形组合观测值。

（2）测距码

GPS 系统的测距码是用于测定从卫星至接收机之间距离的二进制码，从性质上说属于伪随机噪声码。它们看似一组杂乱的随机码，其实是按一定规律编排的具有良好的自相关性和周期性的二进制序列，可以进行复制。测距码由数字"0"和"1"组成。

GPS 的测距码包括 C/A 码和 P 码。C/A 码的作用是用来捕获卫星信号和进行粗略测距。测量时捕获卫星信号后，通过导航电文才能快速捕获 P 码。由于 C/A 码的码元宽度较宽，测距精度较低，所以称其为粗码；而 P 码的码元宽度仅为 C/A 码的 1/10，测距精度较高，称为精码。

（3）导航电文

导航电文是由 GPS 卫星向用户播发的一组反映卫星在空间的运行轨道、卫星钟的改正参数、电离层延迟修正参数以及卫星工作状态等信息的二进制代码，导航电文也称为数据码（D 码）。因此导航电文包含了卫星星历、卫星工作状态、时间系统、卫星轨道摄动改正、大气折射改正和由 C/A 码捕获 P 码的信息。导航电文按照规定的格式按帧发射，每帧电文长度为 1500bit，播发速率为 50bit/s。

GPS卫星信号采用二进制相位调制法。使用模二相加的方法先将导航电文调制在测距码上，然后再将组合码调制在载波上。如图5-5所示，L_1 载波上调制有 C/A、P 码和导航电文，L_2 载波上调制有 P 码和导航电文以及 L_2C 码，L_5 载波上调制有 L_5 码。

5.2.3　GPS 测距码伪距定位测量

GPS 伪距测量以测距码作为量测信号，如图5-6所示，图中 t_1 时刻卫星发送的测距码于 t_2 时刻到达接收机。在卫星星载原子钟的控制下发射包含测距码在内的调制信号，经过 Δt 时间到达接收机，在接收机时钟的控制下生成与测距码结构完全相同的复制码。通过接收机的延时器将复制码延迟时间 τ，与接收到的测距码进行比对，使两个测距码完全对齐，此时它们的自相关系数 $R(t)=1$，则复制码的延迟时间 τ 即为卫星信号传播到接收机的时间 Δt。卫星至接收机的距离 $\tilde{\rho}=c\times\Delta t=c\times\tau$。

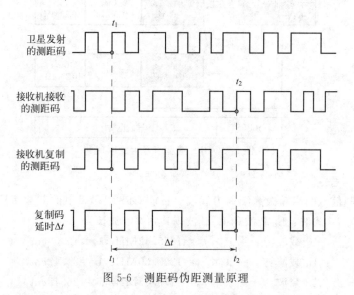

图 5-6　测距码伪距测量原理

由于 C/A 码的码元宽度 $t=1/f=0.97752\mu s$，对应的传播距离为 $ct=293.1m$，假设接收复制码与测距码对齐的精度为 1/100，那么测距码测距的精度为 2.9m；P 码码元宽度对应的距离为 29.3m，如果用 P 码来测距的话，在同样对齐精度的条件下，P 码的测距精度为 0.29m。可见 P 码的测距精度是 C/A 码的 10 倍，因此将 C/A 码称为粗码，P 码称为精码。GPS 的 P 码只对授权用户开放，一般普通用户只能使用 C/A 码测距。

在伪距测量计算式(5-4)中，没有顾及电离层和对流层对测距信号的折射误差、星历误差等影响，距离测量值包含有较大误差，导致定位的精度不高。用 C/A 码定位精度通常为 25m，P 码定位精度为 10m。不过现在有多导航定位系统的支持，测距码定位精度得到很大提高。在卫星信号较好的开阔位置，用手机定位可以达到 $10\sim15m$ 的精度。

综合考虑卫星钟与接收机钟不同步的影响，以及电离层和对流层对测距信号的折射误差等，伪距测量值 $\tilde{\rho}$ 与卫星到接收机的几何距离 ρ 的关系式为

$$\tilde{\rho}=\rho-\delta\rho_{ion}-\delta\rho_{trop}-c(v_{tR}-v_{tS}) \tag{5-8}$$

顾及式(5-2)，则伪距测量的观测方程可写为

$$\tilde{\rho}_i=\sqrt{(x_{Si}-x)^2+(y_{Si}-y)^2+(z_{Si}-z)^2}-(\delta\rho_{ion})_i-(\delta\rho_{trop})_i-c(v_{tR}-v_{tSi}) \tag{5-9}$$

式中，$\delta\rho_{ion}$ 为电离层折射改正；$\delta\rho_{trop}$ 为对流层折射改正；v_{tR} 为接收机钟差；v_{tSi} 为卫星钟差。

由于接收机钟一般为石英钟，其钟差数字较大且变化不稳定，因此在伪距定位计算时，将每个观测历元的接收机钟差作为未知数与测站坐标一起求解。当观测 4 颗卫星信号时，即可根据伪距测量的观测方程（5-11）组成方程组，解算测站点的坐标。因 4 个方程解 4 个未知数，方程有唯一解；当观测卫星数多于 4 颗，存在多余观测，应使用最小二乘法通过平差计算解求测站点坐标。多余观测可以提高测站点坐标的解算精度。

5.2.4 GPS 载波相位测量

相对于 C/A 码和 P 码的码元宽度对应的距离来说，载波的波长要短得多，$\lambda_1 = 19.0\text{cm}$，$\lambda_2 = 24.4\text{cm}$，$\lambda_5 = 25.5\text{cm}$。如果将载波当成测距信号，对载波进行相位测量的话，距离就可以获得很高的精度。现在的测量型接收机的载波相位测量的精度为 $0.2 \sim 0.3\text{mm}$，其测距精度比测距码伪距测量的精度高 $2 \sim 3$ 个数量级。

载波相位测量的原理如图 5-7 所示。假设接收机已经锁定卫星信号，并在 t_0 时刻进行载波测量，此时载波信号在卫星处的相位为 φ_S，信号到达接收机处的相位为 φ_R，它们之间的相位差 $\varphi_S - \varphi_R = N_0 + \Delta\varphi$，卫星至接收机的距离为

$$\rho = \lambda(\varphi_S - \varphi_R) = \lambda\left(N_0 + \frac{\Delta\varphi}{2\pi}\right) \tag{5-10}$$

式中，λ 为载波的波长。

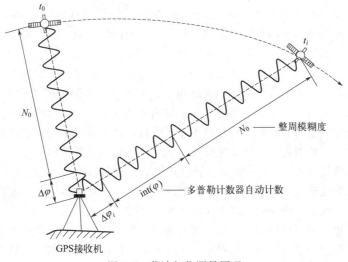

图 5-7 载波相位测量原理

在进行载波相位测量时，接收机中的鉴相器只能测量不足整周的相位值 $\Delta\varphi$（$\Delta\varphi < 2\pi$），而对于整周数 N_0，无法确定其值。这是因为载波是不带任何标记的纯余弦波，用户无法知道正在量测的是第几周的信号。因此载波相位测量中会出现整周未知数（整周模糊度）的问题。

随着卫星的运动，卫星至接收机距离也在不断的变化。在接收机进行首次载波测量后，接收机内置的多普勒计数器就会记录从 t_0 到 t_i 时间内的载波信号整周数的变化量 $\text{int}(\varphi)$，当信号相位每变化一周，计数器的计数就增加 1。这样计数器记录的就是至首次测量后的相位整周数，称为整周计数 $\text{int}(\varphi)$。从第二个载波相位观测值开始，实际的观测值 $\tilde{\varphi}$ 为

$$\tilde{\varphi} = \text{int}(\varphi) + \Delta\varphi \tag{5-11}$$

t_i 时刻，完整的载波相位观测值 $\widetilde{\Phi}$ 为

$$\widetilde{\Phi} = \widetilde{\varphi} + N_0 = \text{int}(\varphi) + \Delta\varphi + N_0 \tag{5-12}$$

在接收机进行首次载波测量后，只要保持对卫星信号的连续跟踪而不失锁，那么对同一卫星信号所进行的连续载波相位观测值中都包含有同一个整周未知数 N_0。但接收机无法给出 N_0 值，只能通过其他途径求出。

载波相位测量的实际观测值 $\widetilde{\varphi}$ 与卫星至接收机的距离 ρ 有以下关系

$$\rho_i = (\widetilde{\varphi}_i + N_i)\lambda \tag{5-13}$$

加上钟差改正 $c(v_{tR} - v_{tS})$，并顾及电离层折射的改正 $\delta\rho_{\text{ion}}$ 和对流层折射的改正 $\delta\rho_{\text{trop}}$，载波相位观测方程为

$$(\widetilde{\varphi}_i + N_i)\lambda + c(v_{tR} - v_{tSi}) + (\delta\rho_{\text{ion}})_i + (\delta\rho_{\text{trop}})_i = \rho_i \tag{5-14}$$

$$\widetilde{\varphi}_i\lambda = \sqrt{(x_i - x)^2 + (y_i - y)^2 + (z_i - z)^2} - N_i\lambda - c(v_{tR} - v_{tSi}) - (\delta\rho_{\text{ion}})_i - (\delta\rho_{\text{trop}})_i$$

$$\tag{5-15}$$

式中，(x, y, z) 为测站点的坐标；(x_i, y_i, z_i) 为卫星的在轨坐标。

5.3 GPS 静态相对定位原理

GPS 相对定位是指两台 GPS 接收机，分别安置在不同的测站点上，对测站点上空的同一组卫星进行同步观测，利用相同卫星载波相位观测值的线形组合，解算两个测站点之间形成的基线向量在 WGS—84 坐标系下的坐标增量 $(\Delta x, \Delta y, \Delta z)$，以确定它们之间的相对位置；若其中一个点坐标已知，就可以推算出另一点的坐标。相对定位又称为差分定位。如果两个点在观测过程中接收机天线保持一段时间静止不动，这种测量模式称为静态相对定位。静态相对定位由于进行连续观测，取得充分的多余观测量，因而可获得非常高的定位精度；如果只有一个点在测量时接收机天线保持不动，而另一台接收机根据需要随时移动测量，这样的模式就称为动态相对定位。本节主要介绍基于载波相位观测值的静态相对定位。

从载波相位观测方程（5-15）可知，影响定位精度的误差较多，而且有的误差不易精确计算，有的误差变化较大且没有规律性。削弱或者消除这些误差的影响是提高定位测量的关键。当在两个测站或多个测站同步观测相同卫星的情况下，卫星的轨道误差、卫星钟差、接收机钟差以及电离层和对流层的折射误差等对观测量的影响具有一定的相关性。利用这些观测量的不同线形组合（求差）进行相对定位，可有效地消除或减弱相关误差的影响，提高相对定位的精度。实际上这种方法也适用于测距码伪距观测值。

如图 5-8 所示，安置在 A 和 B 的接收机，对卫星 S^j 和 S^k 在历元 t_1 和 t_2 进行了同步观测，得到图中所示的观测量。在这些观测方程中含有部分相同的误差参数，将这些观测方程两两相减即可消除共同的误差参数，这样就可以消除方程中的部分未知数，有利于方程组的解算。对于 GPS 载波相位测量值可以在接收机间求差，在卫星间求差，也可以在不同历元间求差。

在接收机间求差，是在同步观测中不同测站对同一卫星的观测值之间求差，可以消除卫星钟差、轨道误差等与卫星有关的误差，消除或减弱电离层和对流层等误差；在卫星间求差，是在同步观测中同一测站上对不同卫星的观测值之间求差，可以消除接收机钟差以及电离层和对流层误差；在不同历元间求差，是在同一测站对同一卫星在不同时刻的观测值求差，可以减弱接收机钟差和卫星钟差的误差。

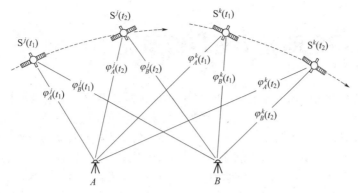

图 5-8　载波相位相对定位原理

这种直接将载波相位观测值相减的过程称为求一次差，所获结果被当成虚拟观测值，称为载波相位观测值的一次差或单差。上面所述的三种求差方法是常见的单差方法。实际上在载波相位测量一次差后还可进行二次求差，二次差称为双差；二次求差后还可以求三次差，三次差称为三差。

考虑到 GPS 定位的误差源，目前普遍采用的求差方法主要是三种：接收机间求一次差，在接收机和卫星间求二次差，在接收机、卫星和历元间求三次差。

（1）单差法

单差是指在不同测站，同步观测相同卫星所得观测值之差。其表达形式为

$$\Delta\varphi^j(t) = \varphi_B^j(t) - \varphi_A^j(t) \tag{5-16}$$

将式（5-15）代入式（5-16）得

$$\Delta\varphi^j(t)\lambda = \rho_B^j(t) - \rho_A^j(t) - [N_B^j(t) - N_A^j(t)]\lambda - c(v_{tRB} - v_{tRA}) \tag{5-17}$$

单差后消除了卫星钟差、电离层和对流层折射误差。

（2）双差法

双差是指在不同观测站之间对同步卫星所得的单差之差。其表达形式为

$$\nabla\Delta(t) = [\Delta\varphi^k(t) - \Delta\varphi^j(t)]\lambda = [\varphi_B^k(t) - \varphi_A^k(t)]\lambda - [\varphi_B^j(t) - \varphi_A^j(t)]\lambda \tag{5-18}$$

$$\nabla\Delta(t) = \rho_B^j(t) - \rho_B^k(t) - [\rho_A^j(t) - \rho_A^k(t)] - [N_B^j(t) - N_B^k(t)]\lambda + [N_A^j(t) - N_A^k(t)]\lambda$$

$$\tag{5-19}$$

双差后消除了测站 A、B 的接收机钟差。

（3）三差

三差指在不同历元，同步观测同一组卫星的观测量的双差之差。其表达形式为

$$\delta\nabla\Delta(t) = \nabla\Delta(t_2) - \nabla\Delta(t_1) \tag{5-20}$$

$$\delta\nabla\Delta(t) = [\rho_B^j(t_2) - \rho_B^j(t_1)] - [\rho_B^k(t_2) - \rho_B^k(t_1)] - [\rho_A^j(t_2) - \rho_A^j(t_1)] + [\rho_A^k(t_2) - \rho_A^k(t_1)]$$

$$\tag{5-21}$$

从式（5-21）中可见，在三差观测值中消除了初始整周模糊度 N。

通过单差、双差和三差组合，消除或者减弱了与卫星和接收机有关的误差、电离层和对流层的折射误差以及初始整周模糊度 N，因而差分观测值模型是 GPS 测量应用中广泛采用的平差模型，特别是双差观测值即站星二次差分模型，更是大多数 GPS 基线向量处理软件包中必选模型。

5.4 GPS 动态相对定位原理

所谓动态定位就是运动载体上的 GPS 接收机连续跟踪导航卫星信号，测定运动载体的瞬时位置和运动轨迹。GPS 实时动态相对定位是将一台接收机安置在基准站上固定不动，另外的接收机安置在移动的载体上，固定在基准站上的接收机和移动的接收机同步观测同一组卫星，以确定处于运动中的载体相对于基准站的瞬时位置。实时动态相对定位由于观测时间短，误差消除不够充分，其定位精度比静态相对定位要差。实时动态相对定位既可采用测距码伪距信号定位，也可以采用载波相位观测值（或测相伪距）定位，测距码伪距信号动态相对定位精度可达米级，而载波相位观测值（或测相伪距）动态相对定位能够达到厘米级的精度。在工程测量、大地测量和地形测量的应用中要求定位精度高，所以一般采用相位观测值进行动态相对定位。

目前 GPS 动态相对测量技术有差分 GPS（DGPS）、实时动态（RTK）差分、广域差分（WAD）GPS 和网络 RTK 技术。本节主要介绍实时动态（RTK）相对定位和网络 RTK 技术。

5.4.1 实时动态定位的基本概念

（1）基准站
在动态相对定位中，在一定观测时间内，固定在测站上不动、并保持连续跟踪观测卫星信号的接收机，称为基准站接收机，安置接收机的测站称为基准站。

（2）流动站
在动态相对定位中，在基准站一定范围内需要流动作业而进行测量的接收机称为流动站。

（3）CORS 站
CORS 是 continuously operating reference stations 的缩写，即连续运行参考站。连续运行参考站长期跟踪观测导航卫星信号，并将观测数据传输给数据处理中心进行处理，建立区域系统误差模型。连续运行参考站系统是长期连续运行的多功能卫星导航定位服务系统，具有实时差分定位导航等功能。

（4）截止高度角
截止高度角是在进行卫星定位时，为了屏蔽高大建筑、树木等对卫星信号的遮挡，避免信号多路径效应而设定的水平线以上的角度，接收机只跟踪观测设定角度以上的卫星。

（5）历元
GNSS 观测历元可理解为观测的某个时刻或观测值的数量。

（6）固定解
使用载波相位观测值进行定位时，通过解算确定的载波相位观测值中包含的整周模糊度的整数解。

5.4.2 RTK 定位原理

实时动态 RTK（real time kinematic）是一种利用 GNSS 载波相位观测值进行实时动态相对定位的技术，它是 GNSS 测量技术与数据传输技术构成的组合系统。实时动态 RTK 不仅使得测量方法变得简单、易于操作，而且提高了常规测量的精度，解决了传统测量中两点之间必须要通视的问题，大幅度提高了测量作业的效率。因此，在 GNSS 定位研究中实时动态 RTK 技术取得了突破性的进展。

如图 5-9 所示，进行 RTK 测量时，位于基准站上的 GNSS 接收机通过数据通信链路（如无线电台或移动通信网络）实时把载波相位观测值和已知的站坐标等信息，以 RTCM 协议规定的格式，以二进制数据形式发送给附近工作的流动站用户。根据收到的基准站的载波相位观测值等信息和自己采集的载波相位观测值，流动站用户利用内置的 RTK 数据处理软件组成差分观测值进行实时差分处理，进而在基准站坐标的基础上计算求出自己的三维坐标。测量时只有一台基准站，称为单基准站模式。在单基准站模式下，流动站距离基准站在 10km 范围内，RTK 测量能达到 1～2cm 的定位精度。

如图 5-10 所示，进行 RTK 测量时，需要配备至少两台 GNSS 接收机，其中一台作为基准站，其余作为流动站，以及无线电台（或移动通信卡）、基准站电源、基准站上的 UHF 发射天线、流动站的 UHF 接收天线和测量手簿。

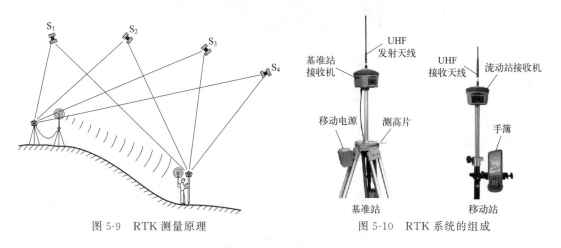

图 5-9　RTK 测量原理　　　　　　　　图 5-10　RTK 系统的组成

5.4.3　网络 RTK 定位原理

单基准站模式下，RTK 定位测量的精度会随着流动站（或移动站）到基准站的距离增大而下降。这是因为随着基准站和流动站之间距离的增加，载波相位观测值中的电离层和对流层折射误差以及卫星轨道等误差的空间相关性在不断降低，在经过差分处理后的观测值中仍然包含有较大误差，从而导致定位精度的降低，有时甚至导致整周模糊度无法解算，不能获得固定解。同时随着距离的增加，给无线电台或移动网络的数据传输也提出了更高的要求。

（1）网络 RTK 定位原理

网络 RTK 的定位原理是在一个较大的区域内稀疏地、较均匀地建立多个基准站，构成一个基准站网，对该地区进行覆盖，并进行连续跟踪观测。利用多个基准站观测值的解算建立区域误差模型，通过区域误差模型的计算即可获得该区域实时的 RTK 系统误差改正参数，改正参数用于在该地区进行 RTK 测量的改正，就能获得高精度的 RTK 定位结果。由于基准站是对卫星进行连续跟踪观测，又称为 CORS 站（continuously operating reference stations），即连续运行参考站。网络 RTK 定位技术是通过多个 CORS 站的跟踪数据建立控制区域内电离层、对流层和卫星轨道误差模型，用于内插改正流动站的观测数据，使 CORS

站覆盖区域内的任何流动站都能进行厘米级高精度定位。

如图 5-11 所示，网络 RTK 系统由基准站网、传输网络、数据处理中心、播发系统和用户等部分组成，它是集 GNSS、计算机网络通信与管理和计算机编程等技术为一体的地理空间数据实时服务综合系统。

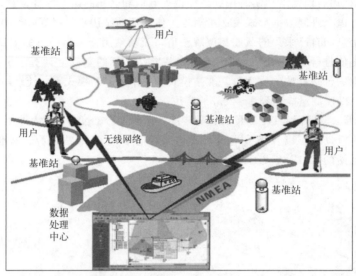

图 5-11　网络 RTK 系统构成

网络 RTK 的工作流程是基准站连续跟踪观测卫星，通过数据通信链路将观测资料传送给数据处理中心。数据处理中心实时处理各基准站数据，修正区域误差模型。数据处理中心根据流动站的伪距法单点定位求出的近似坐标，判断流动站所在周围三个以上基准站，然后根据基准站的观测数据求出流动站的系统误差改正数，并播发给用户，用户通过修正获得精确坐标。基准站和数据处理中心之间的数据通信采用数字网络或无线通信等方法通信。流动站和数据处理中心的双向数据通信可通过 GSM 等方式进行。

（2）网络 RTK 定位技术

网络 RTK 的差分定位主流技术有虚拟参考站技术、区域改正参数法和主辅站技术。

① 虚拟参考站（virtual reference stations，VRS）技术　由 Herbert Landau 在 2002 年提出。它的基本原理是：利用地面布设的三个或以上基准站作为参考站组成连续运行参考站网，利用各参考站的观测值建立精确的误差模型来修正距离相关误差，在流动站的附近生成一个实际上不存在的虚拟参考站 VRS。然后利用多个参考站上的实际观测数据实时计算出该虚拟参考站上的虚拟观测值。由于虚拟参考站的位置是由流动站的单点定位给出，因此它们之间距离很短，可以形成超短基线，各种误差的空间相关性强。流动站和虚拟参考站间的观测值通过测站和星间进行二次差分，消除和削弱流动站上的电离层和对流层延迟误差、卫星轨道偏差、卫星和接收机钟差以及多路径效应的影响等，使得流动站能获得高精度定位结果。

VRS 技术可以提高 RTK 定位的收敛速度和精度，并且服务范围广，可靠性高，因此目前绝大多数网络 RTK 采用虚拟参考站技术进行差分定位。

② 区域改正参数法（FKP）　由德国的 Geo＋＋GmbH 提出来，该方法要求基准站将未经差分处理的同步观测值实时发送给数据处理中心，数据处理中心计算出 CORS 网内电离层和几何信号的误差，再把这些误差影响描述为南北方向和东西方向区域参数，然后通过无线电播发给用户，用户根据这些参数和自身位置计算误差改正数，以获取高精度位置信息。

③ 主辅站技术 MAX　由瑞士 Lecia 公司于 2005 年提出,该方法是选择一个距离流动站最近的一个有效参考站作为主站,一定范围内至少两个其他有效参考站作为辅站,主站和辅站组成一个单元进行网络解算,然后发送主站差分改正数和主站与辅站改正数的差值给流动站,对流动站进行加权改正,最后得到流动站的精确坐标。

（3）网络 RTK 的优势

网络 RTK 与常规 RTK 比较,具有以下优势。

① 相对于常规 RTK,精度更高。在 CORS 网络覆盖范围内,采用模型内插流动站误差,受距离影响较小,流动站定位精度分布均匀,大多在 1～2cm。

② 比常规 RTK,定位可靠性高。网络 RTK 采用多基准站同步观测作业,避免了定位受单个基站故障的影响,提高了系统定位的可靠性。

③ 应用范围广。单基准站 RTK 一般只是用于专业的测量领域,并且受到距离的限制;而网络 RTK 由于覆盖范围广,还可应用于城市管理、城市规划、交通运输、市政建设等领域。

④ 测量时,不再需要找控制点作校正和坐标转换,操作方便,降低了劳动强度,简化作业流程,提高了作业效率。

到目前为止,我国建立了较为完善的 GNSS 基准站网络,有各行业建立的 CORS,有省级 CORS 和城市级 CORS。除此之外在全国范围网络 RTK 信号覆盖较好的有千寻位置 CORS 和中国移动 CORS,腾讯 CORS 也在逐渐扩大其覆盖范围。

行业 CORS 系统主要涉及到中国科学院、总参测绘局、自然资源、地震、气象、交通、国防等行业,专业特征十分明显,只提供专业所需服务,一般不提供网络 RTK 服务;省级 CORS 和城市级的 CORS 主要为地方经济建设服务。在一般的测量工作中,经常使用网络 RTK 的有千寻位置 CORS、中国移动 CORS 以及各省市建立的 CORS 站网。

拓展阅读

南方银河 6 测量系统简介及 RTK 测量设置

思政案例

新时代"北斗精神"托起"航天强国梦"

<<<< 思考题与习题 >>>>

1. 全球导航卫星系统主要由哪几部分组成?
2. 卫星导航定位时为什么至少需要观测 4 颗卫星信号?
3. 按照定位信号的不同,GPS 定位分为几种方式进行?
4. 什么是 GPS 静态相对定位?
5. 什么是 GPS 实时动态相对定位?
6. GPS RTK 定位原理是什么?
7. 简述网络 RTK 设置操作方法。

第6章

测量误差基本知识

本章知识要点与要求

本章重点介绍了测量误差的概念及其分类、偶然误差和系统误差的定义及处理方法、偶然误差的特性、衡量误差的精度指标、测量误差传播定律、等精度观测值算术平均值及其中误差、非等精度观测值的加权平均值及其中误差；本章重点是偶然误差的定义，中误差的计算，测量误差传播定律及其应用，以及等精度观测值算术平均值中误差的计算和非等精度观测值加权平均值中误差的计算。通过本章的学习要求学生掌握测量误差的概念及特性，观测值中误差的计算方法，测量误差传播定律和应用方法等内容。

6.1 测量误差概述

在测量工作中使用同样的测量方法对某一量进行多次观测，比如重复地对一段距离进行丈量、对某个角度进行观测、对两点高差进行测量等等，每次测量结果都不相同。而客观世界中这些量存在唯一的真值，也就是说每次测量值与其真值存在差异，这种差异称为测量误差。

在测量工作中，有些量的真值是已知的，例如闭合水准路线的总高差真值为 0，三角形内角和为 $180°$，多边形内角和为 $(n-2)\times180°$，在同一测站上各方向之间的水平角之和为 $360°$，同一距离往返测量值之差的真值为 0，等等。由于存在测量误差的影响，这些量的实际测量值往往与真值不相等。

对某一量的观测值为 l，其真值为 X，测量误差 Δ 定义为

$$\Delta_i = l_i - X \quad (i=1,2,3,\cdots,n) \tag{6-1}$$

观测者在一定的客观环境中利用特定的测量仪器对某个量进行观测。由于外部观测环境的干扰、观测者本身的操作技能及感官判断和测量仪器的精度等因素的综合影响，使观测结果包含测量误差。通常把测量仪器、观测者和外界环境的影响综合起来称为观测条件。观测条件决定了测量的精度，在相同的观测条件下进行观测，称为等精度观测，相应的观测值为等精度观测值；在不同的观测条件下的观测，称为不等精度观测，相应的观测值为不等精度观测值。

6.1.1　测量误差的来源

观测值中的测量误差主要来源于以下三个方面。

① 观测者。观测者的感官的判断能力、对测量仪器的操作技术水平以及工作认真程度等因素对观测结果会产生直接的影响。

② 外部观测环境。外部观测环境是指在野外测量过程中的气温、气压、湿度、光照、风力、地面土质等环境条件，环境条件会对观测过程产生影响。

③ 测量仪器。测量仪器结构的精密程度、仪器自身构造上的缺陷等，给观测结果带来不可避免的误差。例如水准仪的视准轴不平行于水准管轴、水准尺的分划误差、全站仪的视准轴与横轴不垂直等等，仪器结构的不精密会产生观测误差。

6.1.2　测量误差的分类及处理方法

测量误差按照其产生的原因和对测量结果影响性质不同，分为系统误差、偶然误差和粗差三类。

（1）系统误差

在相同的观测条件下，对某个量进行重复观测，如果测量误差在符号、大小上表现出一定的规律变化，这样的误差称为系统误差。例如，使用名义长度为 30m，实际长度为 29.997m 的钢尺量距，每测量一整尺段距离就长了 0.003m，即产生了－0.003m 的误差。用这把钢尺去量距，量距误差的符号不变，量距误差的大小与量距长度成正比。系统误差在观测成果中具有累积性，对测量成果的影响显著，因此需要采取相应措施予以减弱或消除。

处理系统误差通常有以下三种方法。

① 检校仪器。通过精确检校仪器，使仪器轴系满足要求，限制仪器系统误差在正常范围，以减小仪器误差对观测成果的影响。

② 采用正确的观测方法。根据误差产生的原因，采用正确的观测方法抵消或削弱系统误差。例如，水准测量观测时前后视距相等可以消除 i 角误差对高差的影响，角度测量时采用盘左盘右可以消除视准轴误差、横轴误差、竖盘指标差对角度测量的影响。实际上按照测量规范规定的观测方法进行观测可以消除或减弱很多系统误差。

③ 计算改正。由于系统误差表现出一定的规律性，有的系统误差可以通过施加改正计算得到消除。比如，钢尺量距时可以加上尺长改正和温度改正来消除由于尺长不准确和因温度变化引起的误差，在全站仪电磁波测距中进行加常数和乘常数的改正可以消除或削弱测距系统误差等等。

（2）偶然误差

在相同的观测条件下对某一量进行一系列的观测，单个测量误差的大小和符号没有任何规律，表现出不确定性，但是就测量误差的整体来看，具有一定的统计规律，这类误差称为偶然误差。由于这类误差的符号和大小的出现是随机的，所以又称为随机误差。例如测量过程中的读数误差、仪器对中误差、气泡居中误差、照准误差等等都属于偶然误差。偶然误差是由很多因素共同作用引起的，单个误差的符号和大小在测量前无法预知，总体上的规律性随着观测数量增加而更显著。在实际工作中，通常通过提高测量仪器等级、增加多余观测数量、降低外界影响等方法来限制偶然误差的影响。

（3）粗差

粗差是指比正常观测条件下可能出现的最大误差（极限误差）还要大的误差。粗差可能源于观测时观测者的粗心大意，也可能因受到某种因素的干扰而产生。粗差也称错误，是不能使用的观测成果。测量工作中只有严格按照测量规范的要求，遵守观测操作程序和各项检查制度，才能有效避免粗差的产生。对于包含粗差的观测值应该剔除，必要时需要重新进行观测。

6.1.3 偶然误差的特性

在测量误差中，单个偶然误差其符号和大小没有任何规律，随着观测次数的增加，偶然误差整体上却呈现出统计学上的规律性。表 6-1 是在相同观测条件下对 358 个三角形内角进行了独立观测后，对每个三角形内角和真误差的相关数据的统计结果，采用统计方法来说明偶然误差的规律性。

由于观测值中含有偶然误差，每个三角形的内角和不等于其真值 180°，设三角形内角和观测值为 L_i，三角形内角和的真误差 $\Delta_i = L_i - 180°(i = 1,2,3,\cdots,358)$。表 6-1 按照误差区间 $d\Delta = 0.2''$ 对 358 个三角形内角和的误差进行了统计分析，统计了在不同的误差区间内正负误差出现的个数及其频率，以及在同一误差区间正负误差总的个数及其频率。

表 6-1 偶然误差分布

误差区间 dΔ″	正误差		负误差		合计	
	个数 n_i	频率 n_i/n	个数 n_i	频率 n_i/n	个数 n_i	频率 n_i/n
0.0~0.2	45	0.126	46	0.128	91	0.254
0.2~0.4	40	0.112	41	0.115	81	0.226
0.4~0.6	33	0.092	33	0.092	66	0.184
0.6~0.8	23	0.064	21	0.059	44	0.123
0.8~1	17	0.047	16	0.045	33	0.092
1~1.2	13	0.036	13	0.036	26	0.073
1.2~1.4	6	0.017	5	0.014	11	0.031
1.4~1.6	4	0.011	2	0.006	6	0.017
1.6 以上	0	0	0	0	0	0
	181	0.505	177	0.495	358	1.000

从表 6-1 中可以看出，正负误差出现的总个数及其频率很接近，同一区间正负误差出现的个数及其频率也很接近，小的误差比大的误差出现的频率要高，最大的误差不超过 $1.6''$。根据表 6-1 的统计数据制作了误差分布的频率直方图，如图 6-1 所示。图中横坐标表示误差的大小，纵坐标表示各误差区间的频率密度（频率除以区间间隔），频率直方图直观地显示了误差分布情况。从表 6-1 和图 6-1 可以总结出偶然误差具有以下特性。

① 在一定的观测条件下，偶然误差的绝对值不会超过一定限度。

② 偶然误差中绝对值小的误差比绝对值大的误差出现的可能性要大。

③ 绝对值相等的正、负误差出现的机会相同。

④ 当观测数据无限增多时，偶然误差的算术平均值趋近于零。即：

$$\lim_{n \to \infty} \frac{[\Delta]}{n} = 0 \tag{6-2}$$

根据上面偶然误差的第三个性质可以推导出第四个特性，第四个特性说明了偶然误差具有抵偿性。

在图 6-1 中，当观测数量无限多时（$n \to \infty$），并且将误差区间 $\mathrm{d}\Delta$ 间隔无限缩小，则图中频率密度各长方形顶边所形成的折线就会变成如图所示的一条光滑曲线，称为误差分布曲线。误差分布曲线表明了偶然误差服从正态分布（高斯分布），其概率密度函数为

$$f(\Delta) = \frac{1}{\sqrt{2\pi}\,\sigma}\mathrm{e}^{-\frac{\Delta^2}{2\sigma^2}} \tag{6-3}$$

式中，σ^2 为观测值的方差；σ 为观测值的标准差（又称为均方差），σ 的大小体现了观测值的离散程度，反映了观测值精度的高低。

根据概率论知识，误差在 $\mathrm{d}\Delta$ 范围的概率为

$$P(\Delta) = \frac{n_i/n}{\mathrm{d}\Delta}\mathrm{d}\Delta = f(\Delta)\mathrm{d}\Delta = \frac{1}{\sqrt{2\pi}\,\sigma}\mathrm{e}^{-\frac{\Delta^2}{2\sigma^2}}\mathrm{d}\Delta \tag{6-4}$$

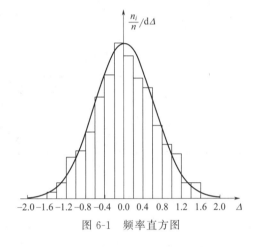

图 6-1　频率直方图

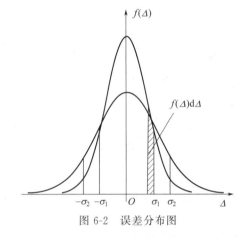

图 6-2　误差分布图

在正态分布中方差和标准差分别定义为

$$\sigma^2 = \lim_{n \to \infty}\frac{\Delta_1^2 + \Delta_2^2 + \cdots + \Delta_n^2}{n} = \lim_{n \to \infty}\frac{\left[\Delta^2\right]}{n} \tag{6-5}$$

$$\sigma = \pm\lim_{n \to \infty}\sqrt{\frac{\left[\Delta^2\right]}{n}} \tag{6-6}$$

观测值的精度不同，其误差分布曲线不同。如图 6-2 所示，观测值精度越高，其标准差 σ 就越小，误差的离散程度越小，误差分布越集中，对应的误差分布曲线越高陡；反之观测值精度越低，其标准差 σ 就越大，误差的离散程度越大，误差分布越分散，对应的误差分布曲线越平缓。图中 $\sigma_1 < \sigma_2$，说明对应于 σ_1 的观测值精度高于对应于 σ_2 的观测值精度。

6.2　衡量测量精度的指标

测量工作中，通常采用观测值误差分布的离散程度来评价观测值精度。观测值误差分布的离散程度主要用观测值的标准差 σ 来衡量。根据观测值的性质和用途，下面阐述几种常用的衡量观测值精度的指标。

6.2.1 中误差

观测值的标准差 σ 反映了观测值误差分布的离散程度，用来衡量观测值的精度。但在实际测量工作中，对某一量的观测次数总是有限的，不可能增加到无限大。因此只能通过有限次数的观测值真误差来估计观测值的标准差 σ，这个标准差 σ 的估值称为中误差，用 m 表示。按照标准差的计算公式，中误差定义为

$$m = \pm\sqrt{\frac{\Delta_1^2 + \Delta_2^2 + \cdots + \Delta_n^2}{n}} = \pm\sqrt{\frac{[\Delta\Delta]}{n}} \tag{6-7}$$

例 6-1 使用不同精度等级的仪器对某个三角形的内角进行了 2 组观测，每组测量了 10 次，每次观测所得的三角形内角和真误差如下。

第一组：$+14''$，$-12''$，$+9''$，$-11''$，$-9''$，$+10''$，$-13''$，$+11''$，$+12''$，$-8''$

第二组：$+5''$，$+2''$，$-3''$，$+4''$，$-6''$，$-5''$，$+7''$，$+3''$，$-2''$，$-3''$

试求这两组观测值的中误差。

解 这两组观测值的中误差为

$$m_1 = \pm\sqrt{\frac{14^2 + (-12)^2 + 9^2 + (-11)^2 + (-9)^2 + 10^2 + (-13)^2 + 11^2 + 12^2 + (-8)^2}{10}}$$

$$= \pm 11.1''$$

$$m_2 = \pm\sqrt{\frac{5^2 + 2^2 + (-3)^2 + 4^2 + (-6)^2 + (-5)^2 + 7^2 + 3^2 + (-2)^2 + (-3)^2}{10}}$$

$$= \pm 4.3''$$

比较 m_1、m_2 可知，第二组观测值精度比第一组观测值精度高。

6.2.2 相对误差

对于有些观测量来说，其误差大小与观测值的大小有关，如距离测量的误差与距离的长度有关，距离越长其误差越大，此时如果仅用中误差来衡量距离观测值的精度不能准确反映观测值的精度高低。为了能够客观反映这类观测值的精度，必须采用相对误差的方法。相对误差等于观测值的绝对误差与相应观测值之比，并使用分子为 1 的分数（分母取整）形式表示。距离测量的相对误差通常用 K 表示。

$$K = \frac{|\Delta D|}{D} = \frac{1}{D/|\Delta D|} \tag{6-8}$$

例如，测量了 200m 和 300m 的两段距离，距离测量的中误差都为 ± 2cm，按照相对误差的方法评价它们的精度，则有

$$K_1 = \frac{2\text{cm}}{200\text{m}} = \frac{2}{20000} = \frac{1}{10000}$$

$$K_2 = \frac{2\text{cm}}{300\text{m}} = \frac{2}{30000} = \frac{1}{15000}$$

显然 $K_1 > K_2$，说明前者的测量精度高于后者。这种使用距离测量的中误差来计算的相对误差，称为相对中误差。对于真误差或容许误差，有时也用相对误差来表示。例如距离测量中往返测量较差与距离值之比称为相对真误差 K，$K = |D_{往} - D_{返}|/D_{平均}$，导线测量中全长相对闭合差的限差即为相对容许误差。

6.2.3 极限误差和容许误差

根据偶然误差的第一条特性，在一定的观测条件下，误差绝对值不会超过一定的限度。在实际工作中，以观测值的标准差 σ（均方差）衡量观测值的测量精度，利用公式(6-4)进行积分，可计算出误差落在任意区段分布的概率。通过计算误差落在区间 $(-\sigma, +\sigma)$、$(-2\sigma, +2\sigma)$、$(-3\sigma, +3\sigma)$ 发生的概率分别为

$$\begin{cases} P(-\sigma < \Delta < +\sigma) = 68.3\% \\ P(-2\sigma < \Delta < +2\sigma) = 95.5\% \\ P(-3\sigma < \Delta < +3\sigma) = 99.7\% \end{cases} \tag{6-9}$$

从计算结果可见，大于 1 倍 σ 的误差出现的概率有 32%，大于 2σ 的误差出现的概率有 5%，大于 3σ 出现的概率只有 0.3%，其中大于 3σ 的误差是小概率事件。因此把极限误差定义为 $\Delta_{极} = 3\sigma$。

在实际测量工作中，为了保证观测成果的质量，以 3 倍中误差作为偶然误差的容许值（限差）；如果要求较严格，采用 2 倍中误差作为容许误差。测量时如果误差超过了容许值，相应观测值应该舍弃并重新观测。

6.3 测量误差传播定律

在测量中，有的未知量是无法直接进行观测的，需要通过其他的观测量利用函数关系计算得到。比如，在水准测量中，两点之间的高差 $h = a - b$，高差 h 是直接观测值 a 和 b 的函数，由于 a 和 b 存在观测误差，导致高差 h 也产生了误差，这是因误差的传播造成的。阐述观测值中误差与观测值函数中误差之间关系的定律称为误差传播定律。利用误差传播定律可以计算和评定观测值函数的精度。

6.3.1 线性函数

线性函数 z 为

$$z = k_1 x_1 \pm k_2 x_2 \pm \cdots \pm k_n x_n \tag{6-10}$$

式中，k_i 为常数；x_i 为独立观测值，x_i 的中误差分别为 $m_1, m_2, \cdots, m_n$。则函数 z 的中误差为

$$m_z^2 = (k_1 m_1)^2 + (k_2 m_2)^2 + \cdots + (k_n m_n)^2 \tag{6-11}$$

$$m_z = \pm \sqrt{k_1^2 m_1^2 + k_2^2 m_2^2 + \cdots + k_n^2 m_n^2} \tag{6-12}$$

例 6-2 水准路线高差中误差的计算。设在山区水准路线测量时等精度独立观测了 n 站高差 $h_1, h_2, \cdots, h_n$，设每站观测高差的中误差为 $m_{站}$。路线总的高差为

$$h = h_1 + h_2 + \cdots + h_n$$

则 h 的中误差为

$$m_h = \pm \sqrt{m_1^2 + m_2^2 + \cdots + m_n^2} = \sqrt{n} \, m_{站} \tag{6-13}$$

在平原地区进行水准测量时每站距离（前后视距离之和）L_z(km) 基本相等，设水准路线总长度为 L(km)，测站数为 $n = \dfrac{L}{L_z}$，则路线总高差的中误差为

$$m_h = \sqrt{\frac{L}{L_z}} m_{站} = \sqrt{L} \frac{m_{站}}{\sqrt{L_z}} = \sqrt{L} \, m_{km} \qquad (6\text{-}14)$$

式中，$m_{km} = \dfrac{m_{站}}{\sqrt{L_z}}$ 是每千米水准测量高差观测中误差。

例 6-3 在三角测量中，对某三角形内角（a, b, c）进行了 n 次等精度观测，三角形的闭合差 $\omega_i = a_i + b_i + c_i - 180°(i = 1, 2, 3, \cdots, n)$。求三角形内角观测值的中误差 m_β。

根据三角形闭合差 ω 的函数关系 $\omega_i = a_i + b_i + c_i - 180°$，闭合差的中误差 m_ω 为

$$m_\omega = \pm\sqrt{3}\, m_\beta$$

按照真误差计算闭合差的中误差 m_ω

$$m_\omega = \pm\sqrt{\frac{[\Delta_\omega \Delta_\omega]}{n}} = \pm\sqrt{\frac{[\omega\omega]}{n}}$$

于是有

$$m_\beta = \pm\sqrt{\frac{[\omega\omega]}{3n}} \qquad (6\text{-}15)$$

式（6-15）称为菲列罗公式，常常用来评定三角测量中测角精度。

例 6-4 使用 30m 的钢尺由 A 点丈量至 B 点，共测量了 10 个尺段，已知每尺段量距中误差 $m_l = \pm 6\text{mm}$。试求全长丈量距离的中误差。

$$D_{AB} = l_1 + l_2 + \cdots + l_{10}$$

由于每尺段丈量精度相同，中误差均相等，于是全长丈量距离的中误差为

$$m_{D_{AB}} = \pm 6\sqrt{10}\,\text{mm} = \pm 19\text{mm}$$

6.3.2 非线性函数

设非线性函数为

$$z = f(x_1, x_2, x_3, \cdots, x_n) \qquad (6\text{-}16)$$

式中，z 为独立观测值 x_i 的函数，独立观测值 x_i 的中误差分别为 m_1、m_2、$\cdots$、m_n。对式（6-16）取全微分并略去增量的高阶无穷小项，得出

$$dz = \frac{\partial f}{\partial x_1} dx_1 + \frac{\partial f}{\partial x_2} dx_2 + \cdots + \frac{\partial f}{\partial x_n} dx_n \qquad (6\text{-}17)$$

令 $f_1 = \dfrac{\partial f}{\partial x_1}, f_2 = \dfrac{\partial f}{\partial x_2}, \cdots, f_n = \dfrac{\partial f}{\partial x_n}$，其值用近似值即观测值代入求得，则有

$$dz = f_1 dx_1 + f_2 dx_2 + \cdots + f_n dx_n \qquad (6\text{-}18)$$

则函数 z 的中误差为

$$m_z^2 = (f_1 m_1)^2 + (f_2 m_2)^2 + \cdots + (f_n m_n)^2 \qquad (6\text{-}19)$$

$$m_z = \pm\sqrt{f_1^2 m_1^2 + f_2^2 m_2^2 + \cdots + f_n^2 m_n^2} \qquad (6\text{-}20)$$

例 6-5 沿着倾斜地面上丈量 AB 两点之间的长度 $S = (65.50 \pm 0.08)\text{m}$，测得地面倾角 $a = 18°20'30'' \pm 36''$。试求 AB 水平距离 D_{AB} 及其中误差 m_D。

$$D_{AB} = S\cos a = 65.50 \times \cos 18°20'30'' = 62.172\text{m}$$

根据非线性函数中误差计算公式有

$$m_D^2 = \left(\frac{\partial D}{\partial S} m_S\right)^2 + \left(\frac{\partial D}{\partial a} \cdot \frac{m_a}{\rho}\right)^2$$

其中已知 $\qquad m_S = \pm 0.08\text{m}, m_a = \pm 36'', \rho = 206265''$

$$\frac{\partial D}{\partial S} = \cos a, \frac{\partial D}{\partial a} = -S \sin a$$

$$m_D^2 = (\cos 18°20'30'' \times 0.08)^2 + \left(-65.50 \times \sin 18°20'30'' \times \frac{36}{206265}\right)^2$$

$$m_D = \pm 0.076 \text{m}$$

$$D_{AB} = (62.172 \pm 0.076) \text{m}$$

例 6-6 全站仪三角高程测量高差中误差公式的推导。设三角高程测量中距离测量中误差为 m_S，竖直角测量中误差为 m_a，仪器高和目标高量取中误差分别为 m_i 和 m_v，高差中误差为 m_h。

三角高程高差计算公式为 $h = S \sin a + i - v$，根据非线性函数误差计算公式有

$$m_h^2 = \left(\frac{\partial h}{\partial S} \times m_S\right)^2 + \left(\frac{\partial h}{\partial a} \times \frac{m_a}{\rho}\right)^2 + \left(\frac{\partial h}{\partial i} \times m_i\right)^2 + \left(\frac{\partial h}{\partial v} \times m_v\right)^2$$

$$m_h^2 = (\sin a \times m_S)^2 + \left(S \times \cos a \times \frac{m_a}{\rho}\right)^2 + m_i^2 + m_v^2$$

则高差中误差

$$m_h = \pm \sqrt{\sin^2 a \times m_S^2 + \left(\frac{S \times \cos a}{\rho}\right)^2 \times m_a^2 + m_i^2 + m_v^2}$$

6.4 算术平均值及其中误差

6.4.1 算术平均值

对某一观测量进行了 n 次等精度观测，观测值为 $L_i (i = 1, 2, \cdots, n)$，观测量的真值为 X，观测值的真误差 $\Delta_i (i = 1, 2, \cdots, n)$，观测值的算术平均值为 x，据观测值真误差计算公式 (6-1) 有

$$\Delta_i = L_i - X (i = 1, 2, \cdots, n)$$

将 Δ_i 累加后得

$$[\Delta] = [L] - nX$$

则有

$$X = \frac{[L]}{n} - \frac{[\Delta]}{n}$$

观测值的算术平均值

$$x = \frac{L_1 + L_2 + \cdots + L_n}{n} = \frac{[L]}{n}$$

即

$$X = x - \frac{[\Delta]}{n}$$

上式即观测值的真值与算术平均值的关系，式中第二项是真误差的算术平均值。根据偶然误差的第四特性可知，当观测次数 $n \to \infty$ 时，$\frac{[\Delta]}{n} \to 0$，此时 $x \to X$，即算术平均值就是观测值的真值。但在实际工作中，观测次数总是有限的，根据有限个观测值求出的算术平均值与真值之间只差一个微小量 $\frac{[\Delta]}{n}$，因此可以认为算术平均值是观测量的最可靠值（最佳估值），又称为最或然值。

6.4.2 观测值的改正数

很多时候观测量的真值是不知道的，真误差也就无法求出，因此不能直接应用式 (6-7)

计算观测值的中误差。在实际测量计算时，是利用观测值的改正数 v_i 来计算中误差，观测值的改正数 v_i 是观测值的最可靠值 x 与各观测值之差，即

$$v_i = x - L_i(i = 1,2,\cdots,n) \tag{6-21}$$

将各观测值的改正数求和，则有

$$[v] = nx - [L] = n \times \frac{[L]}{n} - [L] = 0 \tag{6-22}$$

利用这一特性，可以检验 x 和 v 在计算过程中是否正确。

除了 $[v] = 0$ 外，观测值的改正数还有一数学特性，就是改正数的平方和最小，即

$$[vv] = \min \tag{6-23}$$

上式表明，在等精度观测条件下以算术平均值 x 为最可靠值（最或然值）计算得到的观测值改正数的平方和最小，符合"最小二乘法原理"的数据处理原则，并且在 $[vv] = \min$ 的条件下，算术平均值 x 是符合最小二乘法的唯一解。

6.4.3　由观测值的改正数计算中误差

在等精度观测条件下，根据观测值的真误差和改正数的定义，有如下关系式

$$\Delta_i = L_i - X, v_i = x - L_i(i = 1,2,\cdots,n)$$

上式左右两边相加得　　　$\Delta_i = x - X - v_i(i = 1,2,\cdots,n)$

设 $x - X = \delta$　　　　　　　有 $\Delta_i = x - X - v_i = \delta - v_i$

将上式两端平方，并取 n 之和，则

$$[\Delta\Delta] = [vv] - 2\delta[v] + n\delta^2 = [vv] + n\delta^2$$

由于　　　　　$\delta = x - X = \frac{[L]}{n} - X = \frac{[L] - nX}{n} = \frac{[L-X]}{n} = \frac{[\Delta]}{n}$

$$\delta^2 = \frac{[\Delta]^2}{n^2} = \frac{1}{n^2}(\Delta_1^2 + \Delta_2^2 + \cdots + \Delta_n^2 + 2\Delta_1\Delta_2 + 2\Delta_2\Delta_3 + \cdots + 2\Delta_{n-1}\Delta_n)$$

$$= \frac{[\Delta\Delta]}{n^2} + \frac{2}{n^2}(\Delta_1\Delta_2 + \Delta_2\Delta_3 + \cdots + \Delta_{n-1}\Delta_n)$$

当 $n \to \infty$　　　　则有 $\lim\limits_{n \to \infty} \dfrac{(\Delta_1\Delta_2 + \Delta_2\Delta_3 + \cdots + \Delta_{n-1}\Delta_n)}{n} = 0$

所以　　　　　　　　　$\delta^2 = \dfrac{[\Delta]^2}{n^2} = \dfrac{1}{n} \times \dfrac{[\Delta\Delta]}{n}$

将 δ^2 代入　　　　$[\Delta\Delta] = [vv] + n\delta^2 = [vv] + \dfrac{[\Delta\Delta]}{n}$

将 $m^2 = \dfrac{[\Delta\Delta]}{n}$ 代入上式得　　　$nm^2 = [vv] + m^2$

$$m = \pm\sqrt{\frac{[vv]}{n-1}} \tag{6-24}$$

上式称为白塞尔公式，公式中 $n-1$ 为多余观测数。

6.4.4　等精度观测算术平均值中误差

在等精度观测条件下，设观测值的算术平均值 $x = \dfrac{[L]}{n}$ 的中误差为 M，其推导过程为

$$x = \frac{[L]}{n} = \frac{1}{n}(L_1 + L_2 + \cdots + L_n) = \frac{1}{n}L_1 + \frac{1}{n}L_2 + \cdots + \frac{1}{n}L_n$$

$$M^2 = \left(\frac{1}{n}m_1\right)^2 + \left(\frac{1}{n}m_2\right)^2 + \cdots + \left(\frac{1}{n}m_n\right)^2$$

由于等精度观测 $m_1 = m_2 = \cdots = m_n = m$

$$M^2 = n\left(\frac{1}{n}m_1\right)^2$$

$$M = \frac{m}{\sqrt{n}} \qquad\qquad (6\text{-}25)$$

将式（6-24）代入

$$M = \pm\sqrt{\frac{[vv]}{n(n-1)}} \qquad\qquad (6\text{-}26)$$

通过公式对比，可见观测值的算术平均值的精度比观测值的精度提高了 $\sqrt{n}$ 倍。从上面推导出的中误差的计算公式可知，增加多余观测次数可以提高观测值及其算术平均值的精度，但因为观测次数与精度之间并非线性比例关系，在观测值数量满足规范要求时没有必要再增加多余观测数量，因为即使增加观测次数，精度提高也是有限的。

例 6-7 对某段距离进行了 6 次等精度观测，观测结果如表 6-2 所示。试求该段距离的算术平均值、观测值中误差、算术平均值的中误差以及算术平均值的相对误差。

计算过程中的数据填入表 6-2 中。在计算算术平均值时，因为各观测值差异不大，选定一个与观测值接近的数作为近似值，方便计算。在本题中令近似值为 l_0，$l_0 = 128.700\text{m}$，差异部分为 Δl_i，观测值 $l_i = l_0 + \Delta l_i$，因此观测值的算术平均值为 $\bar{l} = l_0 + \dfrac{[\Delta l]}{n}$。计算结果显示在表 6-2 计算列中。

表 6-2　观测值及其算术平均值中误差计算

测次	观测值 l/m	Δl/cm	改正数 v/cm	vv/cm^2	计算
1	128.741	+4.1	−3.5	12.25	
2	128.662	−3.8	+4.4	19.36	$\bar{l} = l_0 + \dfrac{[\Delta l]}{n} = 128.706\text{m}$
3	128.710	+1.0	−0.4	0.16	
4	128.725	+2.5	−1.9	3.61	$m = \pm\sqrt{\dfrac{[vv]}{n-1}} = \pm 3.3\text{cm}$
5	128.670	−3.0	+3.6	12.96	
6	128.728	+2.8	−2.2	4.84	$m_{\bar{l}} = \pm\sqrt{\dfrac{[vv]}{n(n-1)}} = \pm 1.33\text{cm}$
Σ		3.6	0.0	53.18	

6.5　非等精度观测值的精度评定

6.5.1　观测值的权

在等精度观测中，观测值的算术平均值是观测值的最可靠值（最或然值）。在算术平均值的计算中，由于观测精度相同，各观测值参与计算的权重相等。在不等精度观测条件下利用观测值计算最或然值时，由于各观测值对最或然值的影响程度是不同的，因此不可能和等精度观测条件下取算术平均值作为观测值的最或然值一样，而是应该考虑各观测值精度的高低，取不同的权重进行计算。

测量上将权衡观测值之间精度高低的相对值称为观测值的权。观测值精度愈高，中误差愈小，观测结果愈可靠，其权愈大，参与计算最或然值的比重就愈大。因此观测值的权与其中误差的平方成反比。对某个量进行了 n 次不等精度观测，观测值为 $L_i(i=1,2,\cdots,n)$，观测值的中误差和权分别用 m_i 和 p_i 表示，根据权的定义和性质，则有

$$p_i=\frac{\mu^2}{m_i^2}(i=1,2,\cdots,n) \tag{6-27}$$

式中，μ 为任意正数。

同一组观测值的权计算，必须选用相同的 μ，否则就破坏了观测值精度之间的相对比例关系。根据式(6-27)可得下面两式

$$p_1m_1^2=p_2m_2^2=\cdots=p_nm_n^2=\mu^2 \tag{6-28}$$

$$m_i=\pm\mu\sqrt{\frac{1}{p_i}} \tag{6-29}$$

观测值的权只是权衡观测值之间精度高低的一个相对值，虽然取不同的 μ，观测值权值不同，但各观测值的权之间的比例关系不会发生变化。$p=1$ 称为单位权，对应的观测值称为单位权观测值，单位权观测值的中误差称为单位权中误差。从式(6-27)可知单位权观测值的中误差 $m=\mu$。

在测量计算中，不同观测值确定权的方法不同。下面介绍在水准测量中确定观测值权的方法。设水准测量中每测站观测高差中误差为 $m_{站}$，则 N 站水准测量路线观测高差的中误差为

$$m_i=m_{站}\sqrt{N} \tag{6-30}$$

如果取 C 个测站的高差中误差为单位权中误差，即 $\mu=\sqrt{C}m_{站}$，因此水准路线的权为

$$p=\frac{\mu^2}{m_i^2}=\frac{C}{N} \tag{6-31}$$

同理，如果取 L_0 的观测高差为单位权观测高差，则 L 测量高差的权为

$$p=\frac{L_0}{L} \tag{6-32}$$

6.5.2 观测值的加权平均值及其中误差

对某个量进行了 n 次不等精度观测，观测值分别为 $L_1,L_2,\cdots,L_n$，相应的权为 p_1，$p_2,\cdots,p_n$，则观测值的最可靠值即加权平均值 x 为

$$x=\frac{p_1L_1+p_2L_2+\cdots+p_nL_n}{p_1+p_2+\cdots+p_n}=\frac{[pL]}{[p]} \tag{6-33}$$

各观测值的改正数为

$$v_i=x-L_i \quad (i=1,2,\cdots,n)$$

将上式两边乘以相应的权

$$p_iv_i=p_ix-p_iL_i$$

取 n 后，并将 n 项相加

$$[pv]=[p]x-[pL]=[p]\frac{[pL]}{[p]}-[pL]=0$$

上式可作为计算检核。

按照式(6-33)，观测值的加权平均值可以写成下面的线性函数形式

$$x = \frac{p_1}{[p]}L_1 + \frac{p_2}{[p]}L_2 + \cdots + \frac{p_n}{[p]}L_n$$

根据线性函数中误差的计算公式，加权平均值的中误差为

$$M_x = \sqrt{\left(\frac{p_1}{[p]}\right)^2 m_1^2 + \left(\frac{p_2}{[p]}\right)^2 m_2^2 + \cdots + \left(\frac{p_n}{[p]}\right)^2 m_n^2}$$

由于 $m_i^2 = \frac{\mu^2}{p_i}$，代入上式则有

$$M_x = \mu \sqrt{\frac{p_1}{[p]^2} + \frac{p_2}{[p]^2} + \cdots + \frac{p_n}{[p]^2}}$$

即

$$M_x = \frac{\mu}{\sqrt{[p]}} \tag{6-34}$$

对同一观测量进行不等精度观测时，如果观测量的真值已知，可用真误差计算单位权中误差：

$$\mu = \pm \sqrt{\frac{[p\Delta\Delta]}{n}} \tag{6-35}$$

在观测值真值未知时，可用观测值的改正数 v_i 代替真误差 Δ_i 计算不等精度观测值的单位权中误差：

$$\mu = \pm \sqrt{\frac{[pvv]}{n-1}} \tag{6-36}$$

例 6-8 如图 6-3 所示的水准测量路线中，分别从已知水准点 BM_1、BM_2 和 BM_3 测量至 D 点的路线高差，得到 D 点的高程观测值分别为 446.577m、446.550m、446.562m，L_i 为水准路线长度，求 D 点高程的最或然值及其中误差。

解： 取 1km 长度水准路线观测高差中误差为单位权中误差，即 $C=1$，水准路线观测高差的权为 $p = \frac{C}{L_i}$，计算数据如表 6-3 所示。

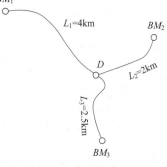

图 6-3　水准路线图

表 6-3　加权平均值及其中误差计算

测段	高程观测值/m	水准路线长度 L_i/km	权 $p_i = \frac{1}{L_i}$	v /mm	pv /mm	pvv /mm²
BM_1-D	446.577	4.0	0.25	-17	-4.2	72.2
BM_2-D	446.550	2.0	0.5	$+10$	$+5$	50.0
BM_3-D	446.562	2.5	0.4	-2	-0.8	1.6
			$[p]=1.15$		$[pv]=0$	$[pvv]=123.8$

D 点高程最或然值为

$$H_D = \frac{446.577 \times 0.25 + 446.550 \times 0.5 + 446.562 \times 0.4}{0.25 + 0.5 + 0.4} = 446.560(\text{m})$$

单位权观测值中误差为

$$\mu = \pm \sqrt{\frac{[pvv]}{n-1}} = \pm \sqrt{\frac{123.8}{3-1}} = \pm 7.9(\text{mm})$$

最或然值中误差为

$$M_x = \pm \frac{\mu}{\sqrt{[p]}} = \pm \frac{7.9}{\sqrt{1.15}} = \pm 7.4 (\text{mm})$$

思政案例

"两弹一星"功勋科学家孙家栋的航天人生

<<<< **思考题与习题** >>>>

1. 测量误差主要是由哪些因素引起的？测量误差如何分类？

2. 名词解释：系统误差、偶然误差、相对误差、极限误差、容许误差。

3. 测量上怎样处理系统误差和偶然误差？

4. 怎样使用中误差评估观测值的测量精度？

5. 什么叫等精度观测？什么叫不等精度观测？观测值的权是如何定义的？

6. 甲、乙两组分别对某三角形的内角进行了观测，得到三角形内角和闭合差分别为

甲：$+2''$，$+3''$，$-1''$，$-4''$，$+2''$，$-5''$，$+4''$，$-2''$

乙：$+3''$，$+4''$，$-5''$，$-3''$，$+6''$，$-3''$，$+2''$，$-4''$

试计算甲乙两组三角形内角的中误差和测角中误差。

7. 在水准测量中从水准点 A 到水准点 B 共观测了 16 个测站，总的观测高差为 $h_{AB} = +5.122\text{m}$，假设水准测量时一次读数的中误差为 $\pm 2\text{mm}$，试计算一个测站的高差中误差和 h_{AB} 的中误差。

8. 为了得到 D 点高程，布设了从 ABC 三个已知点到 D 点的水准路线，观测数据如表 6-4 所示，设每千米高差观测精度相同，试计算：

（1）D 点的高程最或然值（计算至 mm）；

（2）每千米高差中误差和 D 点的高程最或然值中误差。

表 6-4 习题 8 观测数据及计算表

水准路线	起始点	起始点高程	观测高差/m	D 点观测高程	路线长 S/km	权 P	v/mm	Pv/mm	Pvv/mm^2
1	A	420.445	$+1.842$		2.5				
2	B	424.330	-2.025		4.0				
3	C	420.198	$+2.087$		2.0				
Σ									

第7章

控制测量

本章知识要点与要求

本章重点介绍了控制测量的概念、控制网的分类、国家平面和高程控制网的更新发展过程、城市控制网的等级要求、导线测量及其计算、三四等水准测量、全站仪三角高程测量、交会测量以及 GNSS 控制测量；本章重点是现在国家大地控制网的布设形式，导线测量的基本方法，GNSS 控制测量方法、高程控制测量的主要方法等内容；通过对本章的学习，要求学生掌握控制网的目的和作用、现代控制网布设方法、导线测量的近似计算、四等水准测量和三角高程测量的计算等内容。

7.1 概述

（1）控制测量的目的和作用

在工程勘测设计和工程实施阶段的测量工作需要遵循"先控制后碎部，先整体后局部，由高级到低级"的工作程序。这样的工作程序要求首先从区域整体范围出发进行控制测量，建立高精度的全局控制网。进行控制测量工作建立起统一的坐标系统定位框架和统一的高程系统，其目的就是为了限制测量误差的传播和积累，保证地形测绘和工程施工测量的精度，使整个测绘区域能够拼接成为一个整体，整体工程设计的建（构）筑物能够分区施工放样。

控制测量贯穿于工程建设的各个阶段。在工程勘测设计阶段控制测量为地形图测绘提供统一的坐标系统和测量控制点，在工程实施阶段控制测量为工程建筑物施工提供定位依据，在工程实施和竣工后运营阶段建立专用控制网对工程建筑物以及建筑区域周边实施水平位移和沉降的监测，保证建筑物安全施工和健康运营。

（2）控制测量分类

控制测量分为平面控制测量和高程控制测量，平面控制测量确定平面控制点的坐标 $(X，Y)$，高程控制测量确定控制点的高程 H。通过控制测量建立测量区域的控制网，控制网由控制点根据外业测量的设计形式构成。传统的平面控制网布设形式有三角网、边角网、测边网和导线及导线网，这些网形是通过测量角度和边长来计算控制点的坐标。目前全球卫星导航系统（GNSS）已经广泛应用于测量工作中，利用卫星导航定位技术建立的控制网称为 GNSS 控制网，GNSS 控制网已经成为建立测量控制网的常用方法。在城市地区，由于通视条件的限制和建筑物的遮挡，三角测量和 GNSS 测量受到很大的影响，而导线测量可以灵活选取控制点的位置，受这些影响较小，所以在城市地区导线测量形式使用较多，它可以用在因卫星信号受到遮挡而无法使用 GNSS 定位的区域。高程控制测量主要有水准测量、全站仪三角高程测量和 GNSS 高程测量。在山区或丘陵地区高程控制测量可采用三角高程测量和 GNSS 加水准拟合高程的方法。

（3）国家控制网

① 平面控制测量　我国传统的国家平面控制网采用三角网的形式，按照"逐级控制、分级布设"的原则，分为一、二、三、四等控制网。一、二等三角网属于国家基本控制网，称为国家天文大地控制网，三、四等属于加密控制网。一等三角网是由沿着经、纬线方向布设的三角锁交叉构成锁环，在三角锁纵横交会处测定起始边长和天文方位角。一等三角锁中三角形的平均边长为 20～30km，相邻三角锁之间的距离为 200～250km。在一等三角锁构成的锁环中间空白范围布设二等三角网进行填充，二等网的平均边长为 13km，如图 7-1 所示。我国天文大地网从 1951 年开始布设，到 1975 年全部修测完成，全网共有 4.8 万多个天文大地点，构成了我国基本大地控制网。1982 年全国天文大地网整体平差后，建立了 1980 国家大地坐标系。三、四等三角网是在一、二等网的基础上以插网和插点的方法进行加密，三等三角网的平均边长为 8km，四等网的平均边长为 2～6km。国家平面控制网是全国各部门、各行业进行测绘工作的基础。

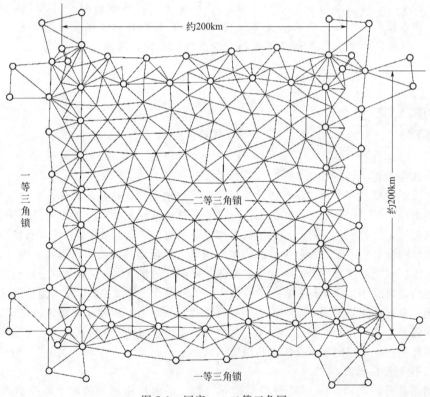

图 7-1　国家一、二等三角网

随着卫星导航定位技术的发展，20 世纪 90 年代国家测绘局、总参测绘局和中国地震局等部门先后建成了国家 GPS A、B 级控制网，全国 GPS 一、二级控制网和全国 GPS 地壳运动监测网，共计 2600 多点。其中国家 GPS A 级网由 33 个点组成（27 个主点，6 个副点），网的平均边长 650km，GPS B 级网由 818 个点（含 GPS A 级网）构成，平均边长 150km。

上述三个全国性的GPS网在经过统一的平差数据处理后构成了2000国家GPS大地控制网，平差后的2000国家GPS大地网点的点位中误差为±2.13cm，2000国家GPS大地控制网提供的地心坐标精度平均优于±3cm。为了充分利用我国之前建立的天文大地控制网的成果，将2000国家GPS大地网与全国天文大地网联合平差处理，获得在ITRF 97框架下的近5万个一、二等和近10万个三、四等天文大地控制网点的高精度坐标，平差后一、二等天文大地网的点位中误差平均为±8cm。2000国家GPS大地控制网、国家天文大地控制网和2000国家重力基本网构成了2000国家大地控制网，在此基础上建立了2000国家大地坐标系CGCS 2000。

按照《全球定位系统（GPS）测量规范》（GB/T 18314—2009）的规定，GPS控制网测量按照精度和用途分为A、B、C、D、E级，其中A、B、C、D等级精度对应国家一、二、三、四等控制网。A级GPS网由卫星定位连续运行基准站构成，主要用于进行全球性的地球动力学研究、地壳形变测量和精密定轨等的GPS测量，B级GPS网主要用于建立地方或城市坐标基准框架、区域性的地球动力学研究、地壳形变测量、局部形变监测和各种精密工程测量等的GPS测量，C级GPS网用于建立三等大地控制网，以及建立区域、城市及工程测量的基本控制网等的GPS测量。D、E级控制网用于中小城市、城镇地形测图、地籍测量、土地信息，房产测绘、物探勘测、建筑施工的控制测量等GPS测量。

② 高程控制测量　国家高程控制网采用精密水准测量方法建立。按照从整体到局部，由高级到低级，分级布设逐级控制的原则，国家高程控制网分为一、二、三、四等水准网。水准网由水准路线构成，各等级水准路线必须自身构成闭合环线或者闭合于高一级水准点上形成闭合环线。一等水准网是精度最高的高程控制网，它为其余等级的高程控制网测量提供起算数据，也是研究地球形状和大小、海平面变化、地壳的垂直形变等方面的重要资料。一等水准路线沿着公路干线布设，水准路线闭合成环、构成网状，延伸到除台湾省外的全国各省市。一等水准网环线周长在东部地区不大于1600km，在西部地区不大于2000km。二等水准网布设沿着公路、河流布设在一等水准网内，构成500～700km的环线。国家三、四等水准网直接为地形测图和工程建设提供高程控制点。

（4）城市和工程控制网

国家等级的平面和高程控制网点位稀疏，控制点之间的距离较远。为了满足城市规划、城市基础设施建设以及各类工程建设的需要，必须建立城市控制网和工程控制网，控制网的精度和点位密度应满足城市和工程建设的要求。城市和工程控制网应与国家控制网联测，当平面控制网边长投影长度变形值超过25mm/km时，可以根据地理位置、海拔高度等因素建立独立的城市及工程平面控制网和相应的坐标系统。

城市和工程控制网遵循"从整体到局部、分级布设，逐级控制"的原则进行布设。平面控制网分为二、三、四等和一、二、三级，采用卫星定位GNSS测量、导线测量、边角组合测量等方法建立，目前主要采用卫星定位GNSS测量方法建立首级控制网，首级控制网应与国家控制网联测。城市平面控制网应根据城市范围大小及未来规划、工程平面控制网应根据工程规模、特点和要求选择控制网布设形式和控制网的等级。

城市高程控制网以国家水准网点为起算数据划分为二、三、四等网，宜采用水准测量方法施测，在困难地区的四等高程控制网可采用高程导线测量或者卫星定位GNSS测量方法。城市高程控制网布设范围应与城市平面控制网相适应。城市高程首级控制网等级不应低于三等，布设成闭合环线。工程高程控制网按照精度由高到低分为二、三、四、五等四个等级，高程控制网主要有水准网、测距三角高程网和GNSS高程网。首级工程高程控制网应根据工程规模、用途和精度要求合理选择等级。各等级高程控制宜采用水准测量，四等及以下等级可采用测距三角高程测量，五等也可采用GNSS拟合高程测量。

在地形测绘中，为了满足地物和地貌特征点的测量，通常还需要进行图根控制测量。直接供测图使用的控制点称为图根控制点，简称图根点。图根控制测量方法有图根导线、交会测量、卫星定位 GNSS RTK 测量等方法。图根点的密度取决于测图比例尺和地物、地貌的复杂程度。

城市和工程控制网各等级网的精度要求详见《城市测量规范》（CJJ/T8—2011）、《工程测量标准》（GB 50026—2020）以及《全球定位系统（GPS）测量规范》（GB/T 18314—2009）等规范和标准。

7.2 导线测量

7.2.1 导线布设形式

导线测量是控制测量的常用方法，尤其是其灵活的布网和选点，很适合地物分布复杂、通视条件不好的城市隐蔽区域、地下工程和带状工程。导线是将地面上相邻控制点用直线连接起来形成的折线，折线边称为导线边，相邻的控制点称为导线点，相邻导线边的夹角称为转折角。根据测区的地形情况和需要，导线可以布设成以下几种形式。

（1）支导线

如图 7-2(a) 所示，支导线从一个已知控制点出发，连续进行导线转折角和边长测量后，不连接到任一控制点上的导线。由于没有检核条件，支导线转折角需要测量导线前进方向的左右角度，并且支导线的延伸导线点个数有限定，一般不能超过 3 个。支导线主要用于地形测量中图根点的测量。

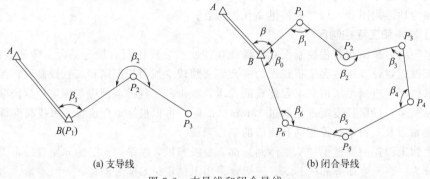

(a) 支导线　　　　　　　　　　　　(b) 闭合导线

图 7-2　支导线和闭合导线

（2）闭合导线

如图 7-2(b) 所示，闭合导线从一个已知控制点出发，连续进行导线转折角和边长测量后连接到已知控制点上，并形成一个闭合多边形。在闭合导线的已知控制点上必须有一条边的坐标方位角是已知的。闭合导线由一个闭合多边形组成，所以需要测量多边形的内角，以满足角度检核条件。

（3）附合导线

如图 7-3(a) 所示，附合导线边起始于一个已知控制点，连续进行导线转折角和边长测量，终止于另一已知控制点。附合导线两端连接的已知控制点上不管是否有已知坐标方位角，都可以进行导线点坐标的计算。

（4）结点导线和导线网

支导线、闭合导线和附合导线都是单一导线，由多条导线相互连接可以形成结点导线或者导线网，如图7-3(b)所示为一导线网示意图。

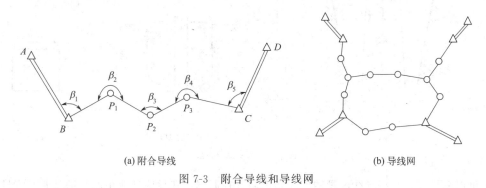

(a)附合导线   (b)导线网

图7-3　附合导线和导线网

7.2.2　导线测量的外业工作

导线测量的外业工作包括踏勘、选点、埋石、测角和测边。

（1）踏勘、选点及埋设标石

在踏勘选点之前，应收集测区范围已有的地形图和控制点等成果，弄清地形图和控制点所属的坐标系统和高程系统，控制点的点之记等资料，并了解控制点的精度情况。如果测区范围较大，需要根据测绘项目技术设计书设计的导线（网）等级先在已有的地形图上进行控制网的设计和点位布置，然后到实地踏勘，核实控制点位置是否合理，是否满足观测条件，最后确定导线点的位置，并按照导线等级埋设标石。踏勘选点时尽量满足以下条件。

① 相邻导线点之间应保持通视，便于角度和边长测量。

② 所选导线点位处应土质坚硬并易于保存。

③ 导线点应选在地势较高、视线开阔良好，便于加密图根点和测绘周围地物地貌。

④ 导线边长大致相等，相邻导线边长之比不应超过1：3。

⑤ 导线点应均匀分布测区范围，以保证测量精度。

导线点选定后，应在地面上做好标记，并及时埋设木桩或者标石，木桩的桩顶面钉入铁钉，标石的顶面中心嵌入顶端锯有十字的钢筋作为导线点的标志。如导线点选择在混凝土路面、坚固房屋平台或者稳定易于长期保存的岩石上，也可进行刻石，刻出十字方框，中间嵌入钢钉或者锯出十字作为导线点的标志。在一个测区中导线点埋设后应该统一编号。为了便于以后查找使用，应该绘制导线点的点之记，表明其和周围明显地物的距离和方位，地面导线控制点主要有如图7-4所示三种标志，图中尺寸以 mm 为单位。

（2）测角

测角就是测量导线的转折角和连接角。在导线中相邻边之间的水平角称为转折角，测量时既可以测量导线前进方向左侧的转折角（简称左角），也可以测量导线前进方向右侧的转折角（简称右角）。对于闭合导线为了检核角度闭合差需要测量闭合多边形的内角。导线边和已知边（或已知方向）的夹角称为导线连接角（或定向角）。为了确定导线边的方位角需要测量连接角（定向角）。导线角度测量的要求应根据导线的等级，按照规范规定的精度、仪器和方法进行测量。

对于四等及以下等级的高程控制网可以用全站仪三角高程测量代替水准测量，在这种条

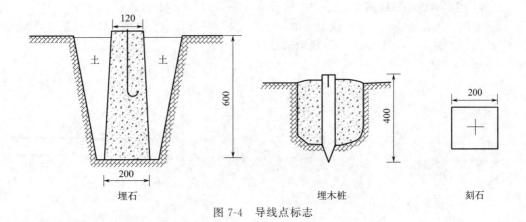

图 7-4　导线点标志

件下可以采用三角高程导线测量的形式布设高程控制网，在导线外业角度测量时需要测量竖直角（或天顶距），同时量取仪器高和目标高（觇标高）。

（3）测边

导线边长采用全站仪距离测量的方法完成。在进行距离测量之前，需对观测棱镜常数、气象参数（温度和气压）等进行设置，现在大多数全站仪能够对测量的距离自动加上这两项改正。测量的倾斜距离再加上仪器加常数、乘常数的改正以及倾斜改正，得到水平距离。

按照《工程测量标准》（GB 50026—2020），导线测量的相关技术要求如表 7-1 所示。

表 7-1　各等级导线测量的主要技术要求

等级	导线长度	平均边长	测角中误差	测距中误差	距离相对中误差	仪器精度及测回数				方位角闭合差	导线全长相对闭合差
						0.5	1	2	6		
	km	km	″	mm		″	″	″	″	″	
三等	14	3	1.8	20	1/150000	4	6	10	—	$3.6\sqrt{n}$	1/55000
四等	9	1.5	2.5	18	1/80000	2	4	6	—	$5\sqrt{n}$	1/35000
一级	4	0.5	5	15	1/30000			2	4	$10\sqrt{n}$	1/15000
二级	2.4	0.25	8	15	1/14000			1	3	$16\sqrt{n}$	1/10000
三级	1.2	0.1	12	15	1/7000			1	2	$24\sqrt{n}$	1/5000
图根	1.0M	0.1	20	15					1	$40\sqrt{n}$	1/2000

注：1. n 为测站数。

2. 当测区测图的最大比例尺为 1∶1000 时，一、二、三级导线的导线长度、平均边长可放长，但最大长度不应大于表中规定长度的 2 倍。

3. 当导线平均边长较短时，导线边数不应超过表 7-1 相应等级导线长度和平均边长算得的边数；当导线长度小于表 7-1 规定长度的 1/3 时，导线全长绝对闭合差不应大于 0.13m。

7.2.3　导线测量计算（近似平差）

导线外业测量过程中，角度和距离的观测、记录以及测站计算均应符合测量规范的要求。外业工作完成后还需要进行导线点坐标和高程的计算。对于等级较低的导线（二、三级）可采用近似平差方法，而对于高等级导线（一级及以上等级）或者导线网必须用专业平差软件进行严密平差计算各导线点的坐标，并评定控制测量的精度。在导线计算之前应全面

测／量／学

检查外业测量成果，检查无误后应根据测量的角度和距离值绘制导线略图，并将已知数据和观测成果填入导线计算表格中，在表格中完成导线点坐标计算。下面以实例介绍导线近似平差计算方法。

（1）支导线计算

支导线是最简单的导线布设形式，主要用于图根控制点的测量。支导线是应用坐标正算的原理计算导线点的坐标。如图 7-5 所示支导线，已知 AB 边的方位角和 B 点坐标，测量了支导线的角度（左角）和边长，数据已填入表 7-2 中，利用表格计算各导线点的坐标。

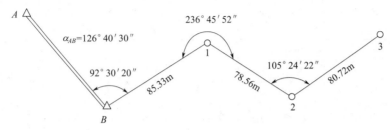

图 7-5　支导线略图

计算顺序和步骤如下。

① 导线边坐标方位角推导　根据相邻导线边坐标方位角的关系，由已知方向开始推出第一条导线边的方位角，以此类推计算出每一条导线边的方位角，由于测量的是左角，采用下面式子计算：

$$\alpha_{B1} = \alpha_{AB} + 92°30'20'' - 180° = 39°10'50''$$

$$\alpha_{12} = \alpha_{B1} + 236°45'52'' - 180° = 95°56'42''$$

$$\alpha_{23} = \alpha_{12} + 105°24'22'' - 180° = 21°21'04''$$

在方位角的推导中，如果计算结果大于 $360°$，应减去 $360°$；如果计算结果小于 $0°$，应加上 $360°$。这样得到的方位角才是正确的。

② 导线边坐标增量计算

$$\Delta x = D\cos\alpha , \Delta y = D\sin\alpha$$

$$\Delta x_{B1} = 85.33 \times \cos39°10'50'' = +66.14\text{m}$$

$$\Delta y_{B1} = 85.33 \times \sin39°10'50'' = +53.91\text{m}$$

$$\Delta x_{12} = 78.56 \times \cos95°56'42'' = -8.14\text{m}$$

$$\Delta y_{12} = 78.56 \times \sin95°56'42'' = +78.14\text{m}$$

$$\Delta x_{23} = 80.72 \times \cos21°21'04'' = +75.18\text{m}$$

$$\Delta y_{23} = 80.72 \times \sin21°21'04'' = +29.39\text{m}$$

③ 导线点坐标计算

$$x_1 = x_B + \Delta x_{B1} = 2009.50 + 66.14 = 2075.64\text{m}$$

$$y_1 = y_B + \Delta y_{B1} = 1577.42 + 53.91 = 1631.33\text{m}$$

$$x_2 = x_1 + \Delta x_{12} = 2075.64 - 8.14 = 2067.50\text{m}$$

$$y_2 = y_1 + \Delta y_{12} = 1631.33 + 78.14 = 1709.47\text{m}$$

$$x_3 = x_2 + \Delta x_{23} = 2067.50 + 75.18 = 2142.68\text{m}$$

$$y_3 = y_2 + \Delta y_{23} = 1709.47 + 29.39 = 1738.86\text{m}$$

在进行导线坐标计算时一般采用规范的表格完成，表格中的计算顺序按照上述过程进行。将计算结果填入表格相应位置，即完成计算。在表格中可以对中间计算过程进行检核，以检查计算过程中出现的错误。支导线计算如表 7-2 所示。

表 7-2　支导线计算表

点号	观测角度 。　′　″	坐标方位角 。　′　″	边长 /m	坐标增量/m		坐标/m	
				Δx	Δy	x	y
B	92　30　20	126　40　30				2009.50	1577.42
1	236　45　52	39　10　52	85.33	+66.14	+53.91	2075.64	1631.33
2	105　24　22	95　56　42	78.56	−8.14	+78.14	2067.50	1709.47
3		21　21　04	80.72	+75.18	+29.39	2142.68	1738.86

（2）闭合导线计算

闭合导线是一个闭合多边形，需要同时满足角度闭合条件和坐标闭合条件，因此在计算过程中要求对角度和坐标增量进行改正。下面按照表格的计算顺序讲解闭合导线的计算方法。在计算之前再次检查外业测量数据，确保无误后将观测角度和边长以及其他已知数据填入导线计算表格中相应位置，并绘制导线略图，如图 7-6(a) 所示，然后在表 7-3 中完成导线坐标计算。

① 角度闭合差的计算和调整分配　闭合导线多边形内角和的理论值为 $\sum\beta_{理} = (n-2)\times 180°$，由于测角误差的影响，角度测量值之和 $\sum\beta_{测}$ 与理论值 $\sum\beta_{理}$ 不相等，其差值称为角度闭合差，用 f_β 表示。

$$f_\beta = \sum\beta_{测} - \sum\beta_{理} = \sum\beta_{测} - (n-2)\times 180° \qquad (7\text{-}1)$$

当 $f_\beta \leqslant f_{\beta容}$ 时，说明角度测量误差满足规范的要求，才能对 f_β 进行调整分配。$f_{\beta容}$ 参照表 7-1 中角度闭合差的公式根据导线等级计算。f_β 的调整是将 f_β 反号平均分配到各观测角上进行计算，角度改正值为

$$v_\beta = -\frac{f_\beta}{n} \qquad (7\text{-}2)$$

改正之后的角度为

$$\beta_i' = \beta_i + v_\beta \qquad (7\text{-}3)$$

调整后的角度填入表 7-3 第 3 列，并应满足 $\sum\beta' = (n-2)\times 180°$，以此检查角度闭合差的分配计算是否正确。

② 导线边坐标方位角推算　根据导线点的编号和闭合导线的内角位于导线路线方向的左侧还是右侧，按照式（7-4）或式（7-5）以已知点上的已知方位角为起算方向依次计算各导线边的坐标方位角，并最后推算出起始方向的方位角，推算得到的起始方位角应和已知方位角相等，以此检查方位角计算是否有误。导线边方位角的计算结果填入表 7-3 第 4 列。

$$\alpha_{前} = \alpha_{后} + \beta_{左} - 180° \qquad (7\text{-}4)$$

$$\alpha_{前} = \alpha_{后} - \beta_{右} + 180° \qquad (7\text{-}5)$$

③ 坐标增量计算及其闭合差调整　导线边坐标增量的计算按照坐标正算的方法，分别计算相邻导线点之间的 x 和 y 方向的坐标增量，其中 $\Delta x = D\cos\alpha$，$\Delta y = D\sin\alpha$。导线边坐标增量计算结果填入表 7-3 第 6、7 列。闭合导线须满足坐标闭合条件，所以其纵横坐标增量总和理论上等于零，即

$$\sum\Delta x_{理}=0, \sum\Delta y_{理}=0 \tag{7-6}$$

但由于边长测量误差和角度改正之后的残余误差，实际的 $\sum\Delta x_{测}$、$\sum\Delta y_{测}$ 不等于零，其与理论值之差称为坐标增量闭合差，坐标增量闭合差在纵横坐标方向分别用 f_x 和 f_y 表示。

$$\begin{cases} f_x = \sum\Delta x_{测} - \sum\Delta x_{理} = \sum\Delta x_{测} \\ f_y = \sum\Delta y_{测} - \sum\Delta y_{理} = \sum\Delta y_{测} \end{cases} \tag{7-7}$$

由于闭合导线坐标增量闭合差在纵横坐标方向不等于零，使得闭合多边形没有闭合，产生了导线全长闭合差 f，如图 7-6(b) 所示，f 用下面公式计算：

$$f = \sqrt{f_x^2 + f_y^2} \tag{7-8}$$

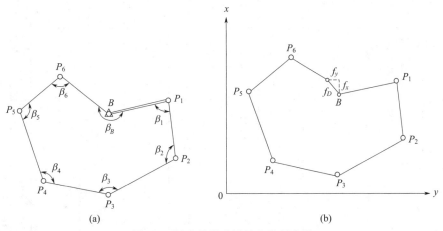

图 7-6　闭合导线略图及全长闭合差

导线全长闭合差 f 是导线计算推导的最后一点的位置与已知位置的差距，是一个绝对的距离值，它与导线的长度有关。在测量规范中通常采用导线全长相对闭合差 K 来衡量导线测量的精度。

$$K = \frac{f}{\sum D} = \frac{1}{\sum D / f} \tag{7-9}$$

其容许值根据导线等级有不同的要求，具体参见表 7-1。当 K 小于等于其容许值时，需要对每一条导线边的坐标增量施加改正，以满足导线的坐标闭合条件。导线边坐标增量改正数是将 f_x、f_y 反号按与边长成正比例计算得到，其计算公式为

$$\begin{cases} v_{xi} = -\dfrac{f_x}{\sum D}D_i \\ v_{yi} = -\dfrac{f_y}{\sum D}D_i \end{cases} \tag{7-10}$$

坐标增量改正数的计算取位应与坐标增量的取位精度一致，计算结果填入表 7-3 第 6、7 列。改正数的总和应与坐标增量闭合差在绝对值上相等，符号相反。将导线边的坐标增量与其改正数相加得到改正后的坐标增量填入表 7-3 第 8、9 列。

表7-3 闭合导线计算表

点号	观测角及改正数 ° ′ ″	改正后角度 ° ′ ″	坐标方位角 ° ′ ″	边长/m	坐标增量及改正数 Δx/m	坐标增量及改正数 Δy/m	改正后坐标增量 Δx/m	改正后坐标增量 Δy/m	坐标 x/m	坐标 y/m
1	2	3	4	5	6	7	8	9	10	11
B			77 56 08						1252.494	1308.106
				190.863	−0.013 +39.893	+0.010 +186.647	+39.880	+186.657		
P_1	84 58 32(−5)	84 58 27	172 57 41						1292.374	1494.763
				179.364	−0.012 −178.012	+0.010 +21.979	−178.024	+21.989		
P_2	110 31 49(−4)	110 31 45	242 25 56						1114.350	1516.752
				234.877	−0.016 −108.700	+0.012 −208.210	−108.716	−208.198		
P_3	141 08 13(−4)	141 08 09	281 17 47						1005.634	1308.554
				207.187	−0.014 +40.585	+0.011 −203.173	+40.571	−203.162		
P_4	120 30 20(−4)	120 30 16	340 47 31						1046.205	1105.392
				226.248	−0.015 +213.653	+0.012 −74.435	+213.638	−74.423		
P_5	110 23 13(−4)	110 23 09	50 24 22						1259.843	1030.969
				166.061	−0.011 +105.838	+0.009 +127.963	+105.827	+127.972		
P_6	103 13 12(−5)	103 13 07	127 11 15						1365.670	1158.941
				187.225	−0.012 −113.164	+0.010 +149.155	−113.176	+149.165		
B	229 15 11(−4)	229 15 07	77 56 08						1252.494	1308.106
P_1										
Σ	900 00 30	900 00 00		1391.825	+0.093	−0.074	0.000	0.000		

辅助计算：$f_\beta = \sum\beta - (n-2)\times 180° = 900°00'30'' - 900° = +30''$，$f_{\beta容} = \pm 16\sqrt{7} = \pm 42''$，$f_\beta < f_{\beta容}$

$f_x = \sum\Delta x_{测} = +0.093\text{m}$，$f_y = \sum\Delta y_{测} = -0.074\text{m}$，$f = \sqrt{f_x^2 + f_y^2} = 0.12\text{m}$，$K = f/(\sum D) = \dfrac{0.12}{1391.825} = \dfrac{1}{11598} < K_容 = \dfrac{1}{10000}$

④ 坐标计算 按照坐标正算的计算方法，从导线的起点（已知点）开始依次计算各导线点坐标直到起点，计算结果填入表 7-3 第 10、11 列。计算得出的起点坐标应和其已知坐标值相等，以此检查坐标计算是否正确。

（3）附合导线计算

根据附合导线的特点，附合导线的计算要满足两个条件，即以起始已知边方位角推导出的导线另一端已知边方位角需满足方位角闭合差条件，同时从导线一端已知点坐标推导出的另一端已知点坐标需满足坐标闭合差的条件。虽然附合导线的计算步骤与闭合导线相同，但在计算过程中为了满足这两个条件需要计算方位角闭合差和坐标增量闭合差。附合导线如图 7-7 所示，计算步骤参照闭合导线。下面主要说明与闭合导线计算不同的两点。

① 方位角闭合差 f_β 如图 7-7 所示，导线两端已知边的方位角分别为 α_{AB} 和 α_{CD}，通过 α_{AB} 和水平角可以计算出导线另一端已知边的方位角 α'_{CD}。根据水平角位于推算路线的左（右）侧，可以应用式（1-9）或式（1-12）计算导线边的方位角。

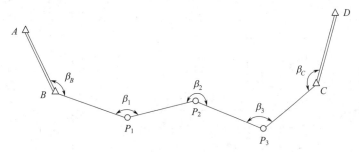

图 7-7 附合导线略图

由于角度测量存在误差，使得推算的 α'_{CD} 与已知的 α_{CD} 不相等，两者之差称为附合导线的方位角闭合差，即 $f_\beta = \alpha'_{CD} - \alpha_{CD}$。

$$\alpha'_{CD} = \alpha_{AB} + \beta_B + \beta_1 + \beta_2 + \beta_3 + \beta_C - 5 \times 180° \tag{7-11}$$

$$\alpha'_{CD} = \alpha_{AB} + \sum \beta - 5 \times 180° = 20°55'09'' \tag{7-12}$$

$$f_\beta = \alpha'_{CD} - \alpha_{CD} = 20°55'09'' - 20°55'31'' = -22'' \tag{7-13}$$

当附合导线方位角闭合差 f_β 小于 $f_{\beta容}$ 时，说明角度测量的精度满足规范的要求，可以对方位角闭合差 f_β 进行分配，分配的原则是：当测量的是左角时，f_β 反号平均分配到各观测角上；当测量的是右角时，f_β 平均分配到各测量角度上。

② 坐标增量闭合差 附合导线全长坐标增量的理论值等于终点坐标值减去起点坐标值，而其测量值等于各导线边在纵横坐标轴上的投影之和，坐标增量闭合差等于这两者之差。

$$\begin{cases} \sum \Delta x_{理} = x_{终} - x_{起} = x_C - x_B \\ \sum \Delta y_{理} = y_{终} - y_{起} = y_C - y_B \end{cases} \tag{7-14}$$

$$\begin{cases} f_x = \sum \Delta x_{测} - \sum \Delta x_{理} \\ f_y = \sum \Delta y_{测} - \sum \Delta y_{理} \end{cases} \tag{7-15}$$

附合导线计算过程如表 7-4 所示。

表 7-4　附合导线计算

| 点号 | 观测角及改正数 | 改正后角度 | 坐标方位角 | 边长/m | 坐标增量及改正数 | | 改正后坐标增量 | | 坐标 | |
1	2	3	4	5	Δx / m 6	Δy / m 7	Δx / m 8	Δy / m 9	x / m 10	y / m 11
A			146 28 21							
B	138 08 02(+5)	138 08 07	104 36 28	196.832	+0.003 −49.641	−0.033 +190.469	−49.638	+190.436	1694.267	2643.618
P₁	155 19 08(+4)	155 19 12	79 55 40	189.223	+0.002 +33.093	−0.033 +186.307	+33.095	+186.274	1644.629	2834.054
P₂	206 45 18(+4)	206 45 22	106 41 02	194.505	+0.003 −55.841	−0.033 +186.317	−55.838	+186.284	1677.724	3020.328
P₃	132 37 06(+5)	132 37 11	59 18 13	166.090	+0.002 +84.787	−0.028 +142.818	84.789	+142.790	1621.886	3206.612
C	141 37 14(+4)	141 37 18	20 55 31						1706.675	3349.402
D										
Σ	774 26 48			746.650	+12.398	705.911	+12.408	+705.784		

辅助计算：$f_\beta = \alpha'_{CD} - \alpha_{CD} = 20°55'09'' = 20°55'31'' = -22''$，$f_{\beta容} = \pm 24\sqrt{5} = \pm 54''$，$f_\beta < f_{\beta容}$

$f_x = \sum\Delta x_{测} - \sum\Delta x_{理} = 12.398 - 12.408 = -0.010(\text{m})$，$f_y = \sum\Delta y_{测} - \sum\Delta y_{理} = 705.911 - 705.784 = +0.127(\text{m})$

$f = \sqrt{f_x^2 + f_y^2} = 0.13\text{m}$，$K = f/\sum D = \dfrac{0.130}{746.650} = \dfrac{1}{5740} < K_{容} = \dfrac{1}{5000}$

7.3 交会定点测量

交会定点是通过测量交会点与已知控制点所构成的三角形的水平角和距离来计算交会点的坐标，一般分为前方交会、测边交会和后方交会。由于交会测量时选点灵活，因而成为控制点加密的常用方法。

（1）前方交会

如图7-8所示，P 点是交会点，在已知点 A、B 上安置全站仪测量水平角 α、β，交会点 P 与两已知点方向所夹的角度称为交会角 γ。根据相交直线方位角之间的关系，$\alpha_{AP} = \alpha_{AB} - \alpha$，$\alpha_{BP} = \alpha_{BA} + \beta$，$P$ 点的坐标即可由直线 AP 和 BP 交会得到。

通过推导得出 P 点坐标计算公式如下：

$$\begin{cases} x_P = \dfrac{x_A \cot\beta + x_B \cot\alpha + (y_B - y_A)}{\cot\alpha + \cot\beta} \\ y_P = \dfrac{y_A \cot\beta + y_B \cot\alpha + (x_A - x_B)}{\cot\alpha + \cot\beta} \end{cases}$$

$$(7\text{-}16)$$

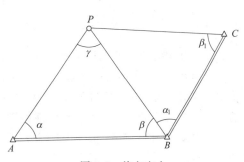

图 7-8　前方交会

在前方交会中，P 点坐标的精度受到交会角 γ 大小的影响，一般交会角应在 $30° \sim 120°$ 之间。在使用式（7-16）时点号和角度均需要按逆时针方向编号。为了提高 P 点坐标的精度和可靠性，一般要求在三个控制点上对 P 点同时进行交会测量，得到两组 P 点坐标，当两组坐标计算 P 点的位置之差 ΔD 在容许限差范围（取 2 倍比例尺精度）时，取它们的平均值作为 P 点的坐标。

$$\Delta D = \sqrt{\delta_x^2 + \delta_y^2} \leqslant 0.2M \, \text{mm}$$

$$(7\text{-}17)$$

式中，δ_x、δ_y 为两组坐标之差；M 为比例尺分母。

（2）测边交会

随着测距仪和全站仪的普及，距离测量的精度已经能够满足控制点加密的要求。测边交会通常采用三边交会方法利用高精度的距离测量值计算交会点的坐标。如图7-9所示，测量出待定点 P 到三个已知点 A、B、C 点的水平距离 a、b、c。P 点到三个已知点的距离中使用 a 和 c 计算 P 点坐标，b 用来检核坐标的精度。

首先计算出 AB 和 BC 边的边长 D_{AB}、D_{CB} 和方位角 α_{AB}、α_{CB}，利用余弦定理计算出 $\angle A$ 和 $\angle C$，然后根据相交直线之间方位角的关系计算出 α_{AP} 和 α_{CP}，最后由 A 和 C 点分别计算 P 点坐标，两组坐标较差在容许限差内时取其平均值作为 P 点坐标，通过 B、P 坐标反算差 BP 的边长，并与测量的距离 b 比较来检核 P 点坐标精度。

（3）后方边角交会

全站仪安置于待定点 P 上，对两个及以上的已知控制点进行水平角（α 和 β）、竖直角和水平距离（s_a、s_b、s_c）测量，并量取仪器高和目标高，即可计算得到待定点的坐标和高程，这种观测方法叫做边角后方交会法，又称为自由设站法，如图7-10所示。

后方交会的计算方法与测边交会基本相同，在计算过程中需要应用正弦定理或余弦定理计算已知点上的三角形角度，进而计算出已知点到待定点的方位角。它除了可以计算 P 点平面坐标外，由于观测了竖直角还可以计算 P 点的高程。现在很多全站仪都内置了后方交会的程序，在实际应用中，只需按照操作程序进行观测，仪器计算后待定点的坐标直接在全站仪的屏幕上显示出来。

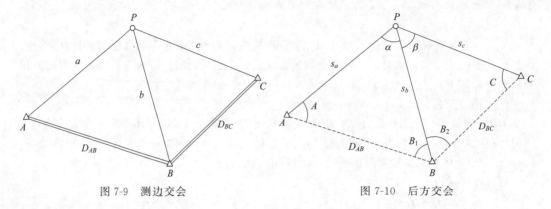

图 7-9　测边交会　　　　　　　　图 7-10　后方交会

首先利用坐标反算原理计算出 D_{AB}、D_{BC}、$\alpha_{AB}(\alpha_{BA})$、$\alpha_{BC}(\alpha_{CB})$，利用正弦定理和反三角函数计算出 $\angle A$、$\angle B_1$、$\angle B_2$、$\angle C$，由于计算得到的角度和观测的角度均包含有误差，需要对 $\triangle ABP$ 和 $\triangle BPC$ 的内角和进行检查，如果三角形角度闭合差在容许范围内，对角度闭合差反符号分配到各内角上，得到能够满足三角形内角和条件的角度；然后计算边 AP、BP、CP 边的坐标方位角，最后根据坐标正算方法计算出几组 P 点坐标，取其平均值作为 P 点坐标。

$$\begin{cases} \angle A = \arcsin\left(\dfrac{s_b}{D_{AB}} \times \sin\alpha\right) \\[2mm] \angle B_1 = \arcsin\left(\dfrac{s_a}{D_{AB}} \times \sin\alpha\right) \\[2mm] \angle B_2 = \arcsin\left(\dfrac{s_c}{D_{BC}} \times \sin\beta\right) \\[2mm] \angle C = \arcsin\left(\dfrac{s_b}{D_{BC}} \times \sin\beta\right) \end{cases} \tag{7-18}$$

$$\begin{cases} f_1 = (\angle A + \angle B_1 + \alpha) - 180° \\[2mm] f_2 = (\angle C + \angle B_2 + \beta) - 180° \end{cases} \tag{7-19}$$

$$\begin{cases} \angle \tilde{A} = \angle A - \dfrac{1}{3} f_1 \\[2mm] \angle \tilde{B}_1 = \angle B_1 - \dfrac{1}{3} f_1 \\[2mm] \angle \tilde{\alpha} = \angle \alpha - \dfrac{1}{3} f_1 \end{cases} \tag{7-20}$$

$$\begin{cases} \angle \tilde{C} = \angle C - \dfrac{1}{3} f_2 \\[2mm] \angle \tilde{B}_2 = \angle B_2 - \dfrac{1}{3} f_2 \\[2mm] \angle \tilde{\beta} = \angle \beta - \dfrac{1}{3} f_2 \end{cases} \tag{7-21}$$

$$\begin{cases} \alpha_{AP} = \alpha_{AB} - \angle \tilde{A} \\ \alpha_{BP} = \alpha_{BA} + \angle \tilde{B}_1 \\ \alpha_{CP} = \alpha_{CB} + \angle \tilde{C} \\ \alpha_{BP} = \alpha_{BC} + 360° - \angle \tilde{B}_2 \end{cases} \qquad (7\text{-}22)$$

α_{BP} 取两次计算的平均值，P 点的坐标取平均值为

$$\begin{cases} x_P = \dfrac{1}{3}(x_A + x_B + x_C + s_a \cos\alpha_{AP} + s_b \cos\alpha_{BP} + s_c \cos\alpha_{CP}) \\ y_P = \dfrac{1}{3}(y_A + y_B + y_C + s_a \sin\alpha_{AP} + s_b \sin\alpha_{BP} + s_c \sin\alpha_{CP}) \end{cases} \qquad (7\text{-}23)$$

7.4 三、四等水准测量

三、四等水准测量是在一、二等水准网的基础上进一步加密，根据需要在高等级水准网内布设附合路线、环线或结点网，直接为城镇建设、区域地形测量、工程测量提供必需的高程控制点。三、四等水准路线应沿有利于施测的公路、大路及坡度较小的乡村路布设，避开土质松软的地段且尽量避免跨越 500m 以上的河流、湖泊、沼泽等障碍物。水准点应选在土质坚实、安全僻静、观测方便和利于长期保存的地点。水准路线上，每隔 4～8km 应选取一个水准点并埋设普通水准标石一座，在人口稠密、经济发达地区可缩短为 2～4km，在城市建设区可 1～2km 选取一个水准点。

7.4.1 主要技术要求

三、四等水准测量的精度采用每公里测量的偶然中误差 M_Δ 和全中误差 M_W 表示，其中三等水准测量每公里偶然中误差 $M_\Delta \leqslant \pm 3\text{mm}$，全中误差 $M_W \leqslant \pm 6\text{mm}$；四等水准测量每公里偶然中误差 $M_\Delta \leqslant \pm 5\text{mm}$，全中误差 $M_W \leqslant \pm 10\text{mm}$。根据《国家三、四等水准测量规范》（GB/T 12898—2009）的规定，三、四等水准测量的主要技术要求如表 7-5 所示。

表 7-5 三、四等水准测量技术指标

等级	水准仪	水准尺	视线高/m	视线长度/m	前后视距差/m	前后视距累计差/m	红黑面读数差/mm	红黑面高差之差/mm	观测次数		往返较差、附合或闭合路线闭合差	
									与已知点连测	附合或闭合路线	平地/mm	山地/mm
三	DS1 DS05	钢瓦	三丝能读数	≤100	≤2	≤5	≤1	≤1.5	往返各一次	往一次	±12$\sqrt{L}$	±4$\sqrt{n}$
	DS3	双面		≤75			≤2	≤3		往返各一次		
四	DS1 DS05	钢瓦	三丝能读数	≤150	≤3	≤10	≤3	≤5	往返各一次	往一次	±20$\sqrt{L}$	±6$\sqrt{n}$
	DS3	双面		≤100								

注：L 为水准路线长度，以 km 为单位计；n 为测站数。

当采用 DS3 级以上的数字水准仪进行三、四等水准测量观测时，应满足表 7-5 中 DS1、DS05 级光学水准仪的要求，并且数字水准仪在观测时重复测量次数分别不低于 3 次和 2 次（相位法数字水准仪重复测量次数可相应减少 1 次）。采用数字水准仪进行观测，当地面震动较大时，应暂时停止测量，直到震动消失，无法回避时应随时增加重复测量次数。

7.4.2 测站观测程序与记录

三、四等水准测量采用双面尺法观测。四等水准测量的观测程序为"后—后—前—前"，即按以下步骤进行并记录观测数据（表 7-6）：

① 安置整平水准仪；

② 瞄准后尺黑面，精平，读取下、上、中丝读数，记入测量手簿（1）、（2）、（3）栏；

③ 瞄准后尺红面，精平，读取中丝读数，记入测量手簿（4）栏；

④ 瞄准前尺黑面，精平，读取下、上、中丝读数，记入测量手簿（5）、（6）、（7）栏；

⑤ 瞄准前尺红面，精平，读取中丝读数，记入测量手簿（8）栏。

表 7-6 四等水准测量手簿

测站编号	测点点号	后尺 下丝 上丝	前尺 下丝 上丝	方向及尺号	中丝读数/m		K+黑一红/mm	高差中数/m	备注
		后视距/m	前视距/m		黑面	红面			
		视距差 Δd	$\Sigma \Delta d$						
		(1)	(5)	后-	(3)	(4)	(13)	(18)	
		(2)	(6)	前-	(7)	(8)	(14)		
		(9)	(10)	后-前	(15)	(16)	(17)		
		(11)	(12)						
1	BMA — ZD1	1.128	1.016	后-1	1.512	6.198	+1	+0.1245	
		1.897	1.757	前-2	1.388	6.173	+2		
		76.9	74.1	后-前	0.124	0.025	—1		
		2.8	2.8						
2	ZD1 — ZD2	0.965	1.137	后-2	1.337	6.123	+1	—0.1725	K 为水准尺常数，$K_1 = 4.687$ $K_2 = 4.787$
		1.709	1.882	前-1	1.509	6.196	0		
		74.4	74.5	后-前	—0.172	—0.073	+1		
		—0.1	2.7						
3	ZD2 — ZD3	1.018	0.984	后-1	1.383	6.069	+1	+0.0350	
		1.749	1.713	前-2	1.348	6.134	+1		
		73.1	72.9	后-前	0.035	—0.06	0		
		0.2	2.9						
4	ZD3 — ZD4	0.898	0.459	后-2	1.218	6.004	+1	+0.4490	
		1.535	1.078	前-1	0.769	5.455	+1		
		63.7	61.9	后-前	0.449	0.549	0		
		1.8	4.7						

测站编号	测点点号	后尺 下丝 上丝	前尺 下丝 上丝	方向及尺号	中丝读数/m 黑面	中丝读数/m 红面	K+黑－红/mm	高差中数/m	备注
		后视距/m	前视距/m						
		视距差 Δd	ΣΔd						
5	ZD4 | ZD5	1.397	0.982	后-1	1.758	6.447	－2	+0.411	K 为水准尺常数，$K_1=4.687$ $K_2=4.787$
		2.121	1.713	前-2	1.348	6.135	0		
		72.4	73.1	后-前	0.410	0.312	－2		
		－0.7	4.0						

每页校核	$\sum(9)=360.5$ $\sum(10)=356.5$ $\sum(9)-\sum(10)=4.0$ $L=\sum(9)+\sum(10)=717$	$\sum(3)=7.208$ $\sum(7)=6.362$ $\sum(4)=30.841$ $\sum(8)=30.093$ $\sum h_黑=\sum(15)=\sum(3)-\sum(7)=7.208-6.362=0.846$ $\sum h_红=\sum(16)=\sum(4)-\sum(8)=30.841-30.093=0.748$ $(\sum h_黑+\sum h_红+0.1)/2=(\sum(15)+\sum(16)+0.1)/2=0.847$ $\sum h_中=\sum(18)=0.847$ 计算无误

三等水准测量的观测程序为"后—前—前—后"。采用这样观测顺序的目的主要为了减小测站仪器和转点上水准尺随观测时间所引起的沉降误差的影响。三、四等水准测量过程中观测记录和测站计算检核同步进行，记录人员在观测结束后根据计算检核结果判断观测数据是否合格，能否搬站，只有各项限差满足规范要求后，才能搬站。

7.4.3 测站计算与检核

（1）视距计算与检核

后视距：$(9)=[(1)-(2)]\times100$

前视距：$(10)=[(5)-(6)]\times100$

前后视距差 Δd：$(11)=(9)-(10)\leqslant\pm3m$

前后视距累计差 $\sum\Delta d$：$(12)=$ 本站$(11)+$上站$(12)\leqslant\pm10m$。每站的前后视距、前后视距差和前后视距累计差均应满足表 7-5 的规定。每站安置仪器时尽可能前后视距相等。

（2）读数检核

前、后视标尺红黑面零点常数为 K_2、K_1，表 7-5 中 $K_2=4.787$，$K_1=4.687$，同一水准尺的红黑面读数差为

后视尺：$(13)=(3)+K_1-(4)\leqslant\pm3mm$

前视尺：$(14)=(7)+K_2-(8)\leqslant\pm3mm$

每站计算的 (13)、(14) 均应满足表 7-5 的要求，否则重测。

（3）高差计算与检核

黑面高差：$(15)=(3)-(7)$

红面高差：$(16)=(4)-(8)$

红黑面高差之差：$(17)=(15)-[(16)\pm100mm]\leqslant\pm5mm$

测站高差中数取红黑面高差平均值：$(18)=[(15)+(16)\pm100mm]/2$

（4）全路线计算与检核

在四等水准测量过程中，需要对记录手簿按每一页或测段的高差进行检核计算，当全路线观测完成后，需要把每测段或每一页的高差进行累积计算得到路线总的测量高差 $\sum h_测$，并根据路线布设形式计算路线高差闭合差 f_h，进行成果检核。其高差闭合差 f_h 应符合

表 7-5 的规定。在 $f_h \leqslant f_{h\,容}$ 条件下对路线的闭合差 f_h 进行调整计算得出路线上各水准点的高程。

$$\sum(15) = \sum(3) - \sum(7), \sum(16) = \sum(4) - \sum(8)$$

当为偶数站时

$$\sum(15) + \sum(16) = \sum[(3)+(4)] - \sum[(7)+(8)] = 2\sum(18)$$

当为奇数站时

$$\sum(15) + \sum(16) = \sum[(3)+(4)] - \sum[(7)+(8)] \pm 100\text{mm} = 2\sum(18)$$

视距检核，后视距总和与前视距总和之差应等于最后一站前后视距差累积值。检核无误后，计算水准路线总长度 $L = \sum(9) + \sum(10)$。

三等水准测量的测站计算与检核方法和四等水准测量类似。

7.5 三角高程测量

水准测量能够以较高的精度测量两点之间的高差，但在地形起伏较大的山区水准测量受到较大的限制，不仅工作效率较低，而且测量误差也会随着测站数的增加而变大。对于这种地面高差较大的地区更适合采用三角高程测量两点之间的高差。三角高程测量方法简单，在山区地形条件下工作效率较高，按照测量规范的操作测量也能达到较高的精度。大量实践证明采用光电三角高程测量能够达到四等水准测量的精度。

7.5.1 三角高程测量的原理

如图 7-11 所示，需测量地面点 A、B 两点之间的高差 h_{AB}。在 A 点安置仪器，照准 B 点处的觇标或棱镜，测量竖直角 α，量取仪器高 i 和觇标高 v，如果使用全站仪或者测距仪可以直接测量 AB 斜距 S 或水平距离 D。AB 两点之间的高差 h_{AB} 则为

$$h_{AB} = S\sin\alpha + i_A - v_B \tag{7-24}$$

$$h_{AB} = D\tan\alpha + i_A - v_B \tag{7-25}$$

式中，$D = S\cos\alpha$。

若已知 A 点高程，则 B 点高程为

$$H_B = H_A + h_{AB} = H_A + D\tan\alpha + i_A - v_B \tag{7-26}$$

当两点之间距离较近时，可以直接采用上面的公式计算高差。当两点之间的距离较远时（$\geqslant 300\text{m}$），两点之间的高差测量必须考虑地球曲率和大气折光的影响，如图 7-12 所示。

地球曲率对高差的影响见第 1 章 1.6.2 节内容。由于地球表面大气密度随着高度的增加而降低，当光线通过由下而上密度变化的大气层时，光线产生了折射，形成凹向地面的连续曲线，称为大气折光。由于大气折光的影响，使得测量的竖直角偏大，因此需要对计算的高差加以改正。地球曲率和大气折光对高差影响的改正分别用 f_1 和 f_2 表示。

$$f_1 = D^2/2R \tag{7-27}$$

$$f_2 = -kD^2/2R \tag{7-28}$$

式中，k 为大气折光系数，一般取 $k = 0.14$。

地球曲率和大气折光对高差影响合并称为球气差影响，又称为两差改正，用 f 表示，则有

$$f = f_1 + f_2 = (1-k)\frac{D^2}{2R} = 0.43\frac{D^2}{R} \tag{7-29}$$

高差测量顾及球气差的影响时，采用三角高程测量两点之间的高差为

$$h_{AB} = S\sin\alpha + i_A - v_B + f_A \tag{7-30}$$

$$h_{AB} = D\tan\alpha + i_A - v_B + f_A \tag{7-31}$$

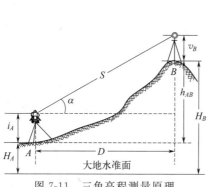

图 7-11　三角高程测量原理

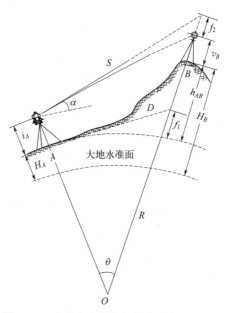

图 7-12　地球曲率和大气折光对高差的影响

7.5.2　三角高程控制测量的技术要求

为了消除或削弱地球曲率和大气折光对高差测量的影响，在三角高程控制测量中要求进行对向观测，即由 A 向 B 观测得到 h_{AB}，由 B 向 A 观测得到 h_{BA}，当 h_{AB} 和 h_{BA} 的较差 Δh 在容许值范围内，取它们的平均值作为 A 到 B 的高差。

$$\overline{h}_{AB} = \frac{1}{2}(h_{AB} - h_{BA}) = \frac{1}{2}\left[(D\tan\alpha_A - D\tan\alpha_B) + (i_A - i_B) + (v_A - v_B) + (f_A - f_B)\right] \tag{7-32}$$

在外业观测时，外界气象条件基本相同，f_A 和 f_B 相等，公式中最后一项抵消为零，即消除了球气差的影响。

$$\overline{h}_{AB} = \frac{1}{2}\left[D(\tan\alpha_A - \tan\alpha_B) + (i_A - i_B) + (v_A - v_B)\right] \tag{7-33}$$

在控制测量作业时，三角高程控制测量与平面控制测量同步进行，即通过三角高程测量确定各平面控制点的高程。平面控制网的形式决定了高程控制网的网形，三角高程控制网一般布设为三角高程网或者高程导线（网）。为了保证三角高程控制网的精度，一般采用四等水准测量联测到水准点上，以水准点作为控制网的起算点。现在全站仪距离和竖直角测量均能获得较高精度，全站仪光电测距三角高程测量在山区和丘陵地区工作效率高，已经成为高程控制测量的常用方法。根据《工程测量标准》（GB 50026—2020），全站仪光电测距四、五等三角高程测量的主要技术要求应符合表 7-7 和表 7-8 的规定。

表 7-7　光电测距三角高程测量的主要技术要求

等级	每千米高差全中误差/mm	边长/km	观测方式	对向观测高差较差/mm	附合或环形闭合差/mm
四等	10	≤1	对向观测	$\pm40\sqrt{D}$	$\pm20\sqrt{\sum D}$
五等	15	≤1	对向观测	$\pm60\sqrt{D}$	$\pm30\sqrt{\sum D}$

注：1. D 为测距边的长度。

2. 起讫点的精度等级，四等应起讫于不低于三等水准的高程点上，五等应起讫于不低于四等的高程点上。

3. 路线长度不应超过相应等级水准路线的总长度。

表 7-8　光电测距三角高程观测的主要技术要求

等级	垂直角观测				边长测量	
	仪器精度等级	测回数	指标差较差/″	测回较差/″	仪器精度等级	观测次数
四等	2″级仪器	3	≤7″	≤7″	10mm	往返各一次
五等	2″级仪器	2	≤10″	≤10″	10mm	往一次

7.5.3　全站仪三角高程导线测量的计算

全站仪三角高程测量要求对向观测，对向观测又称为直返觇观测，通常把沿着从已知高程点到导线点的测量方向叫直觇，其反方向称为返觇。垂直角和距离的对向观测，当直觇完成后应即刻迁站进行返觇测量，直返觇的高差应进行地球曲率和大气折光的改正，然后进行直返觇高差较差的计算。

全站仪三角高程导线测量是全站仪导线测量的外业工作之一，其目的是通过三角高程测量得到各导线点的高程。测量方法采用对向观测，测量测站点至照准目标的距离和天顶距（竖直角），量取仪器高和目标高。在测量时为了提高工作效率和减小对中误差的影响，可采用三联脚架法进行。

全站仪三角高程导线高差的计算实例如表 7-9 所示。导线边高差计算完成后再计算路线的总高差和路线的高差闭合差，按照水准路线高差闭合差分配方法进行闭合差的分配和高程的计算。

表 7-9　全站仪三角高程导线直返觇高差计算

测站点	HY02	A12	A12	A11	A11	A10	A10	A09
觇点	A12	HY02	A11	A12	A10	A11	A09	A10
觇法	直	返	直	返	直	返	直	返
α	+9°27′04″	−9°27′18″	−7°30′34″	+7°30′37″	+7°39′06″	−7°39′42″	−4°19′51″	+4°19′40″
S/m	492.790	492.794	496.158	496.160	800.404	800.419	854.853	854.862
$h'=S\sin\alpha$/m	+80.919	−80.953	−64.890	+64.850	+106.574	−106.714	−64.554	+64.510
i/m	1.493	1.521	1.521	1.493	1.458	1.582	1.531	1.551
v/m	1.534	1.485	1.517	1.505	1.538	1.451	1.621	1.529
$f=0.43D^2/R$/m	0.016	0.016	0.016	0.016	0.042	0.042	0.049	0.049
$h=h'+i-v+f$/m	+80.894	−80.901	−64.870	+64.854	+106.536	−106.541	−64.595	+64.581
Δh/mm	−7		−16		−5		−14	
$\Delta h_{容}$/mm	±27.88		±28		±35.6		±36.9	
$h_{平均}$/m	+80.898		−64.862		+106.538		−64.588	

7.6 GNSS 在控制测量中的应用

7.6.1 GNSS 控制测量概述

目前 GNSS 定位技术已广泛应用于大地测量、工程测量、变形监测、不动产测绘等各种不同的测量领域中。GNSS 静态相对定位已经取代传统控制测量方法，成为了建立各种精度等级测量控制网的主要技术手段。GNSS 定位技术有静态相对定位和 GNSS RTK 动态定位两种测量模式，用于建立测量控制网。

（1）GNSS 静态测量的特点和优势

与传统的建立测量控制网的常规方法比较，运用 GNSS 静态测量技术建立控制网有以下的特点和优势。

① 选点灵活、不需要造标、费用低。GNSS 测量控制点之间无需通视，不需要建造测量观测钢标，作业成本低。

② 全天候、全时段作业。GNSS 测量观测不受气候条件限制，且 24 小时都可观测，观测效率高。

③ 观测时间短。对于一般精度等级的测量控制网，在每个测站上每个时段的观测时间为 1 小时左右。如果采用快速静态测量，观测时间更短。

④ 观测与数据处理自动化。采用 GNSS 布设控制网，只需要作业人员进行一些简单的设置和记录，数据的采集观测自动完成，数据后续处理自动化程度高。

⑤ 能够直接获取测站三维坐标。通过观测，GNSS 接收机可以直接输出测站点的三维坐标，比常规测量方法具有更大的优势。

⑥ 测量精度高。GNSS 基线向量的相对精度较高，一般可以达到 $10^{-5} \sim 10^{-9}$ 的精度，常规方法无法达到这样的精度。

（2）GNSS 静态测量中的几个术语定义

① 观测时段。GNSS 接收机在测站上开始接收卫星信号到停止接收信号，连续观测的时间间隔称为观测时段。

② 同步观测。两台或两台以上 GNSS 接收机在同一个观测时段观测接收同一组卫星的信号，称为同步观测。与同步观测相对的是非同步观测。

③ 基线向量。由两台或两台以上接收机在同步观测时段获得的接收机之间的距离向量。基线向量可以分解为三维坐标差。

④ 同步环。由三台或三台以上接收机在同步观测时段获得的基线向量构成的闭合环。

⑤ 异步环。由非同步观测获得的基线向量构成的闭合环。

⑥ 独立基线。如果一组基线向量中任一基线都不能用该组中其他基线向量的线性组合来表示，则该组基线向量就是一组独立的基线向量，其中任一向量相互独立。

⑦ 必要基线。确定 GNSS 控制网中所有点位之间的相对关系所需的基线向量数就是网的必要基线。

⑧ 环闭合差。组成闭合环的基线向量按同一方向的矢量和，称为环闭合差。按照观测时段分为同步环闭合差和异步环闭合差。环闭合差可以分解成三个方向坐标闭合差。

7.6.2 GNSS 控制网技术设计

GNSS 控制网采用静态相对定位技术进行测量。这就要求两台及以上的 GNSS 接收机在同一时间段内同时连续跟踪同一组卫星，接收卫星的信号，实施同步观测。

（1）技术设计依据

GNSS 控制网技术设计应根据控制网的用途和测量任务书，按照国家和行业部门颁布的 GNSS 测量规范《全球定位系统（GPS）测量规范》（GB/T 18314—2009），对控制网的网形、基准、精度以及观测时段、观测时长、采样间隔、卫星截止高度角等做出具体规定和要求。

（2）控制网的精度

控制网的精度需根据工程用途和要求选择，网的精度满足工程需要即可。《全球定位系统（GPS）测量规范》（GB/T 18314—2009）按照精度和用途将 GNSS 测量控制网分为 A 级、B 级、C 级、D 级和 E 级。其中 C 级网可用于建立三等大地控制网和区域、城市及工程测量控制网，D 级网相当于四等控制网的精度，E 级网相当于一级控制网的精度。对于中小城市、城镇以及测图、地籍测量、房产测绘、建筑施工和一般工程测量可根据需要选择 D 级和 E 级控制网。C 级、D 级和 E 级 GNSS 控制网的精度要求见表 7-10。

表 7-10　C 级、D 级、E 级 GNSS 控制网的精度指标

等级	相邻点基线分量中误差		相邻点平均距离/km
	水平分量/mm	垂直分量/mm	
C	10	20	20
D	20	40	5
E	20	40	3

（3）控制网网形

GNSS 网是由所有观测时段的同步观测基线图形组合构成。GNSS 控制网的布设就是将各个同步图形按照观测顺序合理地构成一个有机整体，使之达到精度高、可靠性强且作业量和费用少的要求。如图 7-13 所示，以三台接收机为例，GNSS 静态测量控制网的布设按照构网形式分为点连式网、边连式网以及边点混合网。在工程测量中为了满足控制网精度、几何强度的要求，一般选择边连式布设。边连式布网形式有较多的非同步闭合条件和大量的重复基线，具有良好的自检能力，能够发现测量中的粗差，具有较高的可靠性。

点连式　　　　　　　　边连式　　　　　　　　边点连式

图 7-13　GNSS 静态控制网网形

GNSS 定位测量所得到的控制点坐标属于 WGS-84 大地坐标系。为了将它们转换成国家或地方坐标系和高程，在 GNSS 网设计时一定要考虑联测一定数量的高等级控制点和高程基准点。GNSS 网联测的高等级控制点和高程基准点应分布均匀，数量在两个及以上，才能满足坐标转换的精度要求。

测／量／学

GNSS 网应联测两个及以上地面控制点，其中一个控制点作为 GNSS 网在地面网坐标系的定位起算点，两个点之间的距离和方位作为 GNSS 网在地面坐标系的长度和定向的起算数据。测量实践表明，应联测 3~5 个精度较高、分布合理、具有国家或地方坐标的控制点作为 GNSS 网的一部分，如果测区较大，还应适当增加联测点。

GNSS 网联测的高程基准点应在两个及以上，高程基准点大部分应分布在网的周围，少量位于网的中间，才能较好地将 GNSS 测量的大地高转换为水准高。在计算时用数值拟合出测区的似大地水准面，继而内插出其他 GNSS 控制点的高程异常，再求出正常高。

7.6.3 选点及观测

GNSS 观测时通过接收天空卫星信号实现定位测量，不要求测站点之间通视。为了满足测量项目的需要，观测时能够更好接收来自卫星的信号，避免测站周围环境对信号的影响，在选择控制点时应考虑以下因素。

① 点位布设应均匀分布在测区范围，保证后续测量的精度。

② 顾及后续使用其他测量仪器（例如全站仪等），需要有一定数量的控制点保持通视。

③ 点位应选在交通方便，便于安置仪器的地方。测站周围应视野开阔、高度角 15° 以上不应有障碍物。

④ 应远离大功率无线电发射源（如电台、网络基站等）和高压输电线，以避免周围电磁场对 GNSS 信号的干扰。

⑤ 点位附近不应有对电磁信号反射强烈的物体，如大面积水域、镜面建筑物等，以减弱多路径效应的影响。

⑥ 点位应选在地面坚固、不易被破坏、易于保存的地方。

⑦ 点位选定后，按要求绘制点之记，说明点位交通情况等。

选点之后，如果控制点需要长期保存，需要埋设固定标石。如果在地面上有坚硬的岩石且符合上述选点条件，也可在岩石上凿刻控制点标志。

在观测之前应下载观测时段的星历文件，查看卫星分布情况。应选择卫星分布好、点位几何强度高的时段进行观测。点位几何强度是反映不同观测的卫星与测站所构成的几何图形形状与定位精度关系的数值，用 PDOP（position dilution of precision）表示。PDOP 值越小，说明几何强度越好。一般要求，观测时卫星高度角不小于 15°，PDOP 不宜大于 6。

按照控制网设计网形和规划观测计划，推进同步观测。在不同时段的同步观测之间应保证一定的重复观测基线，观测时长、采样间隔和截止高度角等应满足相应等级控制网的规定。GNSS 观测步骤如下。

① 应严格按照计划的时间进行作业，以保证同步观测时间。

② 安置天线：将天线固定在脚架上，进行对中整平后，天线定向标志线应指向正北方向。观测前后各量取天线高，两次较差应不大于 3mm，取其平均值。

③ 开机调整到静态观测模式，查看仪器电池状态和锁定卫星情况。

④ 在启动观测，仪器进入正常观测状态后，填写观测记录，包括控制点点名、接收机序号、仪器高、开关机时间等信息。

同步观测时间满足规定后，按照作业计划准备下一时段的观测。

7.6.4 观测数据的处理

GNSS 静态观测数据处理包括数据预处理、基线解算、基线成果检查、基线向量自由网平差计算和约束平差等步骤。

（1）数据预处理

数据预处理的目的是对观测数据进行平滑滤波检验，剔除粗差，统一数据文件格式并将各类数据文件转换成标准文件，优化 GNSS 卫星轨道方程，采用多项式拟合观测时段的星历数据，探测整周跳变并修复观测值，对观测值进行大气折射模型等改正。

（2）基线向量解算

基线解算按同步观测时段为单位进行。对于 B、C 级 GNSS 网，基线解算可采用双差解、单差解。D、E 级 GNSS 网根据基线长度允许采用不同的数据处理模型。但是长度小于 15km，应采用双差固定解。长度大于 15km 可在双差固定解和双差浮点解中选择最优结果。

在实际测量时，同时参加作业的 GNSS 接收机通常都是两台以上，因此在同一观测时段多个测站对同一组卫星进行了同步观测，能够解算多条基线向量，每条基线向量能够分解成三个方向的基线分量。将不同时段观测的基线向量构成 GNSS 基线向量网。

基线解算后，应对基线构成的同步环、异步环和重复基线进行检验，满足同步环各坐标分量闭合差及环线全长闭合差、异步环坐标分量闭合差及环线全长闭合差和复测基线长度较差的规范要求。由于构成同步环的基线之间是相关观测值，因此同步环闭合差不能作为衡量精度的指标，但是它反映了野外观测质量和条件的好坏；异步环闭合差和重复基线较差可作为衡量 GNSS 网精度、检验粗差和系统误差的重要指标。

（3）GNSS 基线向量网平差

根据平差采用的坐标空间维度，可将 GNSS 网平差分为三维平差和二维平差，根据平差时所采用的观测值和起算数据的类型，可将 GNSS 网平差分为无约束平差、约束平差和联合平差等。

① GNSS 网的三维平差是在地心三维空间直角坐标系或三维空间大坐标系下进行，观测值为三维空间中的基线向量，解算出的成果为控制点的三维空间坐标。为了简化计算，GNSS 网的三维平差通常在 GNSS 网单独平差的基础上进行。二维平差在二维平面坐标系下进行，观测值为二维基线向量，解算出的结果为控制点的二维平面坐标。

② GNSS 网无约束平差时，不引入外部起算数据，只在 WGS-84 坐标系下进行差计算。此时可进行 GNSS 网的三维平差计算和二维平差计算。无约束平差结果反映 GNSS 网内部精度。

③ GNSS 网约束平差是将联测的平面控制点作为平差计算的起算数据，进行平差计算。根据提供的起算数据的类型，可分为网的三维平差和二维平差。约束平差就是强制性地把 GNSS 网置于指定的坐标系下，通过坐标转换和平差计算得到控制点的本地坐标。

④ GNSS 网联合平差所采用的观测值除了 GNSS 观测值以外，还采用了地面常规观测值，包括地面观测的边长、方向、角度等。进行联合平差处理数据量较大，处理过程较复杂。

基线解算完成并基线成果检验合格后，按照无约束平差和约束平差的处理顺序对 GNSS 网进行计算处理，最后得到每个控制点的国家或地方坐标系下的坐标和正常高。

7.6.5 GNSS RTK 控制测量

GNSS RTK 又称为实时动态相对定位，是根据两台及以上 GNSS 接收机的观测数据来确定与移动用户之间的相对位置的方法。在进行 RTK 作业时，位于基准站的 GNSS 接收机通过数据通信链路（如无线电台、移动网络等）实时将载波相位观测值以及基准站坐标等信息，按照 RTCM 等协议规定的格式，以二进制数据流形式播发给附近工作的流动站用户。

流动站用户根据基准站播发的信息和本机自己采集的载波相位观测值，利用 RTK 数据处理软件进行实时解算定位，计算得到用户的三维坐标。图 7-14 是南方卫星导航仪器有限公司的产品 GNSS 测量仪器银河 6 测量系统，该系统由主机、手簿、配件三大部分组成。

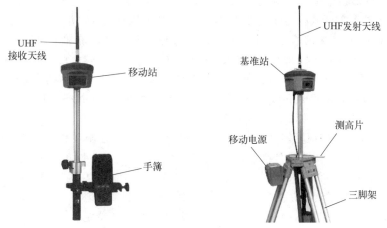

图 7-14　GNSS RTK 硬件组成系统

　　GNSS RTK 测量作业模式如图 7-15 所示，基准站和流动站同步观测同一组卫星信号，流动站实时对载波相位观测值进行差分处理后，得到基准站和流动站基线向量（ΔX，ΔY，ΔZ），基线向量加上基准站坐标得到流动站的 WGS-84 坐标，通过坐标转换得到流动站的平面坐标（x,y）和高程 h。

　　图 7-15 所示的作业模式称为单基站模式。单基站模式受到数据通信链的限制，作业距离一般为 10km 左右。随着作业距离的增加，卫星的轨道误差和电离层延迟误差等空间相关性降低，导致距离测量时整周模糊度参数不能确定。除此之外，在 RTK 定位测量中只根据一个基准站来确定，测量得到的坐标可靠性差，精度无法得到保证。

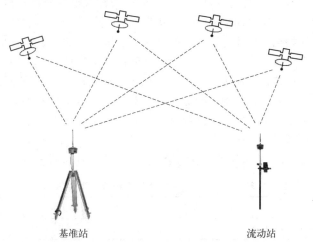

图 7-15　GNSS RTK 测量系统的作业模式

　　GNSS RTK 技术从 21 世纪初广泛应用以来，技术在不断发展和更新，目前工程应用中更多采用的是网络 RTK 测量。网络 RTK 是指在一定范围区域内建立多个能够覆盖区域范围的参考站（即基准站），并对 GNSS 导航卫星进行连续跟踪观测，通过这些站点组成卫星定位观测值的网络解算，获取覆盖该地区和该时间段的 RTK 改正参数，用于该区域内 RTK

用户进行实时 RTK 改正的定位方式。网络 RTK 是一种集 GNSS 技术、计算机网络通信与管理技术和计算机编程等技术为一体的地理空间数据实时服务综合系统。网络 RTK 定位技术是通过多个 CORS 站 (continuously operating reference stations，连续运行参考站) 的跟踪数据建立控制区域内电离层、对流层和卫星轨道误差模型，用于内插改正流动站的观测数据，使 CORS 站覆盖区域内的任何流动站都能进行厘米级高精度定位。

目前网络 RTK 覆盖的信号有全国范围的千寻位置 CORS 系统和中国移动 CORS 系统、各省级区域的 CORS 系统以及城市 CORS 系统。除此之外几个较大的卫星导航设备生产商 (南方、中海达和华测) 建立了自己的 CORS 系统。GNSS RTK 技术测量的精度已能够达到平面 10mm＋2ppm，高程 20mm＋2ppm。在这样的技术条件下 GNSS RTK 技术广泛用于控制测量、工程测量、数字测图、航测遥感等工作中。

RTK 平面控制点按精度划分等级为：一级控制点、二级控制点和三级控制点。RTK 高程控制点按精度划分等级为等外高程控制点。一级、二级、三级平面控制点及等外高程控制点适用于布设外业数字测图和摄影测量与遥感的控制基础，可以作为图根测量、像片控制测量、碎部点数据采集的起算依据。有条件采用网络 RTK 测量的地区，宜优先采用网络 RTK 技术测量。RTK 平面控制点测量主要技术要求应符合表 7-11 规定。

表 7-11　RTK 平面控制点测量主要技术要求

等级	相邻点平均边长/m	点位中误差/cm	边长相对中误差	与基准站距离/km	观测次数	起算点等级
一级	500	≤±5	≤1/20000	≤5	≥4	四等及以上
二级	300	≤±5	≤1/10000	≤5	≥3	一级及以上
三级	200	≤±5	≤1/6000	≤5	≥2	二级及以上

注：1. 点位中误差指控制点相对于最近基准站的误差。

2. 采用单基准站 RTK 测量一级控制点需至少更换一次基准站进行观测，每站观测次数不少于 2 次。

3. 采用网络 RTK 测量各级平面控制点可不受流动站到基准站距离的限制，但应在网络有效服务范围内。

4. 相邻点间距离不宜小于该等级平均边长的 1/2。

RTK 平面控制点的测量观测主要有以下规定，观测开始前应对仪器进行初始化，并得到固定解，当长时间不能获得固定解时，宜断开通信链路，再次进行初始化操作；每次观测之间流动站应重新初始化；作业过程中，如出现卫星信号失锁，应重新初始化，并经重合点测量检测合格后，方能继续作业；作业开始前或重新架设基准站后，均应进行至少一个同等级或高等级已知点的检核，平面坐标较差不应大于 7cm；RTK 平面控制点测量流动站观测时应采用三脚架对中、整平，每次观测历元数应不少于 20 个，采样间隔 2～5s，各次测量的平面坐标较差应不大于 4cm；取各次测量的平面坐标中数作为最终结果。

RTK 高程控制点的埋设一般与 RTK 平面控制点同步进行，标石可以重合，重合时应采用圆头带十字的标志。RTK 高程控制点测量主要技术要求应符合表 7-12 规定。

表 7-12　RTK 高程控制点测量技术要求

大地高中误差/cm	与基准站的距离/km	观测次数	起算点等级
≤±3	≤5	≥3	四等及以上水准

注：1. 地高中误差指控制点大地高相对于最近基准站的误差。

2. 网络 RTK 高程控制测量可不受流动站到基准站距离的限制，应在网络有效服务范围内。

RTK 高程控制点测量设置高程收敛精度不应大于 3cm，流动站观测时应采用三脚架对中、整平，每次观测历元数应不少于 20 个，采样间隔 2～5s，各次测量的大地高较差应不大于 4cm，取各次测量的大地高中数作为最终结果。RTK 控制点高程的测定，通过流动站测得的大地高减去流动站的高程异常获得。流动站的高程异常可以采用数学拟合方法、似大地水准面精化模型内插等方法获取，拟合模型及似大地水准面模型的精度根据实际生产需要确定。

<<<< 思考题与习题 >>>>

1. 控制测量的目的和作用是什么？

2. 导线测量的外业工作有哪些？导线点位的选择需要考虑哪些因素？

3. 附合导线坐标计算包括哪些步骤？

4. 附合导线的观测数据如图 7-16 所示，已知方位角 $\alpha_{AB}=227°31'18''$，$\alpha_{CD}=112°57'37''$，B 点坐标 $x_B=1884.010$m，$y_B=2396.383$m，C 点坐标 $x_C=1835.292$m，$y_C=2682.228$m，$f_{\beta容}=\pm24\sqrt{n}$，导线全长相对闭合差 $K_容=1/5000$。使用表格完成各导线点坐标的计算。

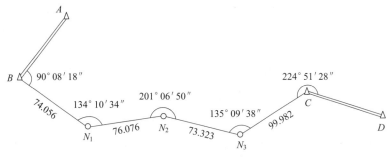

图 7-16 习题 4 导线观测略

5. 后方交会测量观测中 P 点到各控制点的距离如图 7-17 所示，$\alpha=65°45'35''$，$\beta=42°47'38''$，已知 A 点坐标 $x_A=878.615$m，$y_A=2973.907$m，B 点坐标 $x_B=883.621$m，$y_B=3075.223$m，C 点坐标 $x_C=847.213$m，$y_C=3139.757$m。求 P 点坐标。

6. 三角高程测量对向观测数据如表 7-13 所示，在表中完成全站仪三角高程测量高差的计算，对向观测较差容许值 $\Delta h_容=\pm40\sqrt{D}$，大气折光系数 $k=0.14$，地球平均半径 $R=6371$km。

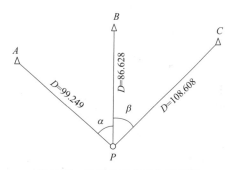

图 7-17 习题 5 后方交会测量图

表 7-13 习题 6 三角高程测量观测数据表

测站点	II-1	N_1	N_1	N_2
觇点	N_1	II-1	N_2	N_1
觇法	直	返	直	返
α	$+0°54'20''$	$-0°54'46''$	$+3°53'09''$	$-3°53'16''$
S/m	447.890	447.896	475.750	475.748
$h'=S\sin\alpha/m$				
i/m	1.511	1.550	1.538	1.464
v/m	1.537	1.510	1.505	1.533
$f=0.43D^2/R/m$				

$h=h'+i-v+f$ /m				
Δh /mm				
$\Delta h_{容}$ /mm				
$h_{平均}$ /m				

第8章

地形图基本知识与应用

本章知识要点与要求

　　本章主要介绍了地形图的比例尺及其精度、地物符号、典型地貌的表示方法、等高线的概念及特性、地形图的分幅和编号、地形图的图廓和注记、地形图的基本应用和典型的工程应用等知识；本章重点是常用地物、地貌的表示符号，等高线的特性以及地形图的应用等内容。通过本章的学习，要求学生掌握常用地物符号和典型地貌和等高线高程的判别，地形图上坐标、高程和距离的量算，地形断面的绘制方法，根据地形图灵活运用不同方法计算土方工程量等内容。

8.1　地形图概述

　　普通地图是综合反映地表的一般特征，包括主要自然地理和人文地理要素，不突出表示其中的某一种要素的地图。地形图是表示地表居民地、道路网、水系、境界、土质与植被等基本地理要素且用等高线表示地面起伏的普通地图。

　　地球表面上自然形成或由人工建造的有明显轮廓的物体，如河流、湖泊、森林、草地以及房屋、道路、桥梁、大坝、厂房、输电线路等称为地物；地球表面高低起伏的形态，如平原、丘陵、盆地、高原、山脉等称为地貌。地物和地貌统称为地形。地形图就是按一定的比例将地球表面缩小，采用规定的符号表示地物和地貌的平面位置和高程的正射投影图。

　　地形图上任一线段 d 与实地相应的水平距离 D 之比，称为地形图的比例尺。比例尺一般分为数字比例尺和图示比例尺。数字比例尺用分子为 1 的分数式表示，即

$$\frac{d}{D} = \frac{1}{M}$$

　　式中，M 称为比例尺分母，表示地形图缩小绘制的倍数。M 越小，比例尺越大，图上表示的地物地貌越详细；M 越大，比例尺越小，图上表示的地物地貌越概略。

　　地形图图示比例尺又称为直线比例尺，是将图上距离与相对应的实际距离标注在一条

直线上。图示比例尺能够直观地表示比例尺的大小，如图8-1所示为1∶2000的图示比例尺。

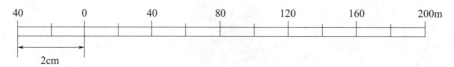

图 8-1　图式比例尺

由于地形图是按一定比例缩小绘制，对于比例尺愈小的地形图打印成纸质图后，对纸质地形图判读的精度就愈低。这是因为正常情况下人的眼睛的最小分辨率为0.1mm。因此把地形图上0.1mm所对应的实际长度即$0.1mm \times M$，称为地形图比例尺精度。比例尺愈大，比例尺精度在数值上就愈小，人们对地形图的判读就愈精确。

由于传统手工绘制的地形图上能够表示的最小距离是相应比例尺精度值，因此地形图精度受到比例尺精度的限制，比例尺精度就是相应比例尺地形图能够表示的最高精度。理论上数字地形图精度不受比例尺精度的限制。表8-1所列为大比例尺地形图的比例尺精度。

表 8-1　大比例尺地形图的比例尺精度

比例尺	1∶500	1∶1000	1∶2000	1∶5000
比例尺精度/m	0.05	0.1	0.2	0.5

下面是两幅局部大比例尺地形图样图。图8-2比例尺为1∶500，图8-3比例尺为1∶1000。

我国国家基本比例尺地形图包括1∶500、1∶1000、1∶2000、1∶5000、1∶10000、1∶25000、1∶50000、1∶100000、1∶250000、1∶500000和1∶1000000共11种。其中1∶500、1∶1000、1∶2000、1∶5000的比例尺称为大比例尺，1∶10000、1∶25000、1∶50000、1∶100000比例尺称为中比例尺，小于1∶100000的称为小比例尺。大比例尺地形图主要用于城市和工程建设的规划、设计以及施工中，比例尺的选择可参照表8-2。中小比例尺地形图用于国家经济建设中大区域的规划和国防安全的需要。

表 8-2　比例尺的选择

比例尺	用途
1∶10000　1∶5000	城市总体规划、厂址选择、区域布置、方案比较
1∶2000　1∶1000	城市详细规划及工程项目初步设计
1∶500	建筑设计、城市详细规划、工程施工设计、竣工图

传统地形图以纸质为载体，在图纸上绘制的地形图是由各种地形符号描绘成的线划图。现在地形图大多数以数字方式存储，可以在计算机中打开、绘制、编辑、打印和应用，这种图称为数字地形图。数字地形图属于数字线划图 DLG(digital line graphic)，外业测绘的最终成果一般也是 DLG。

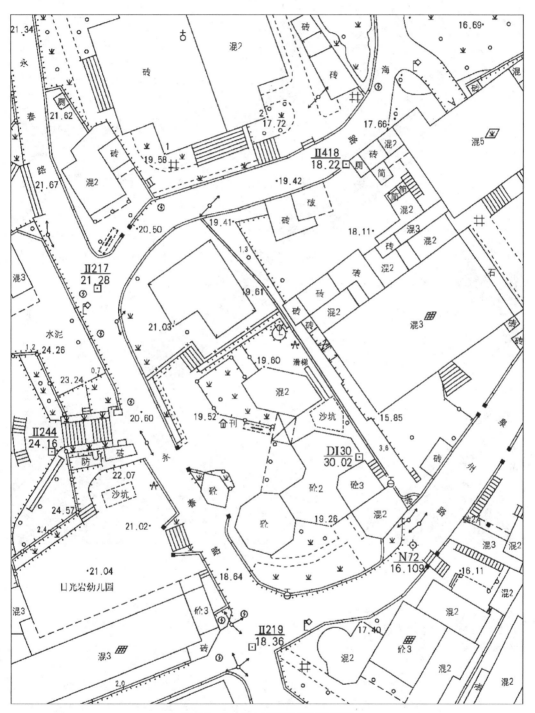

图 8-2 1:500 城区居民区地形图

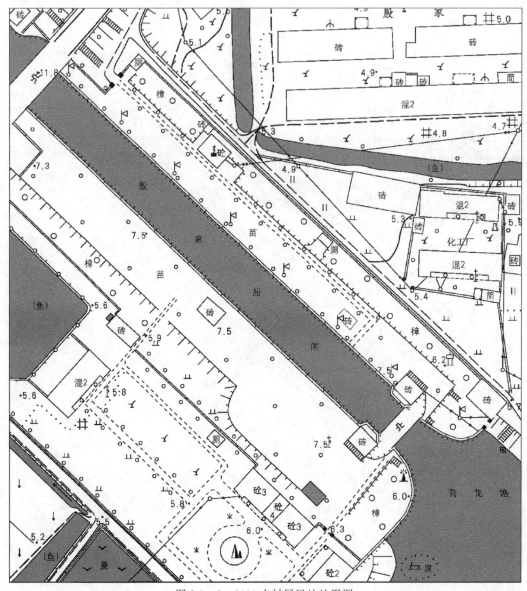

图 8-3　1∶1000 农村居民地地形图

8.2　地物的表示

　　为了在地形图上真实而且概括地描绘地球表面上繁多且复杂的地形要素，就必须使用特定的符号和规定方法表示地物、地貌的位置形状大小及相关属性。这些地形图上的符号和规定方法的集合称为地形图图式。我国目前使用的地形图图式是 2017 年 10 月发布，2018 年 5 月实施的《国家基本比例尺地图图式》（GB/T 20257—2017），其中第一部分为《国家基本比例尺地图图式 第 1 部分：1∶500 1∶1000 1∶2000 地形图图式》（GB/T 20257.1—2017）。

　　地形图图式中的符号按地图要素分为 9 类，即测量控制点、水系、居民地及设施、交通、管线、境界、地貌、植被与土质、注记；按类别分为 3 类，即地物符号、地貌符号和注记符号。表 8-3 列举了部分常用地物符号、地貌符号和注记符号。

表 8-3　常用地物、地貌和注记符号

编号	符号名称	1：500	1：1000	1：2000	编号	符号名称	1：500	1：1000	1：2000
1	三角点 a. 土堆上的 张湾岭、黄土岗—点名 156.718、203.623—高程 5.0—比高	3.0 △ 张湾岭 156.718 a 5.0 黄土岗 203.623			7	贮水池、水窖、地热池 a. 高于地面的 b. 低于地面的 净—净化池 c. 有盖的	a ▭　b 净　c		
2	导线点 a. 土堆上的 Ⅰ16，Ⅰ23—等级、点号 84.46，94.40—高程 2.4—比高	2.0 ⊙ Ⅰ16 / 84.46 a 2.4 Ⅰ23 / 94.40			8	水库 a. 毛湾水库—水库名称 b. 溢洪道 54.7—溢洪道堰底面高程 c. 泄洪洞、出水口 d. 拦水坝、堤坝 d1. 拦水坝 d2. 堤坝 水泥—建筑材料 75.2—坝顶高程 59—坝长(m) e. 建筑中水库	毛湾水库 a　54.7　75.2/59 水泥		
3	埋石图根点 a. 土堆上的 12，16—点号 275.46，175.64—高程 2.5—比高	2.0 ⊡ 12 / 275.46 a 2.5 ⊡ 16 / 175.64							
4	水准点 Ⅱ—等级 京石 5—点名点号 32.805—高程	2.0 ⊗ Ⅱ京石5 / 32.805			9	堤 a. 堤顶宽依比例尺 24.5—坝顶高程 b. 堤顶宽不依比例尺 2.5—比高	a 24.5 4.0 2.0 b1 2.5 / 2.0 / 0.5 b2 2.0 / 0.2		
5	卫星定位等级点 B—等级 14—点号 495.263—高程	3.0 ◬ B14 / 495.263			10	沟堑 a. 已加固的 b. 未加固的 2.6—比高	a 2.6 b		
6	地面河流 a. 岸线(常水位岸线、实测岸线) b. 高水位岸线(高水界) 清江—河流名称	0.15　清江　0.5　1.0　3.0　a b			11	涵洞 a. 比例尺的 b. 依比例尺的	a b		

编号	符号名称	1：500	1：1000	1：2000	编号	符号名称	1：500	1：1000	1：2000
12	单幢房屋 a. 一般房屋 b. 裙楼 b1. 楼层分割线 c. 有地下室的房屋 d. 简易房屋 e. 突出房屋 f. 艺术建筑 混、钢—房屋结构 2、3、8、28—房屋层数（65.2）—建筑高度 —1—地下房屋层数	a 混3　b 混3 混8　b1 0.1 0.2 c 混3-1　d 简2 e 钢28 f 艺28 0.2　艺（65.2）0.2			18	加固岸 a. 一般加固岸 b. 有栅栏的 c. 有防洪墙体的 d. 防洪墙上有栏杆的	a 3.0 10.0 1.0 b 4.0 c 10.0 3.0 d 10.0 0.4 0.3 4.0		
13	建筑中房屋	建 2.0 1.0			19	露天体育场、网球场、运动场、球场 a. 有看台的 a1. 主席台 a2. 门洞 b. 无看台的	a 工人体育场 a2 45° a1 1.0 b 体育场　球		
14	池塘				20	围墙 a. 依比例尺 b. 不依比例尺	a 10.0 b 10.0 0.5		
15	棚房 a. 四边有墙的 b. 一边有墙的 c. 无墙的	a 1.0 b 1.0 c 1.0 1.0 0.5			21	栅栏、栏杆	10.0 1.0		
					22	篱笆	10.0 1.0 0.5		
					23	活树篱笆	6.0 1.0 0.6		
16	架空房、吊脚楼 4—楼层 3—架空楼层 /1、/2—空层层数	砼4　砼3/2 砼4　4 3/1 2.5 0.5　2.5 0.5			24	柱廊 a. 无墙壁的 b. 一边有墙壁的	a 1.0 0.5 1.0 b		
					25	门墩 a. 依比例尺 b. 不依比例尺	a 1.0 b		
17	廊房（骑楼）、飘楼 a. 廊房 b. 飘楼	a 混3　b 混3 2.5 0.5 2.5 0.5			26	台阶	0.6 1.0 1.0		

测/量/学

编号	符号名称	1:500	1:1000	1:2000	编号	符号名称	1:500	1:1000	1:2000
27	配电线 架空的 a. 电杆 地面下的 a. 电缆标 配电线入地口		8.0 / a / 8.0 1.0 4.0		37	高速公路 a. 隔离带 b. 临时停车点 c. 建筑中的		0.4 / 0.2 / 0.4 (G5) / 0.4 / 3.0 25.0	
28	过街天桥、地下通道 a. 天桥 b. 地道		a / b		38	变电室(所) a. 室内的 b. 露天的		a / b 3.2 1.6	
29	内部道路		1.0 / 1.0		39	管道 架空的 a. 依比例尺的墩架 b. 不依比例尺的墩架 地面上的		a 热 / b 热 1.0 / 水 1.0 10.0 / 污 1.0 4.0 / 1.0 水 2.0	
30	变压器 a. 依比例尺 b. 不依比例尺		a / b						
31	乡村路 a. 依比例尺 b. 不依比例尺		a 4.0 1.0 0.2 / b 8.0 2.0 0.3		40	省级行政区界线和界标 a. 已定界 b. 未定界 c. 界标		a c 0.6 / 4.5 4.5 1.0 / b 1.5 4.5	
32	小路、栈道		4.0 1.0 0.3		41	县级行政区界线 a. 已定界和界标 b. 未定界		a 0.4 / 3.5 4.5 / b 0.4 / 3.5 1.5 4.5	
33	阶梯路		1.0						
34	路堑 a. 已加固的 b. 未加固的				42	等高线及其注记 a. 首曲线 b. 计曲线 c. 间曲线 d. 助曲线 e. 草绘等高线 25—高程		a 0.15 / b 25 0.3 / c 1.0 6.0 0.15 / d 3.0 1.0 0.12 / e 1000 5~12 1.0	
35	路堤 a. 已加固的 b. 未加固的		a / b						
36	高压输电线 架空的 a. 电杆 35—电压(kV) 地面下的 a. 电缆标 输电线入口 a. 依比例尺 b. 不依比例尺		a 35 / 4.0 / a 8.0 1.0 4.0 / a / b		43	冲沟 3.4,4.5—比高		3.4 4.5	

编号	符号名称	1:500	1:1000	1:2000	编号	符号名称	1:500	1:1000	1:2000
44	人工陡坎 a. 未加固的 b. 已加固的	2.0 / 3.0			54	行树 a. 乔木行树 b. 灌木行树			
45	斜坡 a. 未加固的 a1. 天然的 a2. 人工的 b. 已加固的	2.0 4.0			55	草地 a. 天然草地 b. 改良草地 c. 人工牧草地 d. 人工绿地			
46	旱地	1.3 2.5 10.0							
47	菜地	10.0							
48	高程点及其注记 1520.3、−15.3— 高程	0.5 • 1520.3		• −15.3	56	村庄(外国村、镇) a. 行政村,外国村、镇,主要集场、街、圩、坝 b. 村庄	a 甘家寨 正等线体(4.5) b 李家村 张家庄 仿宋体(3.5 4.5)		
49	陡崖、陡坎 a. 土质的 b. 石质的 18.6、2.5— 比高								
50	露岩地、陡石山 a. 露岩地 b. 陡石山 1986.4—高程				57	省、县、乡公路、主干道、轻轨线路名称	西铜公路 正等线体(3.0)		
51	稻田 a. 田埂	0.2 10.0 2.5			58	花圃、花坛	1.5 10.0 1.5		
52		0.5 1.0			59	地理名称注记 海、海湾、江、河、运河、渠、湖、水库等水系	延河 渭河 左斜宋体 (2.5 3.0 3.5 4.5 5.0 6.0)		
53	灌木林 a. 大面积的 b. 独立灌木丛 c. 狭长灌木林	0.5 1.0 1.0 0.5 4.0			60	次干道、步行街	太白路 细等线体(2.5)		

　　地形图上根据地物大小和描绘方法的不同,地物的符号分为依比例尺符号、不依比例尺符号和半依比例尺符号。

① 依比例尺符号　地物轮廓较大，依比例尺缩小后，其长度和宽度能依比例尺表示的符号称为依比例尺符号。如房屋、道路、湖泊、旱地、水田等。依比例尺符号能够表示出地物的轮廓特征。

② 不依比例尺符号　地物轮廓较小，依比例尺缩小后，其长度和宽度不能依比例尺表示的符号称为不依比例尺符号。如测量控制点、路灯、独立树、水井、管道检修进等。这类符号只表示地物的中心位置。

③ 半依比例尺符号　对于一些带状延伸地物，地物依比例尺缩小后，其长度能依比例尺而宽度不能依比例尺表示的地物符号称为半依比例尺符号。如栅栏、篱笆、小路、管线等都属于半依比例尺符号。

有些地形除了使用相应的符号表示外，还需要用文字和数字加以注记，说明其有关属性内容，比如道路名称及其建筑材料、房屋的结构和层数、等高线的高程、碎部点的高程以及河流的水深、流速等，这类符号称为注记符号。注记符号包括地理名称注记、说明注记和各种数字注记等。

在地形图图式中除特殊标注外，一般实线表示建筑物、构筑物的外轮廓与地面的交线（除桥梁、坝、水闸、架空管线外），虚线表示地下部分或架空部分在地面上的投影，点线表示地类范围线、地物分界线。

依比例尺表示的地物分以下表现形式：

① 地物轮廓依比例尺表示，在其轮廓内加面色，如河流、湖泊等；或在其轮廓内适中位置配置不依比例尺符号和说明注记（或说明注记简注）作为说明，如水井、收费站等；

② 面状分布的同一性质地物，在其范围内按整列式、散列式或相应式配置说明性符号和注记，如果界线明显的用地类界表示其范围（如经济林地等），界线不明显的不表示界线（如疏林地、盐碱地等）；

③ 相同地物毗连成群分布，其范围用地类界表示，在其范围内适中位置配置不依比例尺符号，如露天设备等；

④ 实地面积较大的地物要素，如发电厂、水厂、污水处理厂、大学、医院、游乐场、公园、动物园、植物园、高尔夫球场、飞机场等，图式中不规定符号，用围墙、房屋、内部道路、绿地等相应的符号表示地物，在其范围内加注专有名称注记。

8.3 地貌的表示

地形图上地貌主要采用地面等高线、水域等值线表示。对于特殊地貌，如冲沟、陡崖、陡坎、斜坡、崩崖、滑坡、泥石流等地貌需要用特定的专用符号表示。对于地形特征点则用高程注记的方法表示其地貌性质。

用等高线表示地貌的同时，通常还需指示斜坡降落的方向，这个方向线称为示坡线，它与等高线垂直相交，指向高程下降的方向。示坡线一般应表示在谷地、山头、鞍部、图廓边及斜坡方向不易判读的地方。凹地的最高、最低一条等高线上也应表示示坡线。

8.3.1 等高线的原理

等高线是地面上高程相等的相邻各点连接而成的闭合曲线。如图 8-4(a) 所示，设想湖中间有一座高出水面的小山，此时水面高程为 560m。水面在小山周围形成了一条闭合水溍线，由于山体形状不规则，水灘线就是一条曲线，曲线的形状就是高程为 560m 时山体的形状，曲线上各点的高程相等，皆为 560m。当水面上涨到 570m、580m、590m 高程时，水灘线的高程也分别为 570m、580m、590m。将这些水灘线垂直投影到水平面上，按一定的比例尺缩小在图纸上，就得到一组反映小山形状、大小和位置以及起伏变化的等高线。由此可知，等高线就是用不同高程且高差相等的水平面与地球表面相切，将切线垂直投影到水平面上并按规定的比例缩小后绘制得到的不规则的曲线。

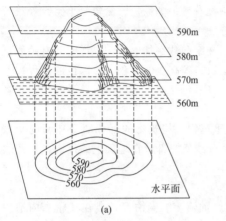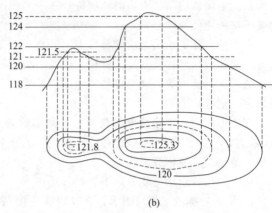

图 8-4　等高线及等距

在地形图上相邻等高线之间的高差称为等高距或等高线间隔，用 h 表示，在同一幅地形图上等高距 h 相等；相邻等高线之间的水平距离称为等高线平距，用 d 表示。在地形图上某处等高线的平距 d 越大，等高线越稀疏，表示该处地面坡度就越缓，反之等高线越密集，地面坡度也越陡。因此可以根据地形图上等高线的疏密程度判断地面坡度的陡缓程度，并且地面坡度与等高线平距成反比。相邻等高线之间的地面坡度为

$$i = \frac{h}{d \times M} \tag{8-1}$$

式中，M 为地形图比例尺分母。

为了能够真实表示地表的起伏形态，需要选择适当的等高距来绘制等高线。大比例尺地形图常用的等高距有 0.5m、1m、2m、5m 等。等高距越小，表示地貌越详尽；等高距越大，表示地貌越概括。在地形起伏较大的区域，较小的等高距会使得等高线过于密集，而影响到图面的清晰程度和地形的准确判读。在测绘地形图时应根据地形起伏情况和比例尺大小并按照表 8-4 选择合适的等高距。

表 8-4　地形图基本等距 h　　　　　　　　　　　　　　　　　　单位：m

比例尺	地形类别			
	平地（$i<2°$）	丘陵（$2°\leqslant i<6°$）	山地（$6°\leqslant i<25°$）	高山地（$\geqslant25°$）
1：500	0.5	0.5	0.5 或 1.0	1.0
1：1000	0.5	0.5 或 1.0	1.0	1.0 或 2.0
1：2000	0.5 或 1.0	1.0	2.0	2.0

我国基本比例尺地形图上等高距又称为基本等高距，同一幅地形图上只能使用一种基本等高距。地形图上等高线的高程应为基本等高距的整倍数。从高程基准面起算，按基本等高距测绘的等高线称为首曲线，又称为基本等高线，在图上用细实线绘制。从高程基准面起

测／量／学

156

算，每隔四条首曲线加粗一条的等高线称为计曲线，又称加粗等高线。计曲线的高程为5倍基本等高距的整数倍，并且在计曲线上应注记高程值。在地势平坦或者局部坡度很小的区域，基本等高距不足以反映地貌的变化特征，可以按1/2基本等高距用长虚线加绘一条等高线，称为间曲线。为了反映地貌更加细小的变化，还可以按1/4基本等高距用短虚线加密等高线，称为助曲线，如图8-4(b)所示，基本等高距为2m，加粗的等高线为计曲线，其高程为120m；虚线表示的是间曲线和助曲线，间曲线的高程为121m，助曲线的高程为121.5m。

8.3.2　等高线表示典型地貌

虽然地球表面地形变化复杂，形态各异，但是它们都是由一种或几种典型地貌组成。地面上典型地貌有山头（山顶）、洼地、鞍部、陡崖（绝壁）、悬崖以及山脊和山谷等，如图8-5所示。不同地貌，等高线表示地形的方法不同。

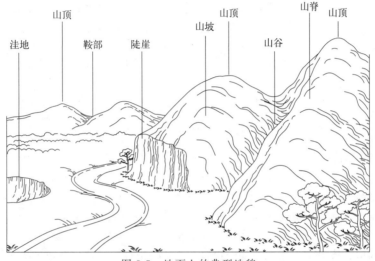

图8-5　地面上的典型地貌

（1）山头和洼地

图8-6(a)为山头地形及其等高线，图8-6（b）为洼地及其等高线，它们的等高线都是一组闭合曲线，形状十分相似。山头是中间隆起而四周较低的地形，洼地是四周较高而中间

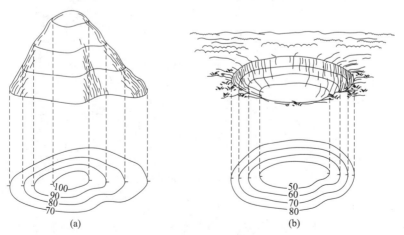

图8-6　山头和洼地及其等高线

低洼，因此山头等高线由内圈向外圈高程逐渐降低，洼地等高线是由内圈向外圈逐渐增高。在地形图上山头和洼地处一般应该有高程注记且等高线应加绘示坡线，根据高程注记和示坡线指向可以区分山头和洼地。

（2）鞍部

相邻两个山头之间连接处形似马鞍状的低凹部分地形称为鞍部。鞍部左右两侧地形逐渐降低，形成山谷。如图 8-7 所示。

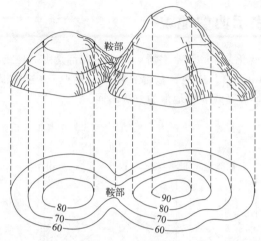

图 8-7　鞍部及其等高线

（3）山脊和山谷

当山体的走向发生改变，在转折处凸向外面的就是山脊，凹向里面的就是山谷。山脊的等高线是一组凸向低处、凹向高处的曲线，山谷的等高线是一组凸向高处、凹向低处的曲线。山脊线是山体延伸的最高棱线，也称为分水线；山谷线是沿着山谷方向谷底点的连线，也称为集水线或合水线，如图 8-8 所示。

山脊线和山谷线显示了地貌的基本轮廓，统称为地性线。地性线在工程设计和地形测绘中具有重要作用。

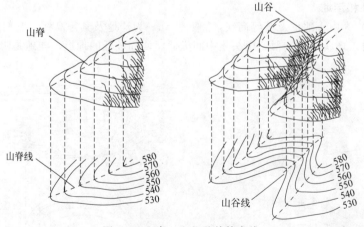

图 8-8　山脊、山谷及其等高线

（4）陡崖和悬崖

陡崖是坡度在 70° 以上的陡峭崖壁，也称为绝壁，分土质陡崖和石质陡崖。在陡崖处如果用等高线表示，将会非常密集，垂直投影后会重合为一条线，因此采用陡崖符号表示。土质陡崖和石质陡崖在图上表示符号不同，图 8-9（a）中表示的是石质陡崖。

悬崖是山体的上部凸出且悬在半空、下部凹进的陡崖。悬崖上部的等高线投影到水平面时与下部的等高线相交，因此下部凹进的等高线部分用虚线表示，如图 8-9（b）所示。

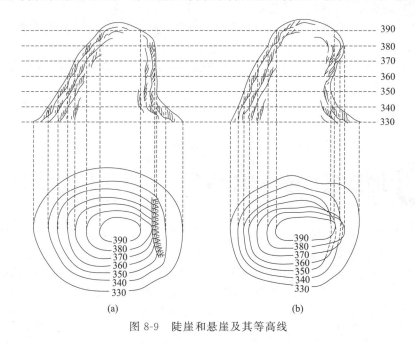

图 8-9　陡崖和悬崖及其等高线

在熟悉典型地貌及其等高线的表示方法后，就能够在地形图上正确识别复杂地貌的等高线。图 8-10 为某一区域综合地貌及其等高线地形图。

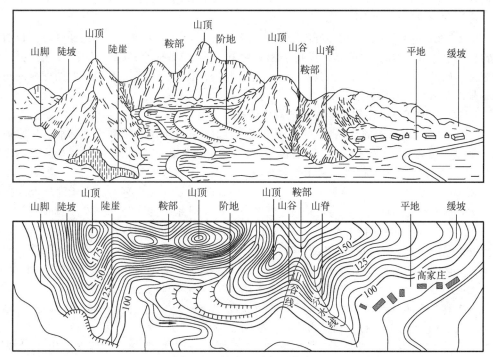

图 8-10　综合地貌及其等高线

8.3.3 等高线的特性

① 同一条等高线上各点高程相等。

② 等高线是闭合曲线。在地形图上等高线如果不在本幅图闭合，一定在相邻的其他图幅内闭合。

③ 等高线除在陡崖或悬崖处才会重合或相交外，在其他地方不能相交或重合。

④ 等高线和山脊线、山谷线正交。

⑤ 在地形图上等高线不能中断，但在遇到道路、房屋、河流等地物符号和注记符号处可以局部中断。

8.4 地形图的分幅和编号

地形图是地球表面地物和地貌的综合反映，要把小区域地形复杂多变而大范围又近似椭球面的地球表面绘制成地形图，必须通过一定的投影方法才能实现。我国的基本比例尺地形图当中，1∶1000000 地形图采用的是正轴等角圆锥投影方法编绘成图，1∶10000 采用 3°分带高斯投影，1∶25000～1∶500000 采用 6°分带投影。尽管采用了分带投影方法，每一分带仍然有较大区域，地形图的测制和编绘需要分幅才能完成。因此，为了便于地形图的测绘、管理和使用，对地形图必须进行统一的分幅和编号。

地形图的分幅就是在进行地形图测制和编绘时将大区域的地形按照不同比例尺划分为若干小面积的图幅范围。分幅的方法有两种，一种是用于国家基本比例尺地形图的按经纬度划分的梯形分幅法；又称为国际分幅法；一种是用于工程建设中大比例尺地形图的按坐标格网划分的正方形或矩形分幅法。

地形图图幅编号就是将划分好的图幅赋予编码标记，以便于测绘、使用和管理。目前我国执行的标准是《国家基本比例尺地形图分幅和编号》（GB/T 13989—2012）。按此标准，国家基本比例尺地形图采用行、列编号，大比例尺地形图可采用行、列编号和图廓西南角坐标编号以及流水编号等方法。

（1）1∶1000000 比例尺地形图分幅和编号

1∶1000000 地形图的分幅和编号采用国际 1∶1000000 地图分幅和编号标准。从赤道起算，每纬差 4°为一行，至南、北纬 88°各分为 22 行，依次用大写拉丁字母（字符码）A、B、C、……、V 表示其相应行号；从 180°经线起算，自西向东每经差 6°为一列，全球分为 60 列，依次用阿拉伯数字（数字码）1、2、3、……、60 表示其相应列号。由于地球经线向两极收敛，随着纬度的增加，经线之间的范围越来越小，因此规定纬度 60°～76°之间为经差 12°为一列，纬度 76°～88°之间为经差 24°为一列。在我国范围内没有纬度 60°以上的地区，就不需要合并经差的情况。由经线和纬线所围成的每一个梯形小格为一幅 1∶1000000 地形图，它们的编号由该图所在的行号与列号组合而成，比如根据北京的地理位置，其所在的 1∶1000000 地形图的编号为 J50。如图 8-11 所示，为东半球北纬 1∶1000000 地形图分幅和编号。

我国地处东半球赤道以北，图幅范围在经度 72°～138°、纬度 0°～56°内，包括行号为 A、B、C、…、N 的 14 行，列号为 43、44、…、53 的 11 列。

国际 1∶1000000 地图编号第一位表示南、北半球，用"N"表示北半球，用"S"表示南半球。我国范围全部位于赤道以北，我国范围内 1∶1000000 地形图的编号省略国际 1∶1000000 地图编号中用来标志北半球的字母代码 N。

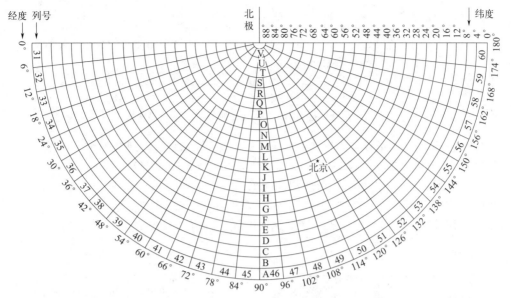

图 8-11 东半球北纬 1∶1000000 地形图分幅和编号

（2）1∶500000~1∶5000 比例尺地形图的分幅和编号

1∶500000～1∶5000 比例尺地形图均以 1∶1000000 地形图为基础，按规定的经差和纬差划分图幅。1∶500000～1∶5000 地形图的图幅范围、行列数量和图幅数量关系见表 8-5。

表 8-5　国家基本比例尺地形图图幅范围、行列数量及图幅数量关系表

比例尺		1/1000000	1/500000	1/250000	1/100000	1/50000	1/25000	1/10000	1/5000
图幅范围	经差	6°	3°	1°30′	30′	15′	7′30″	3′45″	1′52.5″
	纬差	4°	2°	1°	20′	10′	5′	2′30″	1′15″
行列数量	行数	1	2	4	12	24	48	96	192
	列数	1	2	4	12	24	48	96	192
包含图幅数量		1	4	16	144	576	2304	9216	36864

比如，每幅 1∶1000000 地形图划分为 2 行 2 列，共 4 幅 1∶500000 地形图，每幅 1∶500000 地形图的范围是经差 3°、纬差 2°；每幅 1∶1000000 地形图划分为 4 行 4 列，共 16 幅 1∶250000 地形图，每幅 1∶250000 地形图的范围是经差 1°30′、纬差 1°；每幅 1∶1000000 地形图划分为 12 行 12 列，共 144 幅 1∶100000 地形图，每幅 1∶100000 地形图的范围是经差 30′、纬差 20′；每幅 1∶1000000 地形图划分为 24 行 24 列，共 576 幅 1∶50000 地形图，每幅 1∶50000 地形图的范围是经差 15′、纬差 10′。

1∶500000～1∶5000 各比例尺地形图分别采用不同的字符作为其比例尺的代码（见表 8-6）。

表 8-6　国家基本比例尺地形图代码表

比例尺	1∶500000	1∶250000	1∶100000	1∶50000	1∶25000	1∶10000	1∶5000
代码	B	C	D	E	F	G	H

1∶500000～1∶5000 比例尺地形图的编号也是以 1∶1000000 地形图的编号为基础，采用代码行列编号方法，由其所在 1∶1000000 地形图的图号、比例尺代码和各图幅的行列号共十位码组成。1∶500000～1∶5000 地形图编号的组成见图 8-12。

1∶500000～1∶5000 比例尺地形图的行、列编号是将 1∶1000000 地形图按所含各比例尺

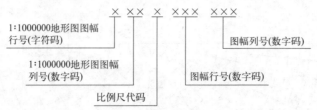

图 8-12 1:500000~1:5000 地形图图号编码构成

地形图的经差和纬差划分成若干行和列，横行从上到下、纵列从左到右按顺序分别用三位阿拉伯数字（数字码）表示，不足三位者前面补零，取行号在前、列号在后的排列形式标记。

图 8-13 所示为 1:1000000 地形图 J50 范围，按照前述的分幅和编号的方法，可知图 8-13（a）中晕线所示 1:500000 图幅的编号为 J50B001002，图 8-13（b）中晕线所示的 1:250000 图幅的编号为 J50C002002，其中 B、C 是比例尺代码，后面 6 位是图幅行列号数字码。

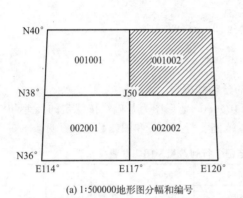

(a) 1:500000地形图分幅和编号

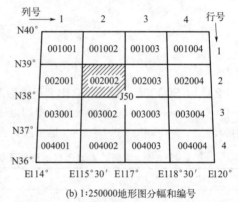

(b) 1:250000地形图分幅和编号

图 8-13 1:1000000 地形图 J50 范围 1:500000、1:250000 地形图分幅与编号

（3）大比例尺地形图的正方形、矩形分幅和编号

大比例尺地形图主要指 1:5000、1:2000、1:1000、1:500 地形图。现在大比例尺地形图主要采用正方形分幅法。这四种地形图的图幅范围及对应的实际面积见表 8-7。

表 8-7　大比例尺地形图正方形分幅图幅大小及面积

地形图比例尺	图幅大小/(cm×cm)	实际面积/km²	1:5000 图幅包含数
1:5000	40×40	4	1
1:2000	50×50	1	4
1:1000	50×50	0.25	16
1:500	50×50	0.0625	64

大比例尺地形图分幅和编号有按经纬度分幅、行列编号法和按坐标格网划分的正方形和矩形分幅、以图幅西南角坐标编号和流水编号法。大比例尺地形图按经纬度分幅、行列编号法与中小比例尺地形图的方法类似。大比例尺地形图主要为工程规划建设使用，大多数情况下地形图的分幅和编号采用按坐标格网划分的正方形和矩形分幅、以西南角坐标编号或流水编号法。

采用正方形和矩形分幅的 1:2000、1:1000、1:500 地形图，其图幅编号一般采用图廓西南角坐标编号法，也可选用行列编号法和流水编号法。

采用图廓西南角坐标公里数编号时，x 坐标公里数在前，y 坐标公里数在后。1:2000、

1：1000 地形图取至 0.1km（如 10.0-21.0），1：500 地形图取至 0.01km（如 10.40-27.75）。

带状测区或小面积测区可按测区统一顺序编号，即流水编号。一般从左到右，从上到下用阿拉伯数字 1、2、3、4……编定，示例见图 8-14(a)，图中灰色区域所示图幅编号为 XX-8（XX 为测区代号）。

行列编号法一般采用以字母（如 A、B、C、D……）为代号的横行从上到下排列，以阿拉伯数字为代号的纵列从左到右排列来编定，先行后列。示例见图 8-14(b)，图中灰色区域所示图幅编号为 A-4。

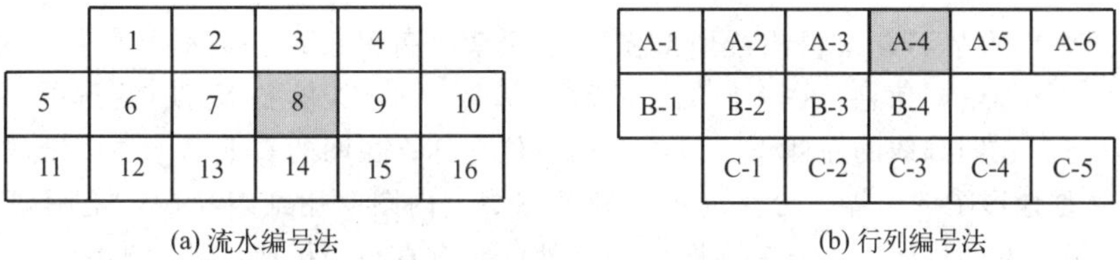

1	2	3	4		
5	6	7	8	9	10
11	12	13	14	15	16

A-1	A-2	A-3	A-4	A-5	A-6
B-1	B-2	B-3	B-4		
	C-1	C-2	C-3	C-4	C-5

(a) 流水编号法　　　　　　　　　　(b) 行列编号法

图 8-14　大比例尺地形图编号示例

8.5　地形图图廓外注记

一幅完整的地形图除了表示图幅内的地形信息外，还包括图廓外注记重要信息，如图名、图号、接图表、比例尺、坐标格网、地形图的坐标系统、高程系统、基本等高距、测图单位、测图时间、测图方法、遵循图式等信息。在中小比例尺地形图的图廓外注记中还有三北方向、坡度尺等内容。图 8-15 和图 8-16 分别是 1：2000 和 1：10000 比例尺地形图的图廓整饰和图廓外注记示意图，以此为例说明地形图图廓外注记的相关内容。

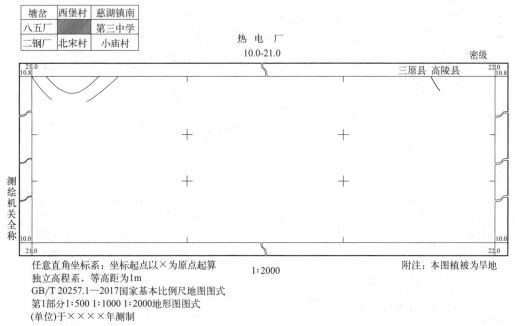

图 8-15　1：2000 地形图图廓整饰示意图

① 图名指本幅图的名称，图 8-15 图幅的图名为“热电厂”。图名一般以本幅图内重要的地名或主要单位命名，注记在图廓外上方的中央位置。

② 图号，即图的分幅编号，注记在图名正下方。图 8-15 的图号采用图幅西南角纵、横坐标以公里为单位编号，图号为 10.0-21.0。

③ 地形图比例尺标注在图幅正下方位置，有数字比例尺和直线比例尺两种。

④ 接图表是说明本幅图与相邻图幅的位置关系，方便用图和管理。通常本幅图处于中间位置，在四周标注了其四面八方的相邻图幅名称。接图表绘注在图廓的左上方，如本例所示。

⑤ 在图廓线的左下方注明测绘地形图的坐标系、高程系统、基本等高距、遵循图式、测绘时间和方法等重要信息；在大比例尺的地形图上，图廓线的右下方有测量员、绘图员和检查员等信息；在图廓线的左侧下方标注测图单位全称；在图的右上角标注图纸的密级。

⑥ 图廓是地形图的边界，分为内图廓和外图廓。内图廓用细线绘制，是图幅的范围边界，也是坐标格网的边线，因此在内图廓四角处标注有直角坐标或经纬度坐标。外图廓在最外边，用较粗的实线绘制。地形图上每隔 10cm 绘制坐标格网线，坐标格网线穿过内图廓线与外图廓线正交，如图 8-16 所示。

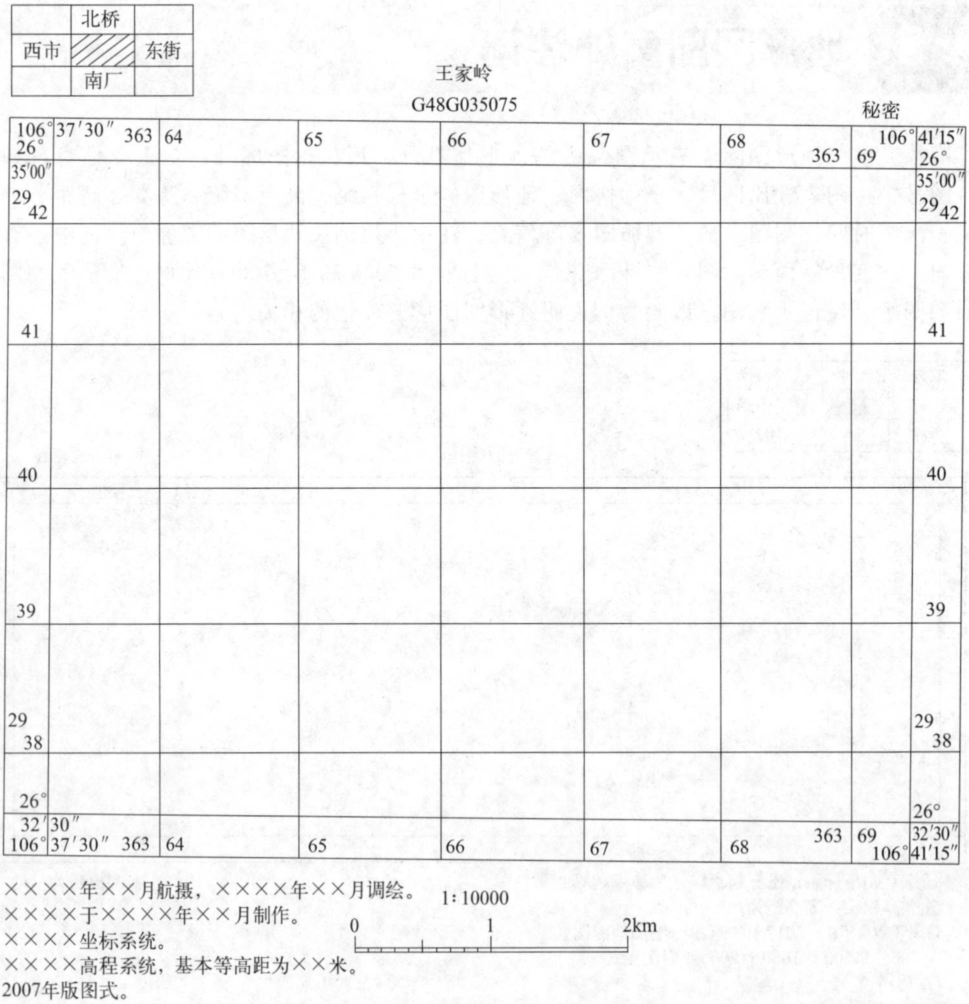

北桥
西市
东街
南厂
王家岭
G48G035075
秘密
106° 37′30″ 363 64 65 66 67 68 363 69 106° 41′15″
26° 35′00″
29 42
41
40
39
29 38
26° 32′30″
××××年××月航摄，××××年××月调绘。
××××于××××年××月制作。
××××坐标系统。
××××高程系统，基本等高距为××米。
2007年版图式。
1:10000
0 1 2km

图 8-16　1∶10000 地形图图廓整饰示意图

⑦ 我国 1∶10000 地形图是按 3°分带高斯投影方法绘制，其坐标格网属于高斯平面坐标格网。图上沿东、西图廓两边每隔 10cm（即实际 1km）注记相应的纵坐标值，从南向北增加，注记的纵坐标表示坐标横线沿着坐标纵轴方向到赤道的公里数；沿南、北图廓每隔 10cm（实际 1km）注记横坐标值，由西向东增加。注记的第一个横坐标有五位数字，前面两位是高斯投影带的带号，后三位表示坐标格网纵线距离纵坐标轴平移 500km 之后的公里数，后面的横坐标仅注记两位数，图 8-16 为一幅假定坐标的万分之一图的图廓整饰。

⑧ 三北方向和坡度尺。在中小比例尺地形图的图廓外，一般绘制了三北方向和坡度尺，如图 8-17 所示。三北方向指的是真子午线北方向、磁子午线北方向和坐标纵线北方向。图上标注了三北方向之间的偏角大小。利用三北方向图可以对图上任意方向的真方位角、磁方位角和坐标方位角进行换算。

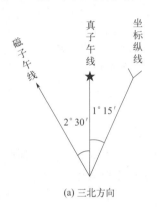

(a) 三北方向

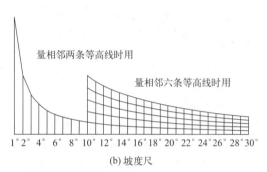

(b) 坡度尺

图 8-17　三北方向和坡度尺

坡度尺是以坡度为横坐标，以等高线平距为纵坐标的坡度平距曲线图。通过在图上量取等高线之间的水平距离可以利用坡度尺查询地面坡度。坡度尺上按首曲线间平距（即相邻两条等高线）和计曲线间平距（即相邻六条等高线）分别绘制出两条曲线。查询地面坡度时，用分规或直尺量出图上等高线之间的平距，找出坡度尺上纵线高与此平距相等的纵线位置，所标注角度即为此等高线间的地面坡度。在工程应用上，也可根据给定的地面坡度，确定与此坡度相应的地面位置，用坡度尺在地形图上进行线路工程（如公路、铁路、渠道等）的初步选线。

8.6　地形图的应用

8.6.1　地形图的基本应用

（1）确定点的坐标

在地形图使用时，可根据地形图的坐标格网用图解法量算图上指定点位的坐标，如图 8-18（a）所示。

要确定图上 A 点坐标，先确定 A 点所在的格网位置 $abcd$，以 a 点作为已知点量算 A 点的坐标。过 A 点分别绘制平行于格网线的坐标增量线段 Ah 和 Ak，然后在图上量取 Ah 和 Ak 的长度，则 A 点坐标为

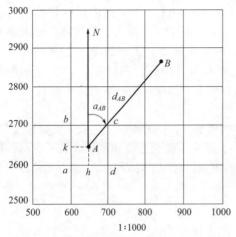

(a) 确定图上点的坐标、距离和坐标方位角

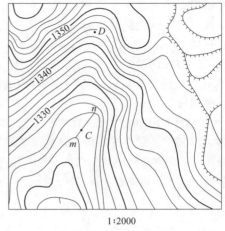

(b) 确定图上点的高程及坡度

图 8-18　确定图上点的坐标、距离、坐标方位角、高程及坡度

$$\begin{cases} x_A = x_a + Ah \times M \\ y_A = y_a + Ak \times M \end{cases} \tag{8-2}$$

式中，M 为地形图比例尺分母。

如果图纸有伸缩变形的情况，要求量算的坐标精度较高时，应考虑由此产生的影响，因此要对量取的坐标增量线段施加变形纠正。在量算坐标时，除了要量取坐标增量线段 Ah 和 Ak 的长度外，还需要量取格网 ab 和 ad 的长度，量取长度时以 cm 为单位，并使用下面公式计算：

$$\begin{cases} x_A = x_a + \dfrac{10}{ab} \times Ah \times M \\ y_A = y_a + \dfrac{10}{ad} \times Ak \times M \end{cases} \tag{8-3}$$

（2）确定两点之间的距离和坐标方位角

如图 8-18(a) 所示，A、B 两点之间的距离 D_{AB} 可采用图解法和坐标计算得到。采用图解法时量取 AB 的图上长度 d_{AB}，然后根据公式计算：

$$D_{AB} = d_{AB} \times M \tag{8-4}$$

式中，M 为地形图比例尺分母。

采用 A、B 两点的量算坐标也可以计算 AB 的距离 D_{AB}，但精度不比图解法高。坐标计算法先计算出 A、B 两点的坐标，可采用下面公式计算：

$$D_{AB} = \sqrt{(x_B - x_A)^2 + (y_B - y_A)^2} \tag{8-5}$$

如图 8-18(a) 所示，AB 的坐标方位角 a_{AB} 可以在图上使用量角器直接量取，也可以根据 AB 的坐标采用坐标反算公式计算。

（3）确定点的高程和地面坡度

如图 8-18(b) 所示，要确定地形图上 C 点的高程 H_C。首先判断地形图的基本等高距 h，如本例中基本等高距为 2m，然后确定与 C 点相邻的两条等高线的高程，本例 C 点相邻的等高线高程分别为 1322m 和 1324m，最后过 C 点作 1322 和 1324 等高线的正交线段 mn，分别量出 mn 的长度 d 和 mC 的长度 d_1，则 C 点高程由式（8-6）按比例内插计算得到。

$$H_C = H_m + \dfrac{d_1}{d} \times h \tag{8-6}$$

地面坡度指的是地面两点之间的高差与其水平距离之比，用 i 表示，坡度 i 通常以百分率显示。地面坡度也可以用地面倾角 α 表示。i 和 α 的计算公式为

$$i = \frac{h}{D} = \frac{h}{dM} \tag{8-7}$$

$$\alpha = \arctan\frac{h}{D} = \arctan\frac{h}{dM} \tag{8-8}$$

式中，h 为两点之间的高差；d 为图上两点之间的距离；M 为地形图比例尺分母。

在本例中通过图上量取，得到图 8-18(b) 中 C、D 点的图上距离为 4.8cm，高程分别为 $H_C = 1322.8$m，$H_D = 1343.4$m，因此地面点 CD 之间的坡度为

$$i = \frac{h}{D} = \frac{h}{dM} = \frac{1343.4 - 1322.8}{4.8 \times 2000/100} = 21.5\%$$

$$\alpha = \arctan\frac{h}{dM} = \arctan\frac{20.6}{96} = 12.11°$$

8.6.2　地形图上面积的量算

在工程规划设计工作中，经常需要在地形图上量算某一区域的面积，比如建筑工程中的场地平整面积、建筑物占地面积、绿化面积等，道路工程设计中的各类用地面积以及水利工程中的汇水面积、水库水面面积等。地形图上面积量测的传统方法有解析法、几何图形计算法、方格法、平行线法和求积仪法等。

对于多边形图形一般采用解析法和几何图形法计算，精度较高。采用解析法需要知道多边形的各定点坐标，利用公式计算。几何图形法就是将多边形分解成三角形、长（正）方形、梯形的等特殊图形进行计算。

对于不规则曲线围成的图形，一般采用方格法、平行线法或者使用求积仪量测。

方格法原理简单，就是将需要量测的范围分成若干规则方格，然后将各方格加起来即得到总面积。在操作时，用透明方格网纸（根据精度需要选择方格大小）置于要量测的图纸上，先统计图形范围内完整方格数，然后将不足整格的方格目估折合成整格数，最后将两部分加起来得到图形的总方格数，方格数乘上方格的实际面积即为图形面积。

平行线法是用等间距的平行线将图形分割成若干等高的近似梯形，图形总面积等于各梯形面积之和，然后根据地形图比例尺换算成实地面积。

求积仪是一种专门用来量算不规则图形面积的仪器。求积仪量算面积操作简单、速度快，能够保持一定的精度，适用于各种不同形状图形的面积量算。求积仪分为机械求积仪和电子求积仪。在以前的地形图上面积求算中，求积仪得到广泛的应用。

自 2000 年以来，CAD 制图和绘图在各专业领域广泛应用起，图上面积的量算变得简单快捷，且能够保证较高的测量精度。对于现在测绘数字地形图，在 AutoCAD 软件上打开地形图后，通过工具菜单下的查询对象面积命令（area）即可得到闭合图形的面积。对于纸质地形图，可以先将图纸扫描成光栅格式，插入 CAD 软件后，对图纸的图像按实际大小进行缩放和纠正，仍然可以按照数字地形图的方法进行图上面积的量测。

8.6.3　按设计坡度选择最短路线

在道路、管线、渠道等工程设计中，选取线路时往往有坡度的限制条件，要求选取的线路是满足坡度不能超过规定值的最短路线。如图 8-19 所示，在 1：2000 的地形图上选取一

条从 A 点到山顶 B 的路线，要求坡度不能超过 5.5%，图上等高距为 2m。选线按以下步骤进行。

① 根据坡度的定义，计算坡度不超过 5.5% 的路线在相邻等高线之间的图上最短距离。

$$i = \frac{h}{dM} \leqslant 5.5\%, d \geqslant \frac{h}{5.5\%M} = \frac{2}{0.055 \times 2000} = 1.82\text{cm}$$

式中，h 为等高距；d 为图上相邻等高线间的距离；M 为地形图比例尺分母。

② 按照计算得到的 d 值，在地形图上以 A 为圆心，1.82cm 为半径，画圆弧交 1312 等高线于 1 和 1′点，用同样方法分别以 1 和 1′点为圆心，1.82cm 为半径，画圆弧交 1314 等高线于 2 和 2′点，以此方法依次选到山顶 B 点，得到两条符合条件的路线，如图 8-19 所示。

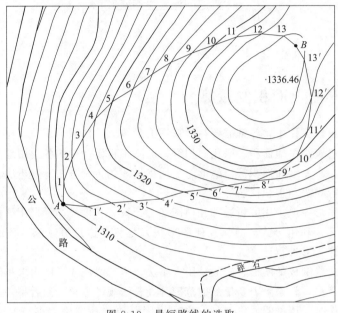

图 8-19　最短路线的选取

最后，通过综合比选，确定最优路线。图 8-19 选出的两条路线中，路线 A-1-2-⋯B 比 A-1′-2′-⋯-B 路径更短，因此为最优路线。在图上选线时可能会出现相邻等高线之间的平距大于 d 的情况，说明此处的地面坡度小于规定的坡度值，直接按等高线之间的最短距离连线即可。

8.6.4　利用地形图绘制地形断面图

地形断面反映沿着某一指定方向地面高低起伏的形态，它可以用一个垂直平面在指定方向上与地面相截的交线来表示，这个交线称为地形断面线。将地形断面线按照一定比例绘制成图即为地形断面图。

如图 8-20 所示，要绘制 AB 方向的地形断面图，需要确定地形图的比例尺和在断面方向上每条等高线的高程，以及在断面方向上最大和最小高程，然后才能确定断面在水平方向和垂直方向的绘图比例尺。通常，绘制断面图时水平方向采用与地形图相同的比例尺，垂直方向的比例尺需要根据地形起伏程度，取水平方向比例尺的 5～20 倍。在图 8-20 中，地形图比例尺为 1∶2000，基本等高距为 2m，在断面方向上最大高程为 962.5m，最小高程为 950.8m。

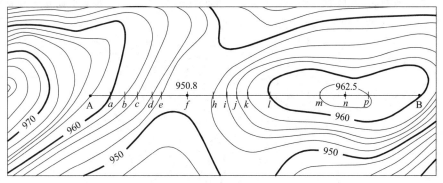

图 8-20　断面地形图

具体绘制步骤如下。

① 连接 A、B 两点，找出 AB 线与等高线的交点 a、b、c、d、…、m、n、p 及其高程值，并确定断面上最大和最小高程。

② 在图纸上绘出表示平距的横轴，即水平方向。水平方向取与地形图相同的比例尺 $1:2000$。过 A 点作垂线纵轴，表示高程方向。为了明显体现地面起伏变化情况，高程方向比例尺取水平方向的 10 倍，为 $1:200$。

③ 根据断面上最大高程和最小高程，确定高程变化范围，按比例尺将高程范围标注在纵轴上。标注的最小高程通常要略低于断面上的实际最小高程。

④ 在地形图上沿断面方向量取两相邻等高线间的平距，依次在横轴上标出 a、b、c、d、…、m、n、p 点。

⑤ 从各点作横轴的垂线，垂线的高度即各点的高程，对照纵轴标注的高程确定各垂线端点的位置。然后用平滑的曲线将各端点连接起来，即得到 AB 方向的地形断面图，如图 8-21 所示。

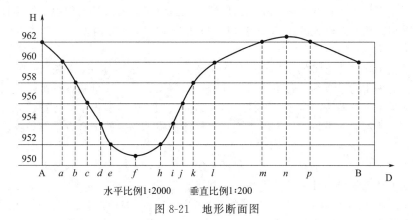

图 8-21　地形断面图

8.6.5　在图上确定汇水面积

道路、桥梁、水坝、涵洞等工程项目在横跨河流和沟谷时，工程设计中需要确定河流或沟谷的流量。河流或沟谷的流量大小是由降雨量和汇水面积的大小决定。汇水面积又称为集雨面积，是指河流或沟谷上游降雨时汇流区域的面积。汇水面积的范围可在地形图上根据山脊线的界线围成的区域确定。如图 8-22 所示，用虚线将山脊线 A、B、C、D、E、F、G、

H、I 连接起来围成的范围就是过桥梁或涵洞断面的汇水面积。除了汇水面积，还需要气象水文资料才能确定通过桥梁或涵洞断面的流量。

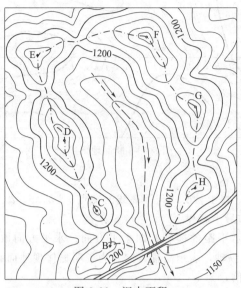

图 8-22　汇水面积

8.6.6　利用地形图计算土方量

在土木建筑、道路、水利以及市政管线等工程中，常常需要计算土石方工程量。计算土石方工程量的常用方法有方格网法、断面法、等高线法以及数字高程模型 DEM 法等。在实际工程中需要根据地形起伏情况、场地形状、项目特点和精度要求选择不同的方法。通常在建筑场地平整中计算土石方量多选用方格网法，在道路管线渠道等工程中一般选用断面法计算，而在地形起伏高差较大的山体平整工程中只能选取等高线法计算土方工程量。

（1）方格网法

场地平整工程中要求将场地的自然地表平整为一定的水平地面或一定坡度的倾斜地面。在场地平整工程中为了节约工程费用，就地取材，使填、挖工程量基本平衡。在场地平整施工中，通常采用方格网法确定土石方的挖、填边界线和挖、填工程量的计算。方格网法适用于范围较大，地形起伏平坦，地面坡度变化有规律的施工场地的土石方量的计算。

如图 8-23 所示，在 1∶500 比例尺地形图上，在填、挖工程量基本平衡的条件下将原始地面平整成某一高程的水平地面。为了保证一定的精度，一般来说，只有大比例尺地形图才能用于场地平整工程量的计算。按下列方法和步骤进行。

① 绘制方格网。在地形图上需要平整的场地范围绘制方格网，格网大小应根据地形情况、地形图比例尺和要求的精度确定。一般方格的大小取 10m×10m 或 20m×20m。本例中方格边长为 10m。

② 内插各方格顶点的地面高程。根据地形图上等高线，用内插法求出各方格顶点的地面高程，标注于方格的右上角。

③ 计算设计高程。先根据各方格四个顶点的高程计算出方格的平均地面高程，然后将所有方格的平均地面高程加起来求和，并除以方格总个数 n，即得到场地的设计高程 $H_{设}$，场地设计高程就是场地范围的平均地面高程。根据图中的地面高程，本例中计算得到的设计高程 $H_{设}$＝84.6m。并标注于各方格顶点的右下角。在计算场地的设计高程时，根据方格顶

点参与计算的次数,可将方格顶点分为角点、边点、拐点和中点。其中每个角点只参与计算一次,每个边点参与计算两次,每个拐点参与计算三次,每个中点参与计算四次。因此可以按照下式计算场地的设计高程。

$$H_{设} = \frac{1 \times \sum H_{角} + 2 \times \sum H_{边} + 3 \times \sum H_{拐} + 4 \times \sum H_{中}}{4n} \tag{8-9}$$

式中,n 为方格总数。

④ 确定各方格顶点的填、挖高度。各方格顶点的填、挖高度为其地面高程与设计高程之差,即

$$h = H_{地} - H_{设} \tag{8-10}$$

式中,h 结果为"+"表示挖深,为"-"表示填高。将计算结果标注于方格顶点的左上角。

⑤ 确定挖填边界线。按照设计高程 $H_{设} = 84.6\text{m}$,在地形图上用虚线绘制出 84.6m 的等高线,该线就是挖填边界线,又称为挖填零线。

⑥ 计算挖、填土石方量。各方格挖、填量的计算分为整个方格全挖、全填和有挖有填三种情况。如图 8-23 中的方格 Ⅰ 属于全挖,方格 Ⅲ 属于全填,方格 Ⅱ 属于有挖有填的情况。下面以这三个方格为例,说明方格挖、填方量的计算方法。

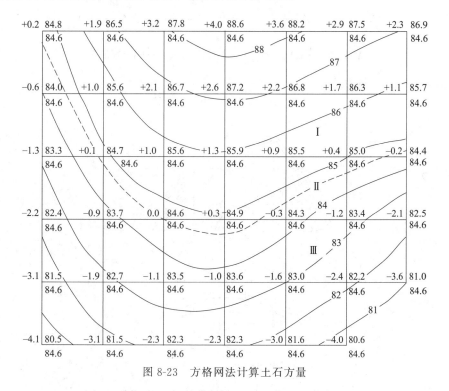

图 8-23 方格网法计算土石方量

方格 Ⅰ 为全挖方格,其挖方为

$$V_{Ⅰ挖} = \frac{1}{4}(2.2 + 1.7 + 0.9 + 0.4)\text{m} \times A_{Ⅰ挖} = \frac{1}{4} \times 5.2 \times 10 \times 10\text{m}^3 = 130\text{m}^3$$

方格 Ⅲ 为全填方格,其填方为

$$V_{Ⅲ填} = \frac{1}{4}(-0.3 - 1.2 - 1.6 - 2.4)\text{m} \times A_{Ⅲ填} = -\frac{1}{4} \times 5.5 \times 10 \times 10\text{m}^3 = -137.5\text{m}^3$$

方格 Ⅱ 为有挖有填方格,其挖、填方为

$$V_{\text{II挖}} = \frac{1}{4}(0.9 + 0.4 + 0 + 0)\text{m} \times A_{\text{II挖}} = 0.325 A_{\text{II挖}} \text{ m}^3$$

$$V_{\text{II填}} = \frac{1}{4}(0 + 0 - 1.2 - 0.3)\text{m} \times A_{\text{II填}} = -0.375 A_{\text{II填}} \text{ m}^3$$

式中，$A_{\text{II挖}}$、$A_{\text{II填}}$ 分别为方格 II 的挖、填方面积（m^2）。

其他方格的挖、填方量，采用同样的方法计算。最后将各方格的挖、填方量累加起来，即得到场地总的挖、填土石方工程量。

（2）等高线法

等高线法计算土石方工程量主要适用于高差起伏较大的突出地形的情况。等高线法计算的原理是将地形土方分解为各相邻等高线之间所夹的土方，分别单独计算，最后累加起来得到总的挖方量。相邻等高线之间所夹的土方等于相邻等高线围成的面积的平均值乘以它们的高差。因此使用等高线法计算土石方量之前，首先需要计算各条等高线所包围的面积。

如图 8-24 所示，图的上部为一山头，下部为对应的等高线，等高距为 10m，要求将山头整平为 65m 的高程。在地形图中绘制出 65m 等高线，分别求出 65m、70m、80m、90m 的等高线所围成的面积 A_{65}、A_{70}、A_{80}、A_{90}，然后计算每层土石方的挖方量。由于山头近似于圆锥体的形状，因此山头顶部的体积采用圆锥体体积计算。整个计算过程为：

$$V_{65-70} = \frac{1}{2}(A_{65} + A_{70}) \times 5, \quad V_{70-80} = \frac{1}{2}(A_{70} + A_{80}) \times 10$$

$$V_{80-90} = \frac{1}{2}(A_{80} + A_{90}) \times 10, \quad V_{90-95.6} = \frac{1}{3}A_{90} \times 5.6$$

于是，总的挖方量为

$$V_{\text{总}} = V_{65-70} + V_{70-80} + V_{80-90} + V_{90-95.6}$$

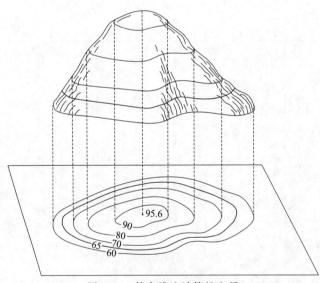

图 8-24　等高线法计算挖方量

（3）断面法

在线形工程如道路、渠道、管线等中，通常采用断面法计算土石方量。根据设计断面与地形断面围成的挖、填面积，即可计算出相邻断面之间的土石方工程量，最后求和得到总的土石方量。地形断面可以从地形图上根据等高线和高程点进行绘制，也可以实地测量绘制。

如图 8-25 所示，为道路的两个相邻填方路基断面，上面为路基设计断面，下面为原始地形断面，两个相邻断面的设计断面和地形断面围成的面积分别为 A_{500} 和 A_{520}，这两个相邻断面之间的填方量为

$$V = \frac{1}{2}(A_{500} + A_{520}) \times 20\text{m}$$

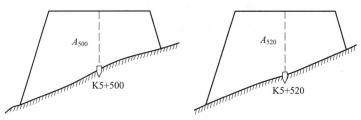

图 8-25　断面法计算土方量

同理计算其他断面之间的土石方量，最后求和即得到总的挖、填量。

（4）DTM 土方计算

DTM 是数字地形模型（digital terrain models）的简称，是地形起伏的数字表达。通过实测地形特征点、摄影测量立体模型采集和扫描原有纸质地形图等方法建立起地面不规则三角网 TIN(triangulated irregular network)，表示地形的起伏状态。通过地面 TIN 模型和设计高程，计算每个三棱锥体的挖填方量，其原理与方格网计算土方相似，如图 8-26 所示。

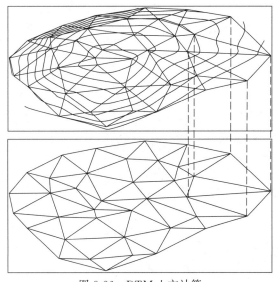

图 8-26　DTM 土方计算

在图 8-26 中，上面部分为建立的地面不规则三角网以及生成的等高线，下面部分为三角网在设计高程面的形状。先计算各三角形顶点的地面高程与设计高程的差值，然后计算每个三棱锥体的体积，最后将所有三棱锥的挖、填量加起来，即得到场地总的挖、填量。使用 DTM 计算土石方量精度较高，常用于两期土方工程量的计算。

<<<< **思考题与习题** >>>>

1. 地形图图式符号分为几类？表示地貌的等高线分为哪几种？

2. 地形图比例尺与地形图的详略精确程度有什么关系？

3. 在地形图上主要有哪些典型地貌？

4. 等高线有哪些特点？

5. 地形图上等高线平距与地面坡度有何关系？

6. 应用地形图计算土石方量主要有哪些方法？分别适用于哪些情况？

7. 如何对中小比例尺地形图进行分幅和编号？

8. 在工程测绘中，大比例尺地形图主要采用什么方法进行分幅和编号？

测 / 量 / 学

第 9 章

大比例尺地形图测绘

本章知识要点与要求

本章主要介绍地形图测绘的基本方法、传统地形图测绘原理、全野外数字地形测图原理及系统组成、野外地形数据采集的常用模式、地形要素分类编码、数字地形图的绘制以及数字地形图的应用等知识；本章重点为地形图测绘的基本方法、野外地形数据采集方法和数字地形图的绘制。通过本章的学习，要求学生掌握野外地形特征点的选择，使用全站仪和 GNSS RTK 采集地形数据，利用南方 CASS 软件绘制地形图、纵横断面图和土方量的计算等内容。

9.1 地形测绘的基本方法

地形图是地球表面地物分布情况和地形起伏高低状态在图上的准确描绘，是各行、各业工程建设中进行工程规划、设计的基础资料。中小比例尺地形图主要采用编绘的方法制作，大比例尺地形图采用实地测绘的方法得到。测绘地形图就是测定地面上的居民地、道路、水系、境界、地貌土质与植被等基本地理要素的位置、确定它们的属性，按照规定的投影方法和比例尺，使用图示符号并绘制成图。

在大比例尺地形图测绘时，一般先要进行地形控制测量。在测图阶段的控制测量称为图根控制测量，建立测图控制点，然后根据图根控制点测定其周围的地物、地貌的平面位置和高程，这项工作称为碎部测量。

随着测绘科技的快速进步，测绘地形图的方法也发生了很大的变化。传统大比例尺地形图测绘主要采用经纬仪、平板仪等仪器配合图板及量角器进行图解法测绘，通过仪器测量将碎部点展绘到图纸上，以手工方式描绘地物和地貌，得到纸质地形图；现在大比例尺地形图测绘一般采用数字测图方式进行，通过全站仪、GNSS RTK、地面（或机载）三维激光扫描仪基于实景三维模型等采集地形数据，使用专业软件在计算上对数据处理后按照规定的图示符号绘制地形图，得到数字地形图。传统地形图测绘方法效率低，精度不高；现在的数字地形图测绘方法效率高，且精度好。数字地形图和纸质地形图相比，除了具有以上的优势外，还具有保存、携带、使用更方便的特点。

9.1.1 碎部点的选择

在测绘地形图时，需要选择地形特征点测量。地形特征点又称为碎部点，包括地物特征点和地貌特征点。测绘地形图时时，碎部点选取是否正确合适，直接影响地形图的质量。

（1）地物特征点的选择

地物特征点需根据地物分类进行选择，对于轮廓较大可以用比例符号表示的地物，如房屋、建筑物、桥梁、运动场、湖泊等，其特征点应选在地物外轮廓的转折点、交叉点和拐点上；对于使用半比例符号表示的线状地物，如河流和道路的边线、管线、围墙、栏杆、篱笆、地类界、自然坎及人工坎等，特征点应沿着地物走向每隔一定的距离选择点位进行测量，特别在地物走向弯曲变化处必须测量；而对于只能用非比例尺符号表示的地物，如测量控制点、路灯、井盖、消防栓等应选择地物的中心位置作为特征点进行测量。如图 9-1 所示，道路、河流应沿着边线进行测量，房屋应选择其轮廓点和拐点测量，图中用竖线在其顶上带圆圈符号（棱镜杆）表示特征点的位置。

（2）地貌特征点的选择

如图 9-1 所示，地貌特征点应选在地形转折和地面坡度发生变化的地方以及能够反映地貌特征的山脊线、山谷线等地性线位置，如山顶、鞍部、山谷、山脊、山脚、洼地、陡崖边沿等处。在实际测量时，为了能够真实详尽反映地貌的形状和变化，除了上述特征位置外，还应在地面坡度变化等处加密测量碎部点，只有碎部点达到一定数量，才能保证地形图的质量。

图 9-1　地物、地貌特征点的选择

一般情况下，地形碎部点应满足图上最大间距为 2～3cm 一个点。碎部点密度应适当，点位密度过大，会增加外业测量工作量，对提高地形测量精度并不明显，点位密度稀疏，不能详细反映地形变化特征，无法保证地形图质量。常用大比例尺地形图碎部点测量的密度和视距可参考表 9-1 中的数据。

表 9-1　碎部点密度和最大视距

测图比例尺	地形点最大间距/m	最大视距/m	
		主要地物	次要地物和地形点
1：500	15	60	100
1：1000	30	100	150
1：2000	50	180	250
1：5000	100	300	350

9.1.2 等高线的勾绘

地形绘图时，地物按照其轮廓形状和中心点位置，使用相应的符号进行绘制；大多数地貌用等高线表示，特殊地貌如陡崖、陡石山、地裂缝、冲沟、斜坡、陡坎等采用专用符号表示。传统测绘地形图方法需要手工勾绘等高线，数字地形图测绘是根据成图软件构建地面不规则三角网 TIN 模型，内插等高线。实际上，两种方法的原理一样。

在勾绘等高线前，应先根据实地地貌，勾绘出能够反映地貌特征的山脊线和山谷线，然后采用目估法勾绘等高线。目估法勾绘等高线是按照高差与平距成比例的原则内插出两碎部点之间的等高点。由于等高线的高程是基本等高距的整数倍，一般情况下测量的碎部点的高程并不是整数高程值，因此采用目估法内插的是两碎部点之间各等高线通过的位置（等高点），最后将高程相等的相邻等高点用光滑曲线连接起来，即得到一条等高线。

如图 9-2(a) 所示，图中为一局部地形测量的部分碎部点以及勾绘的等高线。图中山头位置 A 点的高程为 436.1m，山脚位置碎部点 B 的高程为 428.5m。AB 方向处于山脊线上，现以 AB 方向上等高线的勾绘说明目估法内插等高线的方法。

取基本等高距为 1m，在 AB 之间有 429m、430m、431m、432m、433m、434m、435m 和 436m 共 8 条等高线通过。先在图纸上将 AB 用虚线连接起来，根据两点之间的高差和距离，按照高差与平距成正比的原理，在 AB 线上目估确定高程 429m 和 436m 的位置，如图 9-2(b) 所示的 m 和 t 点，然后将 mt 等七等分，确定出高程为 430m、431m、432m、433m、434m、435m 的 n、o、p、q、r、s 点。同理定出其他两个碎部点之间等高线通过的位置，最后将所有的高程相等的相邻点连成光滑的曲线，就得到局部范围的一组等高线，如图 9-2 所示。

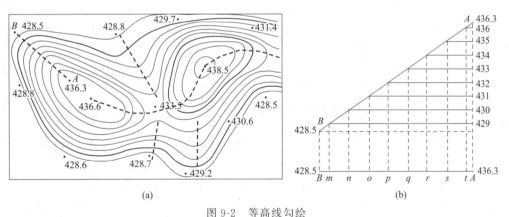

(a)   (b)

图 9-2 等高线勾绘

9.2 经纬仪测绘地形图

9.2.1 经纬仪测图原理及准备工作

经纬仪测绘地形图的原理是运用极坐标定点的方法确定地形点的位置，如图 9-3 所示。在完成控制测量后，测图之前必须做好相关准备工作，包括绘制坐标方格网、展绘控制点，并检查方格网的精度和控制点的展点精度是否符合规范要求。为了保证测图精度，每幅图上应保证必要的图根控制点的数量，比如 1∶500 比例尺地形图，50cm×50cm 的图幅需要 8 个控制点；1∶1000 比例尺地形图，50cm×50cm 的图幅需要 12 个控制点；1∶2000 比例尺地形图，50cm×50cm 的图幅需要 15 个控制点。

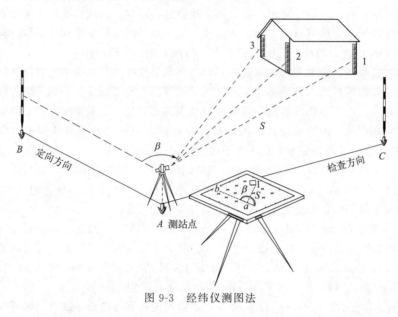

图 9-3　经纬仪测图法

9.2.2　经纬仪测绘地形图的方法

测量时先将经纬仪安置在控制点上，用经纬仪测量碎部点方向与控制点方向之间的水平角度、测站点到碎部点的斜距和竖直角，通过计算得到测站点到碎部点的水平距离和高差以及碎部点的高程；然后在图板上使用量角器量出水平角确定碎部点方向，在此方向上量取经比例换算后的图上距离定出碎部点的位置，注记上碎部点的高程，即完成该碎部点的测绘。最后根据该碎部点的地物地貌属性，在实地按照地形图图式符号勾绘出局部地形图。

如图 9-3 所示，仪器安置在控制点 A 上，此时控制点称为测站点。仪器对中整平后，照准控制点 B 作为定向点，配置水平度盘为 $0°00'00''$，AB 方向称为定向方向。为了检查测站设置是否正确，需要附近的另一控制点 C 作为检查方向。检查时，通过测站点与两个控制点方向的坐标方位角计算它们之间的夹角，与实测水平角的差值检查方向误差，同时通过测站点实测出两个控制点的高程与已知高程比较，检查控制点的高程误差。

在测站定向完成后，即可进行碎部点的测量，其步骤为立尺、观测、记录、计算、展点绘图。根据选择的地物、地貌特征点立尺，观测时用竖丝瞄准标尺，读出水平角度、用中丝瞄准固定标尺高度处，即为目标高处读取竖直角，读取视距，并在碎部点测量手簿中完整记录观测数据，然后计算水平距离、高差和碎部点的高程，碎部点测量手簿见表 9-2。最后根据水平角、水平距离展绘碎部点的位置，标注其高程。测绘地物特征点后，若是独立地物，应使用独立地物的符号来表示，其他地物应按其轮廓进行连接和表示，并标注其相关属性。测绘地貌后，要对照地性线和特殊地貌点勾绘等高线及描绘特征地貌符号。勾绘等高线时，应先勾绘计曲线，然后加密其余等高线。

表 9-2　碎部点测量手簿

测站:A(后视点 B)　　　　　　　　仪器高:i=1.58m　　　　　　　　指标差:x=0

测站高程:H_A=352.56m　　　　　　视线高程:$H_i=H_A+i$=354.14m

点号	视距 s/m	中丝读数 V/m	竖盘读数	竖直角	水平角	水平距离 D/m	高程 H/m	备注
1	50.5	1.62	93°30′	−3°30′	120°32′	50.3	349.44	房角
2	45.7	1.62	93°29′	−3°29′	101°46′	45.5	349.75	房角
3	47.3	1.62	93°29′	−3°29′	90°12′	47.1	349.65	房角
4	55.8	1.62	93°35′	−3°35′	45°52′	55.6	349.04	路边

9.2.3　地形图的拼接、检查和整饰

由于经纬仪测图是分幅测绘,为了保证相邻图幅能够完全拼接,要求在外业测绘时每幅图的四边要超出图廓线 5mm。外业测图完成后,还需要对图幅进行内业接边处理、内外的质量检查以及图幅整饰等工作。

(1)地形图的拼接

地形图拼接是将地形图的四边与相邻地形图的对应位置进行接边处理。由于测绘误差的存在,相邻图幅接边时,往往地物或地貌不能完全吻合,位置上总是有些错开。如图 9-4 所示,左、右两幅图相接处的房屋、小路、坎、等高线等都要偏差,这种偏差称为接边误差。通常地形图上点位精度是通过点位中误差和相邻地物点间距中误差表示,地貌高程精度通过等高线高程中误差表示,如表 9-3 所示。当接边误差不超过表 9-3 规定的容许误差时,取平均位置,进行修正。

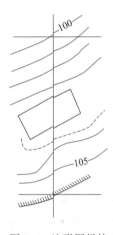

图 9-4　地形图拼接

表 9-3　地形图接边容许误差

地形类别	点位中误差/mm	地形分类	平地	丘陵	山地	高山地
平地及丘陵	0.5	高程中误差/(等高距)	1/3	1/2	2/3	1
山区	0.75					

(2)地形图的检查

地形图的检查包括室内图面检查、野外巡查以及野外设站检查。

① 室内图面检查图上地物、地貌表示是否完整正确、复杂部位地物、地貌综合取舍是否合理、注记和符号是否正确、等高线与地形点的高程是否相符、地理要素接边是否符合要求等内容。对于室内检查发现的错误和疑点,要在图上做好标记,以待野外巡视时进一步检查核对。

② 根据室内检查的情况,有计划地确定巡视路线,进行实地对照查看。主要检查地物、地貌有无遗漏,等高线是否逼真合理,符号、注记是否正确等。每幅图巡视检查的范围应大于图幅面积的三分之二。对于新增地物,应进一步确认。野外巡查针对室内发现的可疑之处,要重点巡视,实地核对,对发现的问题现场更正。

③ 据室内检查和巡视检查发现的问题,到野外设站检查。除对发现的问题进行修正和

补测外，还需抽样设站检查，检查原测地形图是否符合要求。仪器设站检查量每幅图一般为10％左右。

（3）地形图整饰

地形图经过检查、修改和拼接后，还要对图面进行清绘和整饰，使图面清晰、美观。地形图整饰包括图内整饰和图外整饰。图内整饰有内图廓线、坐标格网、控制点、地形点符号及高程注记、各种独立地物及其名称、居民地建筑物、水系、植被以及等高线和地貌符号等，对这些内容按照地形图图式的符号、尺寸等要求进行整理清绘，图上等高线的粗细线条、注记字体大小、方向等均按照图式规定绘制。图外整饰有外图廓线、接图表、图名、图号、比例尺、测图单位、测图时间、测图方法、坐标系统、高程系统、测绘人员等内容。

9.3 全野外数字测图原理及组成

自 20 世纪 90 年代中期开始，随着电子速测仪的推广应用和计算机辅助制图系统的快速发展，逐步形成了从野外地形数据采集到内业成图处理的大比例尺数字地形图测绘技术，实现了从图解法测图到数字测图的转变，改变了地形图的编辑、存储、管理等方式，是地形图测绘方法的历史性变革。特别是现在全站仪、GNSS RTK、实景三维模型以及激光三维扫描技术的广泛应用，使得大比例尺数字测图技术已经完全取代了传统地形图测绘方法。

9.3.1 数字测图的原理

数字测图的原理是采集地面上的地物、地貌要素的三维坐标和属性以及相互之间的关系等信息，将这些信息输入计算机，在计算机辅助制图系统编辑处理后，得到显示、输出与传统地形图相同的数字地形图。计算机辅助制图系统是专业的数字化地形图编辑成图软件，通过人机交互操作，能够将野外采集的地形数据编辑成以数字形式保存的地形图。

数字地形图成果与传统纸质地形图完全不同，它是以计算机存储介质为载体，可以在计算机中进行编辑修改、传输共享的数字地形信息，通过输出打印得到与传统地形图一样的纸质地形图。数字地形信息是地理空间数据的基础数据，是地理信息系统（GIS）的重要组成部分。

9.3.2 数字测图系统的组成

数字测图系统是地形空间数据及其属性的采集、输入、处理、绘图、应用、管理和输出的测绘系统，主要由地形数据采集、地形数据成图处理软件以及图形输出三部分组成。

地形数据采集是数字测图的第一步，野外采集地形数据是使用全站仪、GNSS RTK 等测量仪器测量并保存地形特征点的三维坐标数据和属性信息，记录相互之间的连接关系。随着测绘科学技术的发展和测量仪器设备的不断更新，现在基于无人机航测影像三维建模和激光三维扫描技术被越来越多地用于采集地形数据和数字地形成图。因此目前地形数据采集的技术手段呈现出多样化、相互之间取长补短的态势，同时这对软件数据处理的水平和能力也提出了更高的要求。对于内业数字化地形图则需要使用数字化仪或扫描仪获取纸质地形图的图像信息。内业数字化地形图可以利用成熟的地形数字化软件提取纸质地形图的图像信息实现地形图数字化。

野外数据采集完成后，将数据输入成图处理软件，然后由成图处理软件对野外采集测量的点位信息及其属性进行编辑处理，生成数字地形图。数据成图处理软件具有地形数据输入、编辑处理、绘制地形图以及图形输出等功能。目前在国产软件中具有代表性的是广州南方数码科技股份有限公司基于 AutoCAD 平台开发的一套集数据采集、编辑、成图、质检等功能于一体的 CASS 成图软件，主要用于大比例尺地形图绘制、三维测图、点云绘图、地籍测绘以及工程应用等领域。

图形输出主要指通过绘图仪、打印机、显示器等设备将地形图显示和打印出来，也可以通过软件系统导出为其他格式的数据文件。

9.4 野外地形数据采集

9.4.1 野外地形数据采集模式

大比例尺地形图测绘野外通常采用全站仪、GNSS RTK 等仪器和技术采集地形数据，记录特征点的属性信息。野外测量的地形数据以数据文件的形式保存在仪器内存当中，将数据文件输入地形成图软件后，通过编辑处理即可绘制地形图。目前野外数据采集可分为测记草图模式、编码模式和电子平板模式。

（1）测记草图模式

在野外采集地形点的三维坐标，自动记录存储坐标数据的同时，现场绘制草图描述地形点的属性信息和地形点之间的连接关系。在草图上绘制相应测点的位置和点号、测点之间的连接关系和测点地理属性。在室内成图时将测量数据输入计算机的数字化成图软件，根据野外草图上描述的点位信息，进行地形图的编辑绘图。测记草图模式具有外业作业效率高、内外分工明确的特点，为大多数测图软件支持，也是目前大多数作业人员选用的测绘模式。

（2）编码模式

编码模式与测记草图模式类似，不同之处在于不需要野外绘制草图，而是在记录坐标数据的同时输入地形编码表示地形点的属性和连接关系。在室内成图时，根据地形点编码和连接关系，成图软件自动调用测图系统中对应的图示符号库，自动绘制地形图。该模式下作业，需要作业人员熟记地形编码，对人员素质要求较高，作业有一定难度，数据出错不容易查找，因此实际作业中使用较少。但是一旦熟练掌握了这种编码系统，能够大大提高内业成图的效率。

（3）电子平板模式

电子平板模式是在野外测量时配备电子平板电脑来模拟图板，在野外测量的同时将测量的坐标数据传输给平板电脑，电脑调用数字测图软件，根据现场测量点位的属性和连接关系实时绘图，实现所见即所得的成图效果。但是野外配置平板电脑具有容易损坏且携带不便等缺点。

9.4.2 地形要素分类编码

应用数字化测图软件绘制地形图时，地形点必须具备以下三类信息。
① 地形点的三维坐标，用来确定点的空间位置。

② 地形点的属性信息，根据属性信息调用成图系统中相应的图示符号绘图。

③ 地形点之间的连接关系，根据连接关系将相关点位连接成一个完整地物。

在野外地形数据采集、数据输入或者数据编辑时，必须保证地形点的这三类信息的完整。有了这三类信息，绘图时计算机成图软件就会根据坐标进行点位的确定，根据属性调用相应的图示符号，按照地形点之间的连接关系绘制地形图。为此，计算机数字测图系统中必须按一定的规则设计一套完整的与国家基本比例尺地形图图示符号相对应的地物编码来表示地物名称和相应的图示符号，以表明测量点位的属性信息；对于线状地物和面状地物，为了便于计算机的自动识别，测图系统还需要设计出地形点之间的连接方式。连接方式可分解为连接关系和连接线型，连接关系表明地形点之间是否相连和怎样连接，可用规定符号表示；连接线型分为直线、曲线、圆弧以及不需要连接的独立点等，每种线型可以用数字代码表示，每种线型的属性由地物编码决定。

在设计地物编码系统时，为了与我国基础地理信息要素分类一致，大比例尺数字测图软件按照《国家基本比例尺地图图式 第 1 部分：1∶500 1∶1000 1∶2000 地形图图式》（GB/T 20257.1—2017）和《基础地理信息要素分类与代码》（GB/T 13923—2022）中的规定将地形要素分为九大类进行编码，九大类地形要素分别为定位基础、水系、居民地及设施、交通、管线、境界与政区、地貌、植被与土质、地名。但是不同的测图软件设计的地物编码系统和测点间的连接方式各不相同。表 9-4 是广东南方数码科技股份有限公司基于 AutoCAD 开发的数字化测图软件 CASS 设计的部分内部地物编码及图层等信息。

实际上对于野外测绘地形图来说，表 9-4 中的地物编码是比较复杂的，要作业人员记住这么多的编码不是一件容易的事情。因此 CASS 软件提供了一种野外操作码测图法。野外操作码由描述地形实体属性的野外地物码和描述连接关系的野外连接码组成。为了让 CASS 软件能够识别野外操作码，软件提供一个野外操作码定义文件 JCODE.DEF，该文件是用来描述野外操作码与 CASS 内部编码的对应关系，用户可编辑此文件使之符合自己的要求，其文件格式为（示例）：

野外操作码	CASS 编码
F0,141101	一般房屋
C2,131500	导线点
B5,211400	菜地边界
Q2,164300	曲线小路

……

END

CASS 软件对 JCODE.DEF 进行了初始定义，用户可以按照自己的需要对它进行修改。

表 9-4 CASS 软件地物编码及其图层

地物名称	编码	图层	地物名称	编码	图层
三角点	131100	KZD	电线架	171400-1	GXYZ
导线点	131500	KZD	电线杆上变压器	171600-1	GXYZ
水准点	132100	KZD	架空的热力管道	173140	GXYZ
GPS 控制点	133000	KZD	省、直辖市已定界	191201	JJ
常年河水涯线	181101	SXSS	自然保护区界	192200	JJ
一般单线沟渠	183101	SXSS	等高线首曲线	201101	DGX
滚水坝（坎线）	184202	SXSS	一般高程点	202101	GCD

地物名称	编码	图层	地物名称	编码	图层
一般房屋	141101	JMD	石质的陡崖	203320	DMTZ
砖房屋	141121	JMD	旱地边界	211200	ZBTZ
依比例围墙	144301	JMD	菜地边界	211400	ZBTZ
烟囱	152700	DLDW	独立灌木丛	213202	ZBTZ
等级公路主线	163200	DLSS	行树	213702	ZBTZ
大车路实线边	164110	DLSS	界址线	300000	JZD
小路	164300	DLSS	街道线	300010	JZD

在 CASS 数字测图软件中，将每一个图式符号设置成图标文件，赋予其地物编码，配上汉字说明后编写在一个由图块文件和索引文件组成的图示符号库里，形成一个图示符号编码表，由此表形成了图块菜单，设置在软件屏幕的右侧，是一个测绘专用交互绘图菜单。

9.4.3 野外地形碎部点采集

（1）全站仪采集碎部点

目前生产单位已经普遍采用全站仪完成常规的测量工作。在地形测绘中，使用全站仪按照坐标测量的方法采集地形点的三维坐标，不仅精度高，而且比传统测图方法大大提高了工作效率。采集碎部点外业测量时，将仪器安置在图根控制点上，建立测站后测量至碎部点方向的水平角度和距离，按极坐标和三角高程的原理计算出碎部点的平面坐标和高程，同时将观测数据和碎部点的三维坐标存储在全站仪内存中。由于全站仪测角和测距的精度较高，所以较传统测图方法有更大的优势。根据现有规范，碎部点的测量距离可以放宽至传统测量方法的两倍，测站测图覆盖范围更大，图根控制点的数量可以大幅度减少。

全站仪测绘地形图不再以图幅划分测量范围，而是以地面上有明显分界的道路、河流等地物标志划分作业小组的测量范围，进行分块测量。在小组的人员配备上，一般需要测站观测 1 人、绘图员 1 人、镜站 1~2 人。测量过程中镜站人员选择地形特征点按照一定的顺序立点测量，绘图员绘制野外测量草图，并通过对讲机和测站观测员核对测量点号等相关信息，以保持同一地物的全站仪测量点号与草图点号一致。外业工作完成后，需进行内业成图处理。在工作任务较多时，一般是白天外业测量，晚上内业成图处理。

全站仪野外采集地形数据时，为了自动保存测量数据，在测站建立完成后需要在全站仪中选择或者新建一个测量项目，测量时能够自动将碎部点的测量观测数据和坐标数据保存在项目中。全站仪建立测站的方法和数据采集的操作可参照前面相关章节内容。

外业作业时可选择测记草图模式和编码模式进行作业，作业人员根据情况自主选择。若选择编码模式，需要作业人员预先定义外业测量地物编码、连接符号以及外业编码和成图软件内部编码对应的定义文件。测量碎部点后需要输入碎部点的外业编码和测点之间的连接符号，然后保存数据，外业操作相对复杂，但将数据文件导入成图软件后能够自动绘制地形图，内业成图效率高。若采用测记草图模式测量，仅需测量时绘制外业测量草图即可。按照测量先后顺序，在草图上绘制碎部点的点号、地物的位置和形状以及名称属性注记、山脊线和山谷线等，草图的绘制符号尽量与地形图图式符号相同。采用测记草图模式测量，外业测量效率较高，内业需根据草图绘图。实际上采用外业测记草图作业后，可根据外业草图文件制作数据引导文件或编码引导文件，也可实现自动绘图的目的。

（2） GNSS RTK 采集碎部点

随着卫星定位测量技术的发展，全球导航卫星系统实时动态测量技术 GNSS RTK 得到了广泛的应用。GNSS RTK 具有定位精度高、无误差积累、测量速度快、操作简单、全天候作业、作业范围广等特点。与全站仪对比，GNSS RTK 不受通视条件的限制，只要测量区域上空无遮挡，都可以测量。特别是全球四大卫星导航定位系统，为 GNSS RTK 测量提供了更多测量信号，测量结果精度更高，可靠性更好。因此在实际工作中更多采用 GNSS RTK 测量技术完成地形测绘任务。

采用 GNSS RTK 技术测绘地形图，在开始测量之前需要进行仪器的设置操作，设置完成后，进入点测量模式采集地形数据。GNSS RTK 采集地形数据时，只需要在流动站手簿上点击按键即可测量地形特征点的三维坐标，且坐标实时显示在手簿屏幕上，测量后保存在手簿内存中。

GNSS RTK 技术由传统的"基准站＋电台"模式和"基准站＋GPRS/CDMA"模式发展为现在普遍使用的由 CORS 支持的网络 RTK 模式。如果采用传统 GNSS RTK 模式测量，需要对基准站、流动站、数据链通信方式等进行设置；采用网络 GNSS RTK 技术，由 CORS 提供差分服务，所以不需要另外设置基准站。下面以"基准站＋电台"模式（内置电台）为例说明采用 GNSS RTK 技术采集地形点的操作步骤。

① 安置基准站，对中、整平、量取天线高。

② 在手簿上新建工程，设置坐标系统、椭球参数、投影参数（中央子午线）等。

③ 基准站设置。通过手簿蓝牙连接基准站接收机，设置成基准站，数据链选择电台模式，设置差分数据格式、电台通道、获取基站坐标等，然后启动基准站。

④ 移动站设置。通过手簿蓝牙连接移动站接收机，设置成移动站。数据链选择电台模式，设置电台通道（与基准站电台通道一样）。

⑤ 接收到一定数量的卫星后，手簿上显示固定解，然后用移动站接收机测量至少 2 个已知点坐标，求取坐标转换参数后，应用到新建工程中。用另外已知点检查坐标转换参数的精度，如果测量坐标与已知坐标较差在限差范围，说明精度满足要求。

⑥ 选择地形特征点测量。在手簿上点测量菜单，选点测量，即开始 RTK 测量，输入点号，修改天线高，然后保存。

9.5　数字地形图的绘制

使用全站仪或 GNSS RTK 在野外采集地形碎部点后，得到各碎部点的坐标以及各地物的属性和连接关系。要绘制数字地形图，需要将测量的地形碎部点在计算上显示出来，然后根据各地物属性和连接关系应用计算机上的数字测图软件按照图式符号绘制地物；根据图上地貌特征点（即高程点），绘制等高线，并对地物地貌进行编辑。最后对地形图分幅编号，进行图幅整饰，生成每幅图的图框等信息。通过这样的流程处理，才能得到一幅完整的地形图。数字地形图可以存储在计算机上，也可以进行打印输出。本节通过广东南方数码科技股份有限公司开发的 CASS9.1 软件来说明数字地形图的成图过程。

9.5.1　数据的传输

全站仪或 GNSS RTK 在野外采集的地形数据是保存在仪器的内存之中，在绘制地形图前需要将仪器中的地形数据导出到电脑，这个过程就是数据的传输。比较老旧的全站仪和 GNSS RTK 仪器是通过数据线和电脑连接，在软件驱动下将测量数据传输到电脑。现在的全站仪和 GNSS RTK 仪器通过 USB 接口直接复制到 U 盘或其他移动存储器上，然后再与电脑连接，复制到电脑上保存；也可以通过蓝牙设备与手机等设备连接，进行数据的传输、接收和保存。

9.5.2 CASS9.1 功能介绍

CASS 地形地籍成图软件是基于 AutoCAD 平台技术的 GIS 前端数据处理系统。广泛应用于地形成图、地籍成图、工程测量应用、空间数据建库、市政监管等领域，全面面向 GIS，彻底打通数字化成图系统与 GIS 接口，使用骨架线实时编辑、简码用户化、GIS 无缝接口等先进技术。CASS9.1 软件采用 2007 版国家基本比例尺地图图式符号。

打开桌面图标 CASS9.1，启动 CASS 软件，图 9-5 为 CASS9.1 For AutoCAD2007 的初始界面。CASS9.1 与 AutoCAD 界面十分相似，由菜单栏、工具栏、命令栏、CASS 属性面板、CASS 地物绘制菜单、状态栏按钮以及绘图窗口等组成。

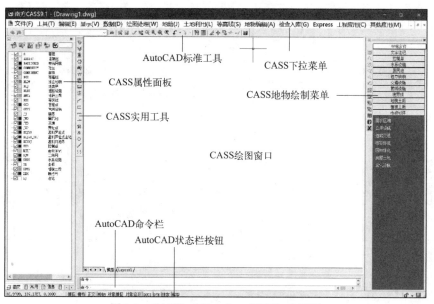

图 9-5　CASS9.1 For AutoCAD2007 界面

基于 AutoCAD 平台开发的 CASS 软件通过执行相关命令完成绘图和编辑，执行命令的方式有下拉菜单、工具栏、地物绘制菜单与命令行输入命令。每个菜单项均以对话框或命令行提示的方式与用户交互应答，操作灵活方便。大多数 CASS 命令及 AutoCAD 的编辑命令都包含在菜单栏的下拉菜单中，如文件管理、图形编辑、数据传输及转换、外业数据的导入显示及图幅整饰、地籍权属绘制、等高线生成与修改、地物编辑、工程应用等命令都在其中。

9.5.3 CASS 地物绘制

如图 9-5 所示，CASS9.1 软件在屏幕右侧设置了"屏幕菜单"，它是一个测绘专用交互绘图菜单，主要功能是绘制各类地物和地貌符号，因此又称为地物绘制菜单。鼠标左键双击屏幕菜单顶部的双横线，可使屏幕菜单悬浮在绘图区，再双击悬浮菜单顶部的 CASS9.1 成图软件图标，屏幕菜单恢复到绘图区的右侧位置。单击屏幕菜单右上方図即可关闭该菜单，在"显示"菜单下点击"地物绘制菜单"即可打开该菜单。

进入该菜单的交互编辑功能时，必须先选定定点方式。CASS9.1 右侧屏幕菜单中定点方式包括"坐标定位"、"测点点号"、"电子平板"等方式。选择"坐标定位"方式，绘制地物时需要使用鼠标在对象捕捉功能协助下准确定位到屏幕上展绘的特征点，选择"测点点号"定位方式，绘制地物时命令栏提示输入点号。这两种定位方式绘制地物都需要按照命令栏的提示进行交互编辑绘图。

地物绘制菜单在 2007 版图式中包括的地物、地貌与注记符号 9 大类别的基础上，把图式中常用的独立地物符号归集为菜单中的"独立地物"，将城市测量中常用的市政符号归集为"市政部件"，因此形成了 11 个大类符号库。表 9-5 列出了 2007 版图式地物要素分类和 CASS 地物绘制菜单的对应分类符号库及其子项。绘制地物时，根据地物、地貌类别在 11 个菜单中选择，如果对各菜单包含的子项较熟悉的话，能够提高绘图的效率。

表 9-5　2007 图式地物要素分类与 CASS 地物绘制菜单

序号	2007 版图式	地物绘制菜单	菜单子项
1	测量控制点	控制点	平面控制点/其他控制点
2	水系	水系设施	自然河流/人工河渠/湖泊池塘/水库/海洋要素/礁石岸滩/水系要素/水利设施
3	居民地及设施	居民地	一般房屋/普通房屋/特殊房屋/房屋附属/支柱墩/垣栅
4	交通	交通设施	铁路/火车站附属设施/城际公路/城市道路/乡村道路/道路附属/桥梁/渡口码头/航行标志
5	管线	管线设施	电力线/通信线/管道/地下检修井/管道附属
6	境界	境界线	行政界线/其他界线/地籍界线
7	地貌	地貌土质	等高线/高程点/自然地貌/人工地貌
8	植被与土质	植被土质	耕地/园地/林地/草地/城市绿地/地类防火/土质
9	注记	文字注记	分类注记/通用注记/变换字体/定义字型/特殊注记/常用文字
10		独立地物	矿山开采/工业设施/农业设施/公共服务/名胜古迹/文物宗教/科学观测/其他设施
11		市政部件	面状区域/公用设施/道路交通/市容环境/园林绿化/房屋土地/其他设施

9.5.4　等高线的绘制与图幅整饰

地形连续起伏高低形态用等高线来表示。在绘制等高线之前，需要利用野外采集地形高程点构建不规则三角网 TIN（Triangular Irregular Network）建立数字地面模型 DTM（Digital Terrestrial Model），通过不规则三角网 TIN 内插等高线。

（1）建立 DTM

点击 CASS9.1 菜单"等高线"，点击下拉菜单中"建立 DTM"命令，在弹出的对话框中点选"由数据文件生成"，在"坐标数据文件名"下选择文件地形数据文件，生成不规则三角网 TIN，创建"SJW"图层。为了方便对三角网和等高线进行编辑，在建立 DTM 之前先展绘用于生成三角网的高程点。

（2）修改 DTM 三角网

构建 DTM 三角网的高程点必须是具有高程值的地面点。由于地貌本身的多样性和复杂性，测量的地形点过于密集或稀疏等原因会导致构建的地面三角网角度较小或边长较长，会造成等高线无法绘制或与实际地形不符，三角网构网时没有考虑到地形性线或者使用了非地面点等情况，都需要对生成的 DTM 三角网进行修改。修改三角网命令位于菜单"等高线"下。修改结果存盘：完成三角网修改后，要保存修改结果，修改内容才有效。

（3）绘制等高线

DTM 建立完成，并对其三角网修改存盘后，即可绘制等高线。执行菜单"等高线/绘制等高线"命令，根据需要在对话框中点选设置后，点击"确定"按钮，软件开始自动绘制等高线。

（4）等高线的修饰

等高线的修饰包括等高线修剪和等高线注记。等高线修剪功能是指批量切除不符合条件的等高线。在地形图上当等高线遇到建筑物、道路、坡坎等处需要断开，可以使用这个命令处理。地形图上需要对计曲线的高程进行注记，高程注记通常字头由低向高。在等高线上一般选择明显位置对一组计曲线同时进行注记。地形图上为了明显指示地形坡度的变化方向，需要在等高线上加注示坡线，通常在等高线沿着山脊方向加注示坡线，示坡线的方向由高处指向低处。等高线修剪和等高线注记命令位于菜单"等高线/等高线修剪"和"等高线/等高线注记"。

（5）地形图整饰

数字地形图地物地貌绘制完成后，还需对地形图进行分幅、编号和整饰。大比例尺地形图分幅和编号方法见第八章相关内容。数字地形图整饰主要涉及注记符号的检查和添加，以及图幅图框的绘制。

9.6 数字地形图的应用

数字地形图不仅在专业软件支持下可以在计算中进行编辑、修改、传输和打印，而且在地形图的工程应用上具有比纸质地形图具有更大的优势。与纸质地形图一样，在数字地形图可以按照规定坡度选择路线、量取图上任意点的坐标和高程、量取两点之间的距离和方位角、计算两点之间的坡度等，而且能够得到比纸质地形图更高的精度。除此之外，还能够在数字地形图上进行地形断面绘制，完成工程土方量的计算等复杂的工作。

在南方 CASS9.1 软件中，地形图的应用命令集中在菜单栏"工程应用"的下拉菜单，根据需要进行地形图应用的相关操作。

拓展阅读
利用 CASS 软件进行地形图的绘制与应用操作

<<<< **思考题与习题** >>>>

1. 地形图测绘时怎样选择地形特征点？
2. 在全野外数字地形测绘中数据采集有几种模式？简述每种模式的特点。

3. 数字地形图地物编码如何分类？

4. 全野外数字测图主要采集方法有哪些？各有什么优势？

5. 数字地形图图廓整饰包括哪些内容？

6. 举例说明数字地形图有哪些典型应用？

7. 如图 9-6 所示，图中虚线表示地性线，根据图中高程点绘制基本等高距为 2m 的局部等高线。

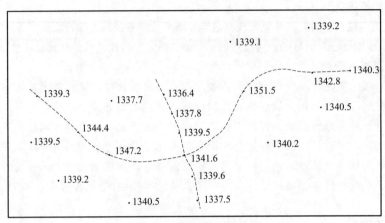

图 9-6　习题 7 等高线绘制

第10章

无人机航空摄影测量

本章知识要点与要求

本章主要介绍无人机航空摄影测量系统的组成、航空摄影测量的基本理论、空中三角测量基本方法、倾斜摄影测量三维建模的基本流程和关键技术以及基于三维模型的数字地形图测绘方法等知识；本章重点为航空摄影测量的基本理论，无人机航空摄影测量航线规划及其主要参数的计算，基于航空影像的数据处理和模型建立，基于三维模型的地形图测绘等内容。通过本章的学习，要求学生掌握空中三角测量的基本理论、像片控制点的布设和测量、基于影像的三维建模处理流程和方法、航空摄影测量4D产品的概念和用途以及基于三维模型测绘地形图的方法等内容。

10.1 概述

摄影测量学是利用摄影像片研究和确定被摄物体的形状、大小、位置及其相互关系的一门科学技术，它包含的内容有：获取被摄物体的影像，研究单张和多张影像的处理方法，包括理论、设备和技术，以及将所测得的结果以图解形式或数字形式输出的方法。摄影测量的主要任务是测制各种比例尺地形图，建立地形数据库，为地理信息系统和各种工程应用提供基础测绘数据。

摄影测量的发展经历了模拟摄影测量、解析摄影测量和数字摄影测量，目前已进入数字摄影测量发展阶段。数字摄影测量系统是基于摄影测量原理，利用现代计算机视觉、数字图像处理、模式识别以及人工智能等理论，对获取的数字影像信息进行加工、处理，实现了摄影测量的自动化或半自动化测图。

无人驾驶飞机（unmanned aerial vehicle，UAV）简称"无人机"，是一种用电子设备控制的无人驾驶航空器。与载人飞机相比，无人机具有体积小、方便灵活、成本低等特点。无人机最早以"靶机"的身份出现在军事领域；随着技术的成熟，生产成本的降低，逐步进入民用领域。

根据摄影机搭载平台不同，摄影测量分为航天摄影测量、航空摄影测量、地面摄影测量等。航天摄影测量是在航天飞行器（卫星、航天飞机、宇宙飞船等）中利用摄影机或其它遥感探测器（传感器）获取地球的图像资料和有关数据的技术；航空摄影测量是在飞机或其它航空飞行器上利用航摄机摄取地面影像的技术；地面摄影测量是将摄影机安置于地面对特定对象进行摄影，以获取物体的位置、形状、大小和其他特性的技术。

无人机航空摄影测量就是将摄影机等设备安置固定在无人机上，按照设定的航线、高度等对地面进行连续摄影，获取地面的像片，结合地面控制测量和影像调绘，然后对像片影像进行分析、加工处理，获得各种数字化影像和矢量产品，比如 DEM（数字高程模型）、DOM（数字正射影像）、DLG（数字线划地图）和 DRG（数字栅格地图）4D 产品以及实景三维模型等。

传统航空摄影测量航摄仪安装在较大的飞机上，航线较高，适用于大面积范围航空摄影测绘中小比例尺地形图，在航空摄影时容易受到天气条件、空域管制、飞机租用价格等因素的影响，在小面积区域测绘大比例尺地形图成本过高。随着无人机和数码相机技术的发展，在定位定姿 POS 系统及电子通信技术的支持下，无人机航空摄影测量具有机动灵活、快速高效、准确精细、作业成本低、适用范围广、生产周期短、时效性强等特点，能够快速获取地面高分辨率航空影像，适用于测绘和更新大比例尺数字地形图。无人机航测也广泛应用于灾害应急处理、土地利用监测、资源调查、城市规划等方面。

近年来，随着无人机航空摄影技术的不断发展，倾斜摄影测量的出现突破了以往航空摄影只能从垂直角度拍摄的局限。倾斜摄影测量通过在同一飞行平台上搭载多台相机传感器，同时从垂直和四个倾斜方向摄取地面影像，获取地面物体顶面和侧面的详细纹理，建立高精度高分辨率的地面实景三维模型，满足各行各业对"数字城市""智慧城市"等社会信息化建设的需要。

倾斜摄影测量技术的出现，改变了以往测绘大比例尺地形图的方法。测绘人员利用无人机影像建立的实景三维模型测绘大比例尺地形图已经成为目前常用的测绘方法。这种方法把以前大部分的外业测量变为室内计算测图，大大减少了繁重的外业测量工作和劳动强度，而且还避免了很多外业风险。

10.2 无人机航空摄影系统

无人机航空摄影系统以获取高分辨率数字影像为目标，以无人机为飞行平台，以高分辨率数码相机为传感器，通过 3S 技术（遥感技术、地理信息系统和全球定位系统的统称）在系统中集成应用，最终获取小面积、真彩色、大比例尺、现势性强的航测遥感数据，为后续生产相关测绘产品和建立地面三维模型提供保证。

无人机航空摄影系统主要包括无人机飞行平台、数码相机、地面站测控三大部分，如图 10-1 所示。无人机飞行平台包括飞行器、飞控系统、动力系统、无人机外挂平台（简称云台）和无线图像传输系统等部分组成。

飞控系统是无人机飞行控制系统。通过飞控系统对无人机动力系统进行实时调整，保证无人机按照设计的航线正常飞行。飞控系统是整个无人机的控制核心，主要包括飞行控制、加速计、传感器、陀螺仪、地磁仪、主控芯片等部件。动力系

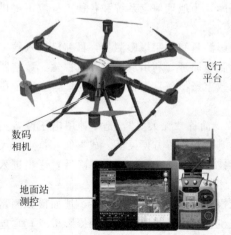

飞行平台

数码相机

地面站测控

图 10-1　无人机航空摄影系统

统主要为无人机提供飞行动力，目前动力系统主要有电池供电和燃油提供动力两种方式。多旋翼无人机主要采用高能力密度的锂聚合电池，大型固定翼无人机采用燃油提供动力。

无人机外挂平台是安装在无人机上用来挂载相机的机械构件，满足相机绕 x、y、z 轴的活动自由度，云台对于稳定航拍来说起着非常大的作用。无线图像传输系统的主要作用是，实时稳定地将拍摄的影像发射给地面无线图传遥控接收设备。

大型固定翼无人机通常需要配备起降设备，起降设备由弹射架和降落伞组成，以帮助无人机完成弹射起飞和降落着陆。部分高级固定翼无人机采用滑行起降。

地面站测控部分包括地面站电脑、电台等对无人机飞行平台和任务设备进行监控、操纵的一组设备，其主要功能是实现无人机航线的设计和上传、飞行控制指令的上传、飞行状态及飞行参数的监控和下载、飞行过程的回放。

按飞行平台构型不同，无人机飞行器分为固定翼无人机和旋翼无人机等类型，如图 10-2 为固定翼无人机，图 10-3 为多旋翼无人机。目前能够用于航空摄影测量的无人机较多，常用的固定翼有成都纵横大鹏 CW-15 无人机，旋翼机有大疆精灵 Phantom 4RTK 无人机等。

图 10-2　固定翼无人机

图 10-3　多旋翼无人机

用于航空摄影测量挂载在无人机上的相机与大型载人航测飞机的航摄仪和数码相机不同，无人机上搭载的多为非量测型数码相机，数码相机要满足体积小重量轻、高分辨率，有效像素大于 2000 万，电子快门速度大于 1/1000s 等条件。而大型载人航测飞机搭载的为量测型的航摄仪，比如 DMC 数字摄影仪、ADS40/ADS80 数字摄影机等。搭载在无人机上用于摄影测量的非量测型相机有佳能 5DMarkⅡ、Nikon D800、SONY ILCE-5100 等相机，如图 10-4 所示。非量测型数码相机主要有镜头焦距、芯片尺寸、影像分辨率、像素大小等参数。

图 10-4　常用非量测型数码相机

随着近年来倾斜摄影测量技术的快速发展，为满足倾斜摄影的要求，出现了集成多镜头的数码相机，如图 10-5 所示。相机从空中以多个不同视角进行拍摄，一般采用竖直向下、前倾、后倾、左倾、右倾五个不同的方向，获取包含大量建筑物顶面及侧面高分辨率纹理信息的倾斜航片。

图 10-5　倾斜相机和倾斜摄影

10.3　无人机航空摄影

10.3.1　航空摄影

无人机航空像片是通过挂载在无人机上的数码相机按规划的航线和航高对地面连续拍摄得到。航空摄影前需要做好航摄计划的技术准备，包括测区范围、测区地形条件、成图比例尺、确定航高、规划航线、确定影像重叠度、计划像片数量以及拍摄日期等内容。

在做好准备工作后，选择晴朗无云、能见度好、气流平稳的天气，摄影时间最好选择在中午前后几个小时进行。无人机依据领航图起飞进入航摄区域后，按设计的航高、航线呈直线飞行，按预定的曝光时间和曝光间隔连续对地面摄影，直至第一条航线拍完为止，然后飞机盘旋转弯 180°，进入第二条航线拍摄，直至完成测区全部航摄作业，如图 10-6 所示。

飞行过程中在摄影曝光时刻摄影机（相机）物镜所在的空间位置 S 称为摄站点，航线方向相邻两摄站点间的空间距离称为摄影基线。

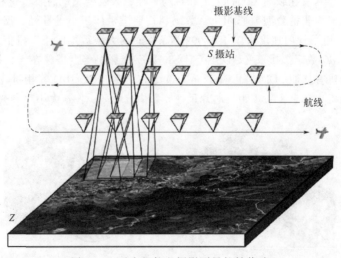

图 10-6　无人机航空摄影测量航拍像片

按照无人机摄影方式的不同，分为垂直摄影和倾斜摄影。无人机垂直摄影测量主要是为测制大比例尺地形和生产 4D 产品，倾斜摄影测量的目的是建立摄影区域的实景三维模型。为了能够对测区完成测绘和三维建模，无人机的航空像片必须覆盖整个测区范围。

无人机航空摄影虽然具有机动灵活、能够快速获取地面、高分辨率、多角度影像的优势，但是由于无人机自身机体较轻，在空中飞行时容易气流的影响，导致飞行姿态不稳定，航线偏离规划航向，影像重叠度变化较大，因此在航摄过程中需要对相关参数进行控制，才能得到符合测绘要求的航摄像片。

10.3.2 航空摄影基本知识和像片要求

（1）航摄像片的中心投影

无人机航摄时地面光线通过物镜中心后在底片上成像，即可获得摄影像片。如图 10-7（a）所示，地面点 A、B、C、D 的光线通过物镜中心 S 后在投影面 P 的成像为 a、b、c、d，图中 H 为航高，f 为数码相机的焦距，可见摄影像片是所摄地面的中心投影，此时的投影面 P 又称负片，负片为地面的透视图，从图中看出负片 P 的影像与地面实际方位恰恰相反。如果将负片 P 绕投影中心 S 翻转至 P' 的位置，影像方位与地面一致，就得到图中所示的 a'、b'、c'、d'。

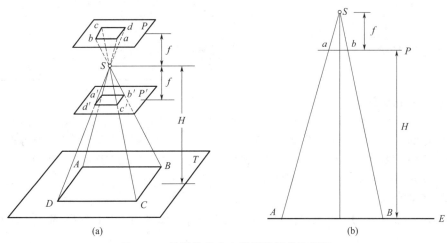

图 10-7　航摄像片中心投影及像片比例尺

航空像片的中心投影与地图投影方法不同，地形图是按规定的比例将地面缩小通过正射投影方式投影到水平面上，因此可以说，摄影测量是研究如何将中心投影的航摄像片转换为正射投影的科学与技术。

（2）航摄比例尺

航摄像片上某一线段影像的长度与地面上相应线段长度之比即为影像上该线段的构像比例尺。对于中心投影的航摄影像，像片比例尺等于像片上的长度 l 与其地面对应长度 L 之比，只有当像片水平且地面也水平时，影像上任意线段的比例尺才相等，如图 10-7(b) 所示，此时像片比例尺为

$$\frac{1}{m} = \frac{ab}{AB} = \frac{l}{L} = \frac{f}{H} \tag{10-1}$$

式中，m 为比例尺分母；f 为摄影机主距，即相机焦距；H 为航摄高度。

摄影比例尺越大，像片地面的分辨率越高，影像的解译和成图精度就越高，但摄影比例

尺过大，会增加工作量及费用。实际上摄影比例尺也可以用相机像元尺寸 a_{SIZE}（即影像分辨率）和影像地面采样间隔 GSD（即地面分辨率）表示：

$$\frac{1}{m}=\frac{l}{L}=\frac{f}{H}=\frac{a_{\text{SIZE}}}{\text{GSD}} \tag{10-2}$$

$$H=\frac{f\times\text{GSD}}{a_{\text{SIZE}}} \tag{10-3}$$

根据所取基准面的不同，航高可分为相对航高和绝对航高。相对航高是指摄影机物镜相对于某一基准面的高度，常称为摄影航高。它是相对于被摄区域内地面平均高程基准面的设计航高，是确定航摄飞机飞行的基本数据，按 $H=mf$ 计算得到。

绝对航高是相对于平均海平面的航高，是指摄影物镜在摄影瞬间的真实海拔高度。通过相对航高 H 与摄影地区地面平均高度 $h_{\text{平均}}$ 计算，$H_{\text{绝}}=H+h_{\text{平均}}$。

为了控制航摄影像比例尺的相对稳定，规范规定同一航线上相邻像片的航高差不应大于 30m，最大航高与最小航高之差不应大于 50m，实际航高与设计航高之差不应大于 50m。在地形高差较大区域，应分区进行航摄。平原、丘陵地和山区分区内的高差不应大于 1/4 相对航高，高山地分区内的高差不应大于 1/3 相对航高。

在无人机航空摄影大比例尺测图时，可根据测图比例尺按表 10-1 选择航摄影像比例尺。

表 10-1　航摄比例尺与测图比例尺的关系

航摄比例尺	测图比例尺	地面分辨率 GSD/cm
1∶2000～1∶3000	1∶500	≤5
1∶4000～1∶6000	1∶1000	≤10，宜采用 8
1∶8000～1∶12000	1∶2000	≤20，宜采用 16

（3）垂直摄影的像片倾角

以测绘地形图为目的的航空摄影采用垂直摄影方式，要求航摄相机在曝光瞬间物镜主光轴垂直于地面。由于无人机自重轻，更容易受到气流、飞机颠簸等因素影响，使得摄影时物镜主光轴不完全垂直于地面方向造成了航摄像片不完全水平，形成了一个像片倾角。无人机影像像片倾角一般不能超过 12°，最大不超过 15°。

（4）像点位移

① 影像倾斜引起的像点位移　如图 10-8(a) 所示，水平面上等长线段 AB、CD 在水平

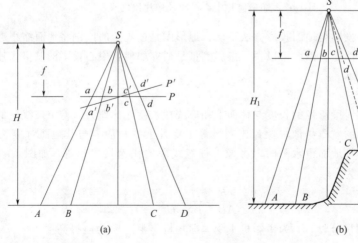

图 10-8　像点位移

像片上的成像为 ab、cd，在倾斜像片上的成像为 $a'b'$、$c'd'$，显然 $ab<a'b'$，$cd>c'd'$，当像片倾斜时，像片上各处的比例尺都不相等，由此引起的像点位移产生的误差称为倾斜误差。

② 地形起伏引起的像点位移　如图 10-8（b）所示，地面等长线段 AB 和 CD 位于不同的高度，它们在像片上的成像 ab 和 cd 的长度并不相等，比例尺也就不同。即使地面上水平位置相同，而高度不同的 D 和 D' 在像片上成像 d 和 d' 也不相同，dd' 即为应地面起伏引起的像点位移产生的误差，称为投影误差。像点位移与航高和地物本身的高度有关，航高越低，地形起伏引起的像点位移越大；地物越高，像点位移越大。

（5）像片重叠度

无人机航空摄影测量要求相邻的两张或多张像片拍摄区域必须有重叠。像片重叠分为航向重叠和旁向重叠。相邻的两张像片重叠部分占整张像片的比例，称为像片重叠度。保证像片的重叠度是为了便于模型的构建、航线间的连接和立体测图。

根据航空摄影测量的目的不同，航向重叠度和旁向重叠度有不同的要求。为了测绘地形图，航向重叠度不小于 65%，相邻航线的像片旁向重叠度不小于 30%，如图 10-9（a）所示。在制作真正射影像图时，无人机航向重叠度一般应为 80%，旁向重叠度一般应为 60%。如果是用于实景三维建模，无人机像片航向重叠度不小于 80%，旁向重叠度不小于 75%。

由图 10-9（b）可知，像片重叠度计算公式为

航向重叠度
$$p_x\% = \frac{p_x}{L_x} \times 100\% \tag{10-4}$$

旁向重叠度
$$p_y\% = \frac{p_y}{L_y} \times 100\% \tag{10-5}$$

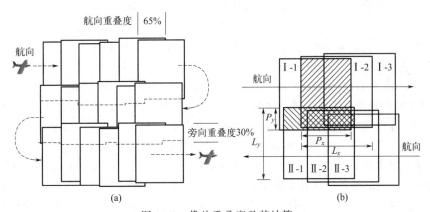

图 10-9　像片重叠度及其计算

在航线方向上，相邻两摄站之间的距离称为摄影基线 B，相邻航线之间的距离称为航带间距 D_Y，计算公式为
$$B = (1 - p_x\%)L_x m \tag{10-6}$$
$$D_Y = (1 - p_y\%)L_y m \tag{10-7}$$

式中，L_x、L_y 为像片长度和宽度，mm；m 为航摄像片比例尺。

（6）航线弯曲

把一条航线的航摄影像根据地物影像拼接起来，各张影像的主点连线不在一条直线上而呈现弯弯曲曲的折线，称为航线弯曲，如图 10-10（a）所示。

航线弯曲度是指航线最大弯曲矢量 l 与航线长度 L 之比的百分数。航线弯曲会影响旁向重叠度。若航线弯曲度太大，可能影响摄测作业，所以一般要求航线弯曲度不得大于 3%。

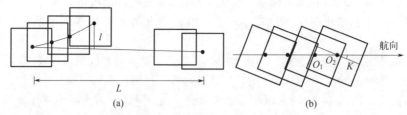

图 10-10　航线弯曲和影像旋偏角

（7）影像旋偏角

两张相邻影像主点连线与同方向框标连线间的夹角称为影像旋偏角，它是由于摄影时航摄机定向不准确而产生的，用 K 表示，如图 10-10（b）所示。旋偏角会影响影像的重叠度，减少立体像对的有效范围，给航测内业作业增加困难。所以，对于低空摄影，要求影像旋偏角不大于 15°。在确保影像航向和旁向重叠度满足要求的前提下，个别最大旋偏角不超过 25°。影像倾角和影像旋偏角不能同时达到最大值。

航空摄影作业完成后，需要对获取的影像数据的质量按照上面各项进行逐一检查，同时还要对影像的清晰度、对比度、色调等检查。

10.3.3　无人机倾斜摄影

无人机倾斜摄影和垂直摄影的要求不同，倾斜摄影时相机主光轴与拍摄地面不垂直，而是以一定的倾角进行拍摄。根据实际需要，一般倾斜角度可取 30°～75°。无人机倾斜摄影的目的在于建立地面的实景三维模型，以满足各行业的专业需要。

倾斜摄影技术作为一项已经成熟应用的新兴测绘技术，被越来越多的测绘人和行业应用者所接收和使用，倾斜摄影技术搭配无人机系统更是让这种技术在轻便化、经济化、实用化、高效化的方面上不断取得突破。

2021 年 8 月国家自然资源部办公厅正式发布了《实景三维中国建设技术大纲（2021版）》，其中明确指出：实景三维中国建设是贯彻落实数字中国、平安中国、数字经济战略的重要举措，是落实国家新型基础设施建设的具体部署，是服务生态文明建设和经济社会发展的基础支撑，为经济社会发展和各部门信息化提供统一的空间基底。

通过无人机飞行平台搭载多视角相机按照规划的航线、航高、影像重叠度等指标对地面进行倾斜摄影，获取的影像具有重叠度大、影像分辨率高、像片比例尺差异大、像片数量多的特点。正是倾斜摄影具有这些优势，才能用于建立实景三维模型。对于某一对象来说，通过倾斜摄影从多个视角获取的侧面影像越多，建立的实景模型纹理就越清晰，模型就越逼真。

一般要求倾斜摄影单个相机镜头不宜低于 2000 万像素，一次曝光周期内不低于 1 亿像素，具备定点曝光功能，镜头应为定焦镜头，且对焦无穷远，要求镜头与相机机身连接应稳固，相机定位模块宜满足 RTK、PPK 等模式要求。

倾斜摄影需要相机具备多个镜头，且多个相机主光轴相互构成一定角度，在摄影时要求各相机曝光同步，以确保同一摄站上摄取的影像坐标和姿态的精度。目前用于无人机倾斜摄影的相机镜头有五镜头[图 10-11（a）]、二镜头[图 10-11（b）]以及单镜头相机。五镜头相机在一个点位上统一曝光，一次曝光，获取前后下左右五个视角的影像，因此可以在稳定匀速行驶的无人机平台上获取曝光的数据。大面积的倾斜测绘时多采用五镜头摄影，效率较高。图 10-12（a）所示为五镜头倾斜摄影模式示意图，图 10-12（b）所示为倾斜摄影获取的侧视影像示例。

图 10-11　无人机倾斜摄影相机镜头

图 10-12　无人机倾斜摄影及侧视影像

在倾斜摄影技术发展的初期，常常利用单镜头采取"井"字型的航飞作业办法，即镜头朝向一个角度，然后采取密集航线，交叉飞行的办法来采集数据，如图 10-13 所示。这种采集模式效率不高，作业复杂，但成本较低，适用于小范围的三维建模项目。

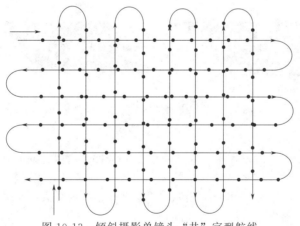

图 10-13　倾斜摄影单镜头"井"字型航线

倾斜摄影影像重叠度应根据所需地面分辨率和模型精度确定，影像重叠度和航摄相对航高一般应符合以下要求。

① 对于下视的垂直影像，航向重叠度在陡峭山区和高层建筑物密集区域宜设计为 70%～80%，其他地区航向重叠度宜不低于 60%，旁向重叠度宜设计为 60%～80%。

② 对于倾斜影像，当满足垂直影像重叠度后，倾斜影像的航向、旁向重叠度可不再重新设计，应与垂直影像一致；航摄成果用于三维建模时，其航向重叠度不宜低于 70%。

③ 同一航线上相邻像片的航高之差不应大于 20m，最大航高与最小航高之差不应大于 30m，实际航高与设计航高之差不应大于 50m。

④ 起飞相对航高宜依据地面分辨率、倾斜设备参数及地面情况进行计算，相对航高不宜大于 500m。

⑤ 测区相对高差大于 1/4 航高时可增加仿地形飞行功能。

10.4 航空摄影测量基本理论介绍

10.4.1 航空摄影常用坐标系

（1）像平面坐标系 O-xy

像平面坐标系是影像平面的直角坐标系，是以像主点为原点的右手平面坐标系，用来表示像点在像平面中的位置。由相机的摄影中心 S 作像平面的垂线，垂足 O 点为像主点，以 O 点为坐标原点，坐标轴分别平行于框标坐标系的 x、y 轴，建立像平面坐标系 $O\text{-}xy$，如图 10-14(a) 所示。框标坐标系 $P\text{-}xy$ 是以机械框标两边的连线为 x 轴、y 轴的坐标系，原点 P 为框标连线的交点，其中与航线方向一致的连线方向为 x 轴正向。在解析计算时，需要将框标坐标系的原点 P 平移至像主点 O。

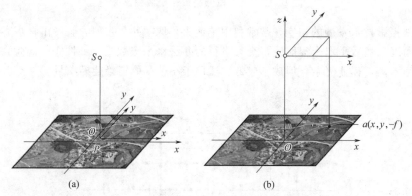

图 10-14　像平面坐标系和像空间坐标系

（2）像空间坐标系 S-xyz

像空间坐标系是用来描述像点在像空间位置的坐标系。像空间坐标系是以摄影中心 S 为原点，x、y 轴与像平面坐标系 $O\text{-}xy$ 的 x、y 轴平行，Z 轴与主光轴 OS 重合，形成像空间右手坐标系 $S\text{-}xyz$，如图 10-14(b) 所示。在该坐标系中每个像点的 Z 坐标都等于 $-f$，x 和 y 坐标与其在像平面坐标中的 x、y 相同。

像空间坐标系随着每张航摄像片摄影瞬间的空间方位而定，因此，不同航摄像片的像空间直角坐标系是各自独立，互不相关的。

（3）像空间辅助坐标系 S-uvw

由于不同航摄像片的像空间直角坐标系各自独立、不统一，导致计算困难。为此需要建立一种相对统一的像空间坐标系，称为像空间辅助坐标系，用 $S\text{-}uvw$ 表示。它是像空间和物空间过渡的右手坐标系。像空间辅助坐标系的原点在摄影中心 S，u、v、w 轴系分别平行于地面摄影测量坐标系 $D\text{-}XYZ$。u 轴基本与航线方向一致，v、w 轴分别接近水平线和铅垂线，如图 10-15(a) 所示。

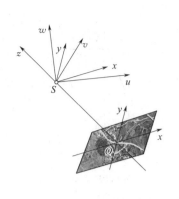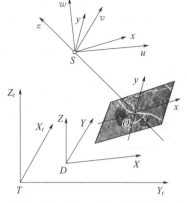

(a) 像空间辅助坐标系   (b) 地面测量坐标系和地面摄影测量坐标系

图 10-15　摄影测量常用坐标系

（4）地面测量坐标系 $T\text{-}X_tY_tZ_t$

地面测量坐标系是指空间大地坐标基准下的高斯-克吕格 3°带或 6°带（或任意带）投影的平面直角坐标系（如 2000 国家大地坐标系、1980 西安坐标系和 1954 北京坐标系）与从某一基准面起算的高程系（1956 年黄海高程和 1985 国家基准高程），两者组合而成的空间左手直角坐标系，用 $T\text{-}X_tY_tZ_t$ 表示，如图 10-15（b）所示。摄影测量方法求得的地面坐标最终要以地面测量坐标系提供给用户。

（5）地面摄影测量坐标系 $D\text{-}XYZ$

由于像空间辅助坐标系是右手坐标系，地面测量坐标系是左手坐标系，为了方便地面点由像空间辅助坐标系转换成地面测量坐标系，需要在这两种坐标系之间建立一个过渡坐标系，称为地面摄影测量坐标系，用 $D\text{-}XYZ$ 表示，如图 10-15（b）所示。地面摄影测量坐标系的原点在测区某一地面点上，X 方向大致与航向一致的水平方向，Y 轴与 X 轴正交，Z 轴沿铅垂方向，构成右手坐标系。

地物的位置使用地面测量坐标系表示。在摄影测量的坐标转换中，需要先将地面点在像空间辅助坐标系中的坐标转换成地面摄影测量坐标，然后再转换成地面测量坐标。

10.4.2 航摄像片的内外方位元素

（1）内方位元素

内方位元素描述摄影中心（摄影机的镜头中心）与影像之间的相对位置，包括像主点（主光轴在影像平面上的垂足）相对于影像中心的坐标 (x_0, y_0) 和摄影中心到像平面的垂直距离 f（主距），如图 10-16（a）所示。

在实际应用中，除了相机的 3 个内方位元素外，还需要对相机镜头的畸变进行改正。相机镜头畸变是由于透镜制造精度以及组装工艺的偏差引起的，会导致原始图像的失真。镜头的畸变分为径向畸变和切向畸变两类。径向畸变是沿着透镜半径方向分布的畸变，产生原因是光线在远离透镜中心的地方比靠近中心的地方更加弯曲，径向畸变主要包括桶形畸变和枕形畸变两种，径向畸变参数用 k_1、k_2、k_3 表示；切向畸变是由于透镜本身与相机传感器平面（成像平面）或图像平面不平行而产生的，这种情况多是由于透镜被粘贴到镜头模组上的安装偏差导致，切向畸变参数用 p_1、p_2 表示。相机的内方位元素和镜头畸变参数由专业的检测机构检验得到。在航空摄影测量中要求对相机进行检校。

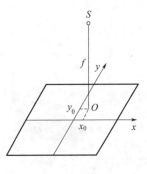

(a) 内方位元素

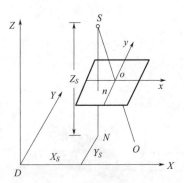

(b) 外方位线元素

图 10-16 影像内方位元素及外方位线元素

（2）外方位元素

在恢复内方位元素的基础上，确定摄影光束在摄影瞬间的空间位置和姿态的参数，称为外方位元素。一幅影像包括六个外方位元素，包括三个外方位线元素和三个外方位角元素。

① 三个外方位线元素　摄影瞬间摄影中心在地面摄影测量坐标系中的三个坐标值，即摄影中心 S 在该坐标系中的坐标 (X_s, Y_s, Z_s)，如图 10-16(b) 所示。

② 三个外方位角元素　如图 10-17 所示，$S\text{-}uvw$、$D\text{-}XYZ$ 分别为像空间辅助坐标系和地面摄影测量坐标系，两坐标系的三轴分别平行。将主光轴 So 投影到 $S\text{-}uw$ 平面内，得到投影射线 So_x，此时 Sw、Su、So_x 均在一个平面，So_x 与 w 轴的夹角 φ，称为航向倾角，So_x 与 So 的夹角 ω，称为旁向倾角。确定了这两个角度，也就确定了主光轴 So

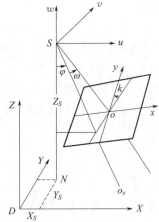

图 10-17 影像外方位角元素

的方向。再将 Sv 投影在影像平面内，投影线与像平面坐标系 y 轴的夹角 κ，称为像片的旋角。若 κ 已知，那么像片的空间位置也就确定了。按上面方法定义的 φ、ω、κ 称为像片的外方位角元素。实际上像空间坐标系与像空间辅助坐标系正是通过这三个角元素的旋转实现相互变换的。

10.4.3　像点空间坐标变换与共线方程

（1）像空间坐标系到像空间辅助坐标系的变换

影像上的像点可以用像空间坐标来表示，而像点对应的地面点坐标是用地面测量坐标系表示。为了建立这两种坐标系的联系，或者说为了利用像点坐标计算相应地面点坐标，需要首先将像点在像空间坐标下的坐标转换成像空间辅助坐标系坐标。

在已知影像内方位元素条件下，像点 a 的影像中心坐标为 (x_a, y_a)，像主点 o 在影像中心坐标为 (x_0, y_0)，则像点 a 在像平面坐标系的坐标为 $(x_a - x_0, y_a - y_0)$，像点 a 在像空间坐标系的坐标 $(x_a - x_0, y_a - y_0, -f)$，然后通过像片三个外方位角元素 $(\varphi, \omega, \kappa)$，将像点 a 的坐标转换为像空间辅助坐标下坐标 (u, v, w)。

假设像点在像空间坐标系中的坐标为 $(x, y, -f)$，在像空间辅助坐标系中坐标为 (u, v, w)。根据解析几何可知，两坐标系的变换关系为

$$\begin{bmatrix} u \\ v \\ w \end{bmatrix} = \mathbf{R} \begin{bmatrix} x \\ y \\ -f \end{bmatrix} = \begin{bmatrix} a_1 & a_2 & a_3 \\ b_1 & b_2 & b_3 \\ c_1 & c_2 & c_3 \end{bmatrix} \begin{bmatrix} x \\ y \\ -f \end{bmatrix} \qquad (10\text{-}8)$$

式中，$\mathbf{R}$ 为旋转矩阵，a_i，b_i，$c_i(i=1,2,3)$ 为方向余弦，即两坐标轴系见夹角的余弦值。计算公式为

$$\mathbf{R} = \mathbf{R}_\varphi \mathbf{R}_\omega \mathbf{R}_\kappa = \begin{bmatrix} \cos\varphi & 0 & -\sin\varphi \\ 0 & 1 & 0 \\ \sin\varphi & 0 & \cos\varphi \end{bmatrix} \begin{bmatrix} 1 & 0 & 0 \\ 0 & \cos\omega & -\sin\omega \\ 0 & \sin\omega & \cos\omega \end{bmatrix} \begin{bmatrix} \cos\kappa & -\sin\kappa & 0 \\ \sin\kappa & \cos\kappa & 0 \\ 0 & 0 & 1 \end{bmatrix} \qquad (10\text{-}9)$$

已知一幅影像的 3 个姿态角元素，就可以求出 9 个方向余弦，也就确定了像空间坐标系转换到像空间辅助坐标系之间的正交矩阵 $\mathbf{R}$，便可实现两种坐标系之间的转换。

实际上旋转矩阵 $\mathbf{R}$ 是正交矩阵，$\mathbf{R}^{\mathrm{T}} = \mathbf{R}^{-1}$，因此像空间坐标系也可以用像空间辅助坐标来表示：

$$\begin{bmatrix} x \\ y \\ -f \end{bmatrix} = \mathbf{R}^{-1} \begin{bmatrix} u \\ v \\ w \end{bmatrix} = \mathbf{R}^{\mathrm{T}} \begin{bmatrix} u \\ v \\ w \end{bmatrix} = \begin{bmatrix} a_1 & b_1 & c_1 \\ a_2 & b_2 & c_2 \\ a_3 & b_3 & c_3 \end{bmatrix} \begin{bmatrix} u \\ v \\ w \end{bmatrix} \qquad (10\text{-}10)$$

（2）中心投影构像方程式——共线方程

航摄像片的投影方式是中心投影，所有投影射线都通过投影中心 S，地面点的光线通过投影中心 S（即相机的镜头中心），在像片平面上成像，形成对应的像点，所以影像平面的像点、投影中心与对应的物点（地面点）在一条直线上，称为三点共线。

如图 10-18 所示，$D\text{-}XYZ$ 为地面摄影测量坐标系，$S\text{-}uvw$ 为像空间辅助坐标系，两坐标系的坐标轴彼此平行。

摄影中心 S 与地面点 A 在 $D\text{-}XYZ$ 坐标系中坐标分别为 (X_S, Y_S, Z_S)（即影像三个外方位线元素）和 (X, Y, Z)，则地面点 A 在像空间辅助坐标系中的坐标为 $(X\text{-}X_S, Y\text{-}Y_S, Z\text{-}Z_S)$，像点 a 在像空间辅助坐标系中的坐

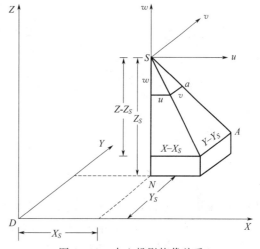

图 10-18　中心投影构像关系

标为 (u, v, w)，由于 S、a、A 三点共线，根据相似三角形的性质则有：

$$\frac{u}{X-X_S} = \frac{v}{Y-Y_S} = \frac{w}{Z-Z_S} = \frac{1}{\lambda} \qquad (10\text{-}11)$$

式中，λ 为比例因子。写成矩阵形式为

$$\begin{bmatrix} u \\ v \\ w \end{bmatrix} = \frac{1}{\lambda} \begin{bmatrix} X-X_S \\ Y-Y_S \\ Z-Z_S \end{bmatrix} \qquad (10\text{-}12)$$

将式 (10-12) 代入像点在像空间坐标系与像空间辅助坐标系的关系式 (10-10) 中，得到：

$$\begin{bmatrix} x \\ y \\ -f \end{bmatrix} = \frac{1}{\lambda} \begin{bmatrix} a_1 & b_1 & c_1 \\ a_2 & b_2 & c_2 \\ a_3 & b_3 & c_3 \end{bmatrix} \begin{bmatrix} X-X_S \\ Y-Y_S \\ Z-Z_S \end{bmatrix} \qquad (10\text{-}13)$$

将上式展开，并用第三式去除第一、第二式，得

$$\begin{cases} x=-f\dfrac{a_1(X-X_S)+b_1(Y-Y_S)+c_1(Z-Z_S)}{a_3(X-X_S)+b_3(Y-Y_S)+c_3(Z-Z_S)} \\ y=-f\dfrac{a_2(X-X_S)+b_2(Y-Y_S)+c_2(Z-Z_S)}{a_3(X-X_S)+b_3(Y-Y_S)+c_3(Z-Z_S)} \end{cases} \tag{10-14}$$

式(10-14)是中心投影的构像方程式，它描述了像点 a、摄影中心 S 和地面点 A 在一条直线上的关系，因此又称为共线方程。其中的 a_i、b_i、c_i（$i=1,2,3$）是由像片的三个外方位角元素 φ、ω、κ 所生成的 3×3 正交旋转矩阵 R 中的元素。

共线方程中包含了 12 个数据，分别为以像主点位原点的像点坐标 (x,y)，对应的地面点坐标 (X,Y,Z)，像片主距 f 以及外方位元素 X_S、Y_S、Z_S、φ、ω、κ。共线方程将像点与物点联系起来，是摄影测量中最重要的公式，在解析摄影测量和数字摄影测量中有极为重要的作用，它是单像空间后方交会、双像立体像对空间前方交会和光束法空中三角测量的基础。

10.4.4 单像空间后方交会与立体像对前方交会

（1）单像空间后方交会

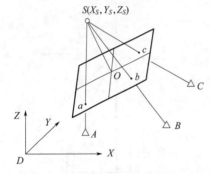

图 10-19 单像空间后方交会

像片的 6 个外方位元素决定了影像的空间方位和姿态。如图 10-19 所示，根据共线方程，利用至少 3 个已知地面控制点的坐标 $A(X_A,Y_A,Z_A)$、$B(X_B,Y_B,Z_B)$、$C(X_C,Y_C,Z_C)$ 和它们在影像上对应的 3 个像点坐标 $a(x_a,y_a)$、$b(x_b,y_b)$、$c(x_c,y_c)$ 列出 6 个方程，以解求一张像片的外方位元素 X_S、Y_S、Z_S、φ、ω、κ，这种解算方法称为单像空间后方交会。

（2）立体像对前方交会

在单像空间中，利用已知像片的 6 个外方位元素和地面点对应的像点坐标 (x,y) 是无法解算出地面点的空间坐标的，只能确定该像片的空间方位和摄影中心 S 至像点射线的空间方向。

如图 10-20 所示，在摄站 S_1 和 S_2 对地面摄影，所摄取的像片具有一定的重叠区域，就获取了一个立体像对。在重叠区域中同一地物点 A 在两张像片中所构成的像点 a_1、a_2 称为同名像点，摄影时由地物点 A 向不同摄影站 S_1 和 S_2 投射出构成同名像点的一对光线 S_1a_1 和 S_2a_2，称为同名射线。在立体像对中同名射线 S_1a_1 与 S_2a_2 必然相交于地面 A 点。由立体像对中的左右两张像片的内、外方位元素和像点坐标，根据共线方程确定相应地面点地面空间坐标的方法称为空间前方交会。

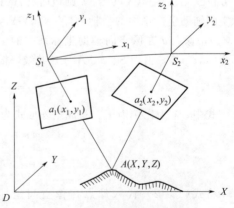

图 10-20 立体像对空间前方交会

（3）双像解析的空间后交—前交方法

利用像片的后方交会和前方交会方法可以计算地面点的空间坐标，按照以下步骤计算。

① 野外控制测量 如图 10-21 所示的立体像对中，在两张像片重叠区域的四个角，选取 4 个明显的地物点作为控制点，并测量出 4 个点的地面坐标，同时在像片上准确刺出 4 个点

的点位。然后将 4 个点的测量坐标转换为地面摄影测量坐标(X,Y,Z)。

② 量测像点坐标　通过影像立体坐标量测仪量测出 4 个控制点和待求点在左右影像中的像点坐标，量取得到(x_1,y_1)，(x_2,y_2)。

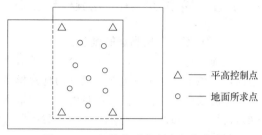

③ 空间后方交会计算两张像片的外方位元素　根据共线方程，利用控制点的地面坐标和像点坐标，两张像片各自进行空间后方交会，计算获取像片的外方位元素。

△ —— 平高控制点

○ —— 地面所求点

图 10-21　立体像对控制点与待求点

④ 空间前方交会计算待定点地面坐标　按照计算出的左右像片的外方位元素中的角元素，组成旋转矩阵，根据线元素计算像片基线的三个分量，并将待求点的像空间坐标转换为像空间辅助坐标，利用共线方程，逐点计算各待求点的地面坐标。

（4）立体像对的相对定向

确定一个立体像对中两张影像相对位置关系的过程称为相对定向。相对定向不需要外业控制点，就能够建立起地面立体模型。用于描述两张像片相对位置和姿态关系的参数，称为相对定向元素，相对定向元素共有 5 个。在数字摄影测量中，通过自动量测 6 对以上同名点的像点坐标，即可解算出 5 个相对定向参数。图 10-22 所示为连续法相对定向及其参数 B_y、B_z、φ、ω、κ。

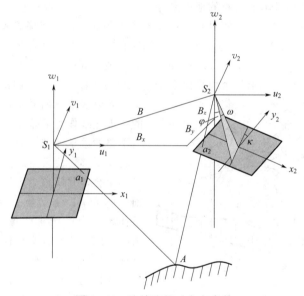

图 10-22　连续法相对定向参数

（5）立体像对的绝对定向

将相对定向建立的立体模型进行平移、旋转和缩放，纳入到地面测量坐标系中的过程称为立体相对的绝对定向。绝对定向又称为空间相似变换，它需要借助地面控制点才能实现，至少需要两个平高控制点和一个高程控制点，且三个控制点不能在一条直线上，列出七个方程解求七个变换参数。在实际应用中，一般在模型的四角布设四个控制点，有多余观测时应用最小二乘平差求解七个参数。

10.4.5 解析空中三角测量

（1）解析空中三角测量的概念

从上面的论述中可知，对于一个立体像对需要四个地面控制点坐标，才能进行模型的绝对定向，才能把经过相对定向后建立的任意模型纳入到地面摄影测量坐标系中，然后才能求出待定点的地面坐标。在摄影测量的一条航带和由各航带组成的区域航带网中会形成很多立体像对模型，如果这些模型所需要的大量控制点都要通过外业测量完成的话，外业测量工作量将会很大。

为了最大限度地减少外业测量工作，根据影像像片上的像点坐标（或单元立体模型上点的坐标）同地面点坐标的解析关系，仅由外业实测的少量控制点，按一定的数学模型，平差解算出（加密）摄影测量作业过程中所需要的全部控制点以及每张像片的外方位元素，这种方法称为解析空中三角测量，又称为空三加密。

区域网整体平差时按照所选用的平差单元不同，解析空中三角测量通常分为航带法区域网平差、独立模型法区域网平差和光束法区域网平差三种情况。

航带法区域网空中三角测量是以一条航带模型作为整体平差的基本单元。首先在一条航带内用立体像对按连续法建立单个模型，再将单个模型连接成航带模型，构成航带自由网，然后把航带模型作为一个单元模型进行航带网的绝对定向。最后利用地面控制点的摄影测量计算坐标和地面坐标应相等、相邻航带公共点坐标应相等的条件，用平差求解航带网的非线性变形改正系数，从而求出加密点的地面坐标。

独立模型法区域网空中三角测量是以单元模型为基础，相互连接组成区域网。在模型连接的过程中，利用控制点的计算坐标与实测坐标应相等、模型公共点坐标相等、误差的平方和最小的条件对每个模型进行平移、旋转和缩放，完成空间的相似变换。按照最小二乘法对全区域网进行整体平差，解求每个模型的七个绝对定向参数，求出各加密点的地面坐标。

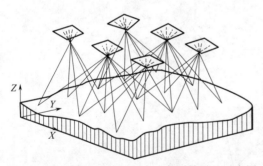

图 10-23　光束法区域网空中三角测量平差示意图

光束法区域网平差是以每张像片所组成的一束光线作为平差单元，以共线条件方程为平差的数学模型，通过各个光束在空中的旋转和平移，使模型之间公共点的光线实现最佳交会，并使整个区域纳入已知控制点地面坐标系中，建立全区域统一的误差方程，整体解求全区域每张像片的六个外方位元素，按照多片前方交会计算出加密点的地面坐标，如图 10-23 所示。

在以上三种空中三角测量方法中，光束法区域网平差是理论最严密、精度最高，但解算过程中未知数多、计算量大、解算速度慢。

（2）GPS/POS 辅助空中三角测量

摄影测量作业时在已知像片的外方位元素的条件下，利用立体模型同名射线光束相交获得地面点的空间点位。传统摄影测量使用外业控制点并通过解析空中三角测量方法计算得到像片的外方位元素。由于外业控制测量工作量大，作业成本较高，在荒漠、森林、高山地区作业风险较大等因素，如何在满足精度要求的前提下，尽量减少甚至无需外业控制点的测量，是当前研究的热点问题。

随着 GNSS 动态差分定位技术和网络通信技术的发展，利用安装在飞机或无人机上与航摄仪相连接的 GPS 信号接收机和地面上一个或多个基准站上的 GPS 信号接收机同步连续观测 GPS 卫星信号，经 GPS 实时差分定位技术 GPS RTK 或者后差分定位技术 GPS PPK 离线处理，获取航摄仪曝光时刻摄站点的地面三维坐标。如果在飞机上还安装有惯导测量仪 IMU（intertial measurement unite），IMU 和机载移动 GPS 的组合称为 POS 系统（position orientation system）。IMU 可以获得航拍瞬间像片的空间姿态，因此在 GPS/POS 的辅助下可以获取全部像片的六个外方位元素，如图 10-24 所示。在数据处理时，将每张影像的 6 个外方位元素作为附加观测值引入空中三角测量区域网进行整体平差，确定目标点的空间位置和精确的像片方位元素，并对其质量进行评定。

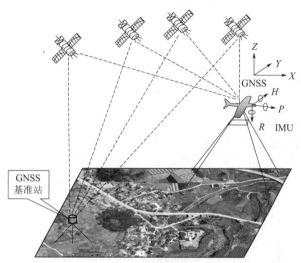

图 10-24　GPS/POS 辅助空中三角测量

　　GPS/POS 辅助空中三角测量的目的在于减少甚至完全免除常规空中三角测量所必需的地面控制点，以节省野外控制测量时间、缩短航测成图周期、降低生产成本、提高生产效率。

　　我国学者在太原航摄试验场对 GPS 辅助空中三角测量的加密精度进行了试验，并与常规光束法区域网平差计算结果进行了对比。常规光束法区域网中布设了 12 个平高控制点和 2 个高程控制点，试验对比结果如表 10-2 所示。表 10-2 中数据显示，在四角布设平高控制点 GPS 辅助光束法区域网平差的精度接近常规密周边布点光束法区域网的精度，且实际精度与理论精度基本一致；在无地面控制点的情况下，GPS 辅助光束法区域网平差的实际精度比理论精度低，说明获取的摄站 GPS 坐标带有一定的系统误差，但仍然达到了较高的精度。此次试验表明，在 GPS/POS 的辅助下空中三角测量可以大大减少外业控制点的数量，并能获得较好的精度。

表 10-2　GPS 辅助空中三角测量与常规光束法加密精度比较

平差方案	$\sigma_0/\mu m$	检查点数		理论精度/cm		实际精度/cm	
		平面	高程	平面	高程	平面	高程
密周边布点光束法区域网平差	10.3	94	91	5.4	22.5	5.2	16.0
四角布点 GPS 辅助光束法平差	10.4	103	95	6.5	23.3	7.9	18.1
无地面控制 GPS 光束法平差	9.7	103	95	11.3	24.0	23.2	35.2

（3）数字空中三角测量
　　数字空中三角测量采用中心投影的共线方程为数学模型，继承了解析法的构网方法，将加密点的选点、量测和转点的过程，利用数字影像、计算机影像处理技术、计算机视觉技术以及人工智能技术等其他相关技术，并结合摄影测量基本原理实现像点自动化量测和影像匹配，然后将像点进行区域构网，采用光束法区域网平差解算，完成空中三角测量。数字空中三角测量已成为当前主流的作业方式。

10.5　像片控制测量

像片控制测量是在测区内实地测定用于空中三角测量或直接用于测图定向的像片控制点平面位置和高程的测量工作。在整个航测作业中，摄影测量像控点是摄影测量解析空中三角测量（空三加密）和测图的基础，其位置的选择和坐标的测定直接影响到内业成图的数学精度。

像片控制测量的布点方案分为全野外布点、非全野外布点以及特殊情况的布点方案。全野外像控点布设是指在正射投影作业、内业测图定向和纠正作业中所需要的全部控制点均由外业测定。这种布点方案精度较高，但外业工作量很大，生产成本较高，因此较少使用。非全野外布点是指内业测图定向和纠正作业中需要的像控点由内业采用解析空中三角测量测得，野外只测定少量的控制点作为内业加密的基础。这种布点方案可以减少大量的野外工作量，提高工作效率，发挥航测的优势。一般情况下无人机航测中像控点主要采用这种方式进行测量。

按照构网方式的不同，像片控制测量的布点分为航带法布点和区域网布点两种方案。由于无人机数字航空摄影测量通常采用区域网光束法平差处理，因此在像片控制测量时也多采用区域网布点方法。下面以区域网布点法介绍像片控制测量方法。

10.5.1　像片控制点选点

① 控制点的目标影像应清晰，易于判读刺点和立体量测，如选在交角良好（30°～150°）的细小线状地物交点、明显地物拐角点、地面标志线的角点、原始影像中不大于 6×6 像素的点状地物中心，同时应是高程起伏较小、常年相对固定且易于准确定位和量测的地点。弧形地物，阴影、高大建筑物以及高大树木附近，与周边不易区分的地点等不应选作控制点点位目标。

② 高程控制点点位应选在高程变化较小的地方，以线状地物的交点和平山头为宜；狭沟、尖锐山顶和高程起伏较大的斜坡等，均不宜选作点位目标。

③ 布设的控制点宜能公用，一般布设在航向及旁向六片或五片重叠范围内，且应选在旁向重叠中线附近，尽量远离像片边缘。

④ 点位距像片边缘不应小于 150 像素，其它要求不变。

⑤ 当测区普遍难以找到合适的像控点目标时，航摄前应铺设地面目标作为控制点，地面目标可采用十字形、L 形等形状。

10.5.2　像片控制点布设

（1）像控点布设的基本要求

① 区域网的划分应依据成图比例尺、地面分辨率、测区地形特点、航摄分区的划分、

测区形状等情况全面进行考虑，根据具体情况选择最优实施方案；区域网的图形宜呈矩形。

② 区域网的大小和像片控制点之间的跨度以能够满足空中三角测量精度要求为原则。

③ 相邻像对和相邻航线之间的控制点宜公用。

④ 特殊困难地区（大面积沙漠、戈壁、沼泽、森林、湖泊、河流、滩涂、岛礁等）可到达区域，应适当增加像片控制点数量。

⑤ 像片控制点的目标影像应清晰，易于判别。

⑥ 1∶500 地形图平地、丘陵地平高控制点应采用全野外布点，1∶1000、1∶2000 地形图平地高程点应采用全野外布点。

（2）无 IMU/GNSS 辅助航摄的大比例尺测图区域网布点方案

航向和旁向相邻控制点的基线跨度应不超过表 10-3 中的规定。

表 10-3　无 IMU/GNSS 辅助航摄区域网像控点布设基线跨度

比例尺	航向相邻控制点的基线跨度	旁向相邻控制点的基线跨度
1∶500	3	3
1∶1000	4	3
1∶2000	6	3

注：仅测制 DOM 时，航线跨度可放宽至 2 倍。

控制点布设时，可沿区域网周边布设平高控制点 6 个或 8 个，高程控制点沿每条航线布设，规则区域网参考布设图形见图 10-25，不规则区域网参考布设图见图 10-26。

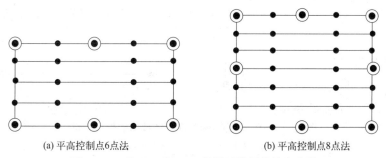

(a) 平高控制点6点法　　　　(b) 平高控制点8点法

图 10-25　无 IMU/GNSS 规则区域网像控点布设

◉ 平高控制点；● 高程控制点

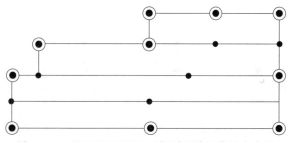

图 10-26　无 IMU/GNSS 不规则区域网像控点布设

◉ 平高控制点；● 高程控制点

（3）有 IMU/GNSS 辅助航摄的大比例尺测图区域网布点方案

① 像片控制点连线应完全覆盖成图区域，且全部布设平高点。

② 控制点采用角点布设法，即在区域网凸角转折处和凹角转折处布设平高点，区域网

中应至少布设 1 个平高点，实际布设时航向相邻控制点的基线跨度不应超过表 10-4 的规定，旁向相邻控制点的航线跨度不应超过表 10-4 的规定。

③ 当有构架航线时，航向相邻控制点的基线跨度、旁向相邻控制点的航线跨度可适当放宽。

表 10-4　有 IMU/GNSS 辅助航摄区域网像控点布设基线跨度

比例尺	航向相邻控制点的基线跨度	旁向相邻控制点的基线跨度
1∶500	12	6
1∶1000	15	6
1∶2000	20	6

注：仅测制 DOM 时，航线跨度可放宽至 2 倍。

控制点布设时，无构架航线的规则区域网可沿网周边布设平高控制点 4 个，高程控制点沿每条航线布设，参考布置图见图 10-27(a)；当规则区域网的两端布设了构架航线时，在网的四角构架航线内布设 4 个平高控制点，参考布设图见图 10-28(b)。不规则区域网像控点布设参考图见图 10-28。

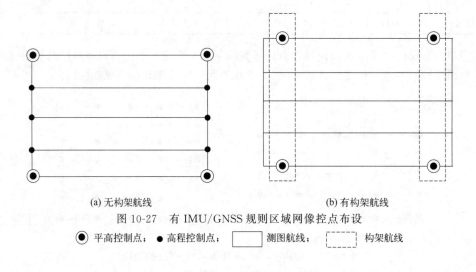

(a) 无构架航线　　　　　　　　　　(b) 有构架航线

图 10-27　有 IMU/GNSS 规则区域网像控点布设

◉ 平高控制点；　● 高程控制点；　▭ 测图航线；　⬚ 构架航线

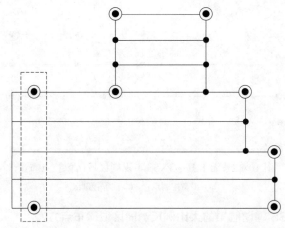

图 10-28　有 IMU/GNSS 不规则区域网相控点布设

◉ 平高控制点；　● 高程控制点；　▭ 测图航线；　⬚ 构架航线

（4）特殊情况布点

① 当摄区像主点、标准点位落水，或处于海湾岛屿地区、航摄漏洞等区域时，视具体情况以满足空中三角测量和立体测图要求为原则布设控制点，具体方法按照《数字航空摄影测量　控制测量规范》（CH/T 3006—2011）的要求执行。

② 测区内普遍难以找到合适的像片控制点目标时，航摄前应铺设地面标志作为控制点，地面标志可采用图 10-29 中的形状，图中 $a = 0.04 \times M_{像}$，单位为 mm，$M_{像}$ 为航摄比例尺分母。

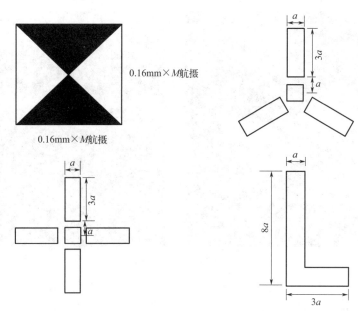

图 10-29　像控点地面标志

10.5.3　像片控制点的测量

（1）基础控制点测量

① 用于平面控制测量的基础控制点包括卫星定位连续运行基准站、GPS E 级及以上控制点、四等及以上国家大地控制网点。当测区内没有平面控制点时，宜施测 E 级及以上等级 GPS 点作为像片控制测量的基础。GPS 控制网测量时其布设原则、选点、观测、记录、数据处理、成果检查与上交资料应符合《全球定位系统（GPS）测量规范》（GB/T 18314—2009）中的相关规定。

② 用于高程控制的基础控制点包括等级水准点、具有相应高程精度的等级 GPS 点或其他高程控制点。当测区内无高程基础控制点时，宜施测等外以及以上等级水准点作为高程控制的基础。测量时应按等外水准测量或与其精度相当的方法施测。

（2）像片控制点的精度要求

像片控制点相对邻近基础控制点的平面位置中误差不应超过地物点平面位置中误差的 1/5、高程中误差不应超过基本等高距的 1/10。在特殊困难地区（大面积沙漠、戈壁、沼泽、森林、湖泊、河流、滩涂以及登岛困难的岛礁等），像片控制点的平面位置中误差和高程中误差可相应放宽 0.5 倍；像片控制点最大误差为 2 倍中误差。

（3）像片控制点的测量、选点及整饰

① 像控点的测量可采用 GPS 静态、快速静态相对定位、GPS RTK 测量、GPS 精密单

点定位以及全站仪等方法进行，其中单基站 GPS RTK 和网络 RTK 测量为常用方法。

② 在数字影像上选点、标记，准确标示出刺点位置。根据刺点片在现场选点时，应根据现场情况确认刺点位置是否满足控制点刺点和观测要求。如不满足可与内业沟通在附近重新选点。

③ 像片控制点测量时，拍摄像片控制点的现场照片，分别为清晰地反映像片控制点与周边地物相对方位关系的现场照片，清晰地反映像片控制点实地准确位置的现场照片，并制作点之记文件，图 10-30 所示为像控点外业测量。

图 10-30　像控点测量

④ 对像片控制点测量成果进行检查、平差、坐标转换，坐标转换成果应使用未参与坐标转换参数计算的点位进行检核。

⑤ 将像片控制点的最终成果数据整理、制作像片控制点成果表；点之记、刺点片、像控点成果表宜制作成电子数据。

10.6　倾斜摄影测量实景三维建模

10.6.1　倾斜摄影建模特点

无人机倾斜摄影测量的直接目的是建立摄影对象的实景三维模型，以实景三维模型为基础可以服务于很多行业和专业的需要。为了实现摄影对象的真三维模型的重建，需要从多个视角获取摄影对象的正摄和侧面影像纹理信息，而且倾斜摄影测量能够融合来自空中视角和地面拍摄的影像，对获取影像的传感器几乎没有限制。倾斜摄影测量获取的影像具有重叠度大、数量多、分辨率高、影像旋偏角大和姿态角不稳定、比例尺差异悬殊、影像几何畸变大等特点。虽然如此，倾斜摄影测量本质上还是数字摄影测量。

正是由于倾斜摄影测量获取的影像具有这些特点，要求倾斜摄影测量软件相对于传统的数字摄影测量软件具有更加强大的数据处理能力，尤其是处理多视倾斜影像的能力。针对倾斜影像的特点，目前主要采用改进后的特征检测和匹配方法，如 SIFT、ASIFT、SURF 算法等，和抗大仿射变换特征匹配方法，如 MSER、EBR 算法等，进行影像连接点的提取和匹配；然后采用运动恢复结构 SfM 方法进行区域网光束法平差，获取影像的精确外方位元素。由于连接点的数量较少，无法满足三维建模的需要，为了实现三维重建，还需要获得物体表面完整的三维信息，因此需要通过基于面片的多视立体匹配算法 PMVS（patch based multi-view stereo matching，PMVS）等算法进行影像的密集匹配。密集匹配通过确定参考影像中每一个像素在其它立体像对中同名点的方法，恢复场景的三维信息。基于密集匹配结果获得场景地物的表面点云，构建地物的三维表面 Mesh 模型，最后进行模型纹理映射。

摄影对象的三维重建不仅是数字摄影测量的基本任务，同时也是计算机视觉的研究的重要内容。基于数字摄影测量的三维重建与计算机视觉的三维重建的理论基础是一致的，二者都是针孔成像原理的具体应用，因此二者在原理、方法和技术上有很多相通之处。实际上在倾斜摄影测量三维建模中也用到了计算机视觉的理论和方法，计算机视觉为倾斜摄影三维建模提供了新的解决思路。基于计算机视觉的从运动恢复结构 SfM（structure from motion）算法继承了摄影测量学的理论，要求使用精确标定的相机和确定相机的位置及角度，在相机内外范围元素已知的条件下应用三角测量恢复场景的三维结构。

无人机倾斜摄影过程中采用高重叠度的影像，从不同角度对目标区域进行连续成像，根据计算机视觉中的运动恢复结构技术 SfM，从拍摄的多视点图像中可以恢复场景的三维结构，实现拍摄对象的三维重建。应用基于计算机视觉的三维场景重建技术对无人机序列影像进行处理，直接从三维空间的角度理解和表达真实世界中的地物和地貌，实现无人机倾斜摄影快速建立地表实景三维模型。

10.6.2 倾斜摄影三维建模的关键技术

无人机倾斜三维建模历经十多年的发展，技术越来越成熟。无人机倾斜摄影的优势在于能够快速获取地表的多角度、高分辨率的影像信息，利用匹配后的多视影像提取地表稠密点云，构建不同层次和不同细节的三维模型。利用影像信息建立三维模型的关键技术主要分为多视影像匹配、多视影像联合平差、影像点云密集匹配和三角网构建以及模型纹理映射。

（1）影像匹配

无人机的影像匹配就是在影像的重叠区域中寻找同名像点，所有影像的重叠区域中的同名像点都建立起了一一对应关系后，影像之间的空间相对位置也就确定了。影像匹配获取的同名点要参与后续的光束法空中三角测量计算，是三维建模的关键环节。目前无人机影像匹配主要采用改进的 SIFT（尺度不变特征算法）和 ASIFT（尺度和仿射不变特征算法），通过计算特征点间的相似性来对影像进行匹配，具有较快的运行速度和较好的抗噪能力，算法适应性强。

（2）多视影像联合平差

多视影像联合平差是通过空中三角测量利用实测地面控制点，按照共线条件方程对匹配的影像同名点和影像的外方位元素进行平差解算，用于校正影像模型的空间方位。目前无人机倾斜摄影测量数据处理采用光束法区域网多视影像联合平差，以共线方程为平差的数学模型，以外业控制点与影像上对应控制点坐标相等、相邻影像同名点对相交且坐标一致为平差条件，解算出每张影像的精确的外方位元素。

（3）多视影像点云密集匹配和三角构网

根据影像的外方位元素和影像匹配模型，通过基于面片的多视立体匹配算法 PMVS 等算法进行影像的密集匹配，获取影像模型的密集点云。由于多视影像的特征，在生成密集点云时会出现较多的重叠信息，重叠信息弥补了三维模型构建可能出现的盲区。利用密集点云构建不规则三角网（TIN）模型表面，点云重叠信息的多少决定了所构建的三角网的复杂程度，重叠度越高，三角网越复杂。由三角网构成网格 Mesh。

（4）纹理映射

三维模型纹理映射的原理是建立二维空间点与三维物体表面间的一一对应关系，基于获取的多视角地物纹理特征建立相应的纹理空间信息库，按照一定的筛选条件和空间位置信息，确定三角网中每个三角形与建立的纹理空间信息库中的纹理唯一对应，实现三维模型与纹理空间信息库的精准匹配。纹理映射是三维重建的最后一个环节，直接决定所建模型的视觉效果。由于倾斜摄影获取同一对象的影像在色调、亮度等方面存在较大差异，影像上的纹理特征复杂，给纹理映射带来了较大难度。

10.6.3　倾斜摄影三维建模常用软件

国外倾斜摄影三维重建技术具有代表性的软件主要有法国 Airbus 公司的 Pixel Factory、美国 Bentley 公司的 ContextCapture、瑞士 Pix4D 公司的 Pix4Dmapper、美国 Skyline 公司的 PhotoMesh、俄罗斯 Racurs 公司的 PHOTOMOD 和 Agisoft 公司的 Metashape 等软件。

国内的代表性软件有武汉大势智慧科技有限公司的 GET3D、深圳大疆创新科技有限公司的大疆智图 DJI TERRA、武汉智觉空间信息技术有限公司的 SVS、北京中测智绘科技公司的 Mirauge3D 以及武汉天际航信息科技股份有限公司的 DP-Smart 等软件。

除了商业软件外，还有一些免费和开源软件也可以处理来自无人机倾斜摄影等多源影像，创建三维模型，比如比利时 Leuven 大学开发的 ARC3D、免费的 VisualSFM、开源软件 OpenDroneMap、Regard3D 等。OpenDroneMap 是一个用于处理无人机图像的开源工具包，它可以处理大众无人机获取的非量测型相机影像，生成点云、数字表面模型、正射影像、分类点云、数字高程模型等产品。Regard3D 是由一个瑞士的软件工程师开发的摄影测量软件。Regard3D 使用从不同的角度拍摄的照片创建 3D 模型，能够完成一系列摄影测量工作，包括特征点检测、特征描述、特征匹配、确定相机的三维位置和姿态、生成稀疏点云和密集点云表面。

10.6.4　倾斜影像实景三维建模

无人机获取倾斜影像后，需要对获取的影像质量进行检查和预处理，包括检查影像的清晰度、对比度、航向旁向重叠度以及影像的 POS 数据的解算、像控点测量精度检查等内容。如果影像质量未满足设计要求，需要重飞或补飞影像。

倾斜影像三维建模是基于数字摄影测量和计算机视觉的理论技术，通过影像匹配、多视影像联合平差、多视影像密集匹配、点云三角构网和纹理映射等流程完成。数据建模过程中软件自动运行处理、无需人工干预。随着建模软件算法的不断优化、计算机硬件性能的改善，实景三维建模的效果和速度比以前有了很大进步，特别是软件引进人工智能算法对促进实景三维建模技术的发展起到了很大的推动作用。

利用 ContextCapture、PIX4Dmapper、Metashape 等软件，在测量控制点的参与下，实现多视影像的三维重建，还原测量坐标系下的真实场景。所建模型可以利用软件自带的浏览工具查看三维模型，并且可以在模型上进行坐标、长度、面积以及体积的精准量测。

无人机倾斜影像数据建模的主要流程如图 10-31 所示。

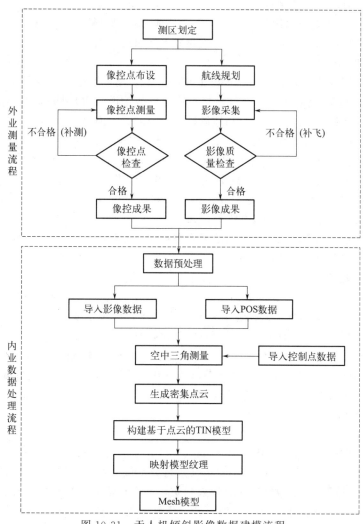

图 10-31　无人机倾斜影像数据建模流程

拓展阅读

拓展阅读 1　ContextCapture 软件功能简介及建模示例

10.6.5　无人机航空摄影测量产品

无人机航空摄影测量不仅可以进行三维重建，而且可以制作生产数字正射影像 DOM、数字表面模型 DSM、数字高程模型 DEM 和数字线划图 DLG 等产品。以下对 4D 产品作简要介绍。

（1）数字表面模型

数字地表模型（Digital Surface Model，DSM）是包含了地表建筑物、桥梁和森林植被等高度的地面高程模型。和 DEM 相比，DEM 只包含了地形的高程信息，并未包含其它地表信息，DSM 是在 DEM 的基础上，进一步涵盖了除地面以外的其它地表信息的高程。在一些对建筑物高度有需求的领域有重要作用。

DSM真实地表达地表起伏状态，可用于森林地区检测森林的生长情况，可用于输电线路的安全检测，也可用于城市区域规划中反映城市空间的变化。

（2）数字地形模型

数字地形模型（digital terrain model，DTM），是利用一个任意坐标系中大量选择的已知(x,y,z)的坐标点对连续地面的一种模拟表示，也就是说DTM就是地形表面形态属性信息的数字表达，是带有空间位置特征和地形属性特征的数字描述。(x,y)表示该点的平面坐标，z是地形表面形态的属性信息，一般包括高程、坡度、坡向、温度等。当z表示高程时，就是数字高程模型，即DEM。DEM是零阶单纯的单项数字地貌模型，其他如坡度、坡向及坡度变化率等地貌特性可在DEM的基础上派生。

DTM最初是为了高速公路的自动设计提出来的（Miller，1956），之后被用于各种线路工程（铁路、公路、输电线）选线和设计以及各种工程的面积、体积、坡度计算，任意两点间的通视判断及任意断面图绘制；在测绘工作中被用于绘制等高线、坡度坡向图、立体透视图，制作正射影像图以及地图的修测。

（3）数字高程模型

数字高程模型（digital elevation model，DEM）是一定范围内规则格网点的平面坐标(X,Y)及其高程Z的数据集，它描述了区域地貌形态的空间分布，通过等高线或相似立体模型进行数据采集（包括采样和量测），再进行数据内插而形成的。

DEM是用一组有序数值阵列形式表示地面高程的一种实体地面模型，是数字地形模型（digital terrain model，DTM）的一个分支，是对地貌形态的虚拟表示，可派生出等高线、坡度图等信息，也可与DOM或其它专题数据叠加，用于与地形相关的分析应用，同时它本身也是制作DOM的基础数据。

（4）数字正射影像

数字正射影像图（digital orthophoto map，DOM）是以航摄像片、遥感影像为基础，经扫描处理并经逐像元进行辐射改正、由DEM进行数字微分纠正和镶嵌，按国家基本比例尺地形图图幅范围剪裁生成的数字正射影像数据集，并将地形要素信息以符号、线画、注记、公里格网、图廓（内/外）整饰等形式添加到影像平面上，形成以栅格数据形式存储的影像数据库。它同时具有地图几何精度和影像特征的图像，具有精度高、信息丰富、直观真实等优点。由此可见DOM是经过DEM校正生产的影像地图。在应用中，可以通过DOM获取地物点的平面坐标。

（5）数字线划图

数字线划地图（digital line graphic，DLG）是现有地形图上基础地理要素分层存储的矢量数据集，且保存各要素间的空间关系和相关的属性信息，可用于建设规划、资源管理、地理环境分析等各个方面，为交通、水利、土木、地质、资勘、采矿等专业的规划设计提供基础地理信息，也是这些专业信息系统的空间定位基础。

在数字测图中，比较常见的产品就是数字线划图，外业测绘的成果就是DLG。数字线划地图是以矢量形式存储，可以跟根据地表形态的变化对其内容实时修改、补充和更新，能够满足各种空间分析需要，可随机地进行数据选取和显示，与其他信息叠加，可进行空间分析、决策。其中部分地形要素可作为数字正射影像地形图中的线划地形要素。

数字线划地图在使用时极为方便，能够放大、漫游、查询、检查、量测、叠加地图。其优点是数据量小，数据分层管理，可以快速生成专题地图，因此也被称为矢量专题信息（digital thematic information，DTI）。

目前数字线划图可以通过全野外测绘、数字摄影测量立体测图和以实景三维模型为基础采集各种地形要素信息成图等方法测绘。随着实景三维重建技术的精度不断提高，以三维模型为基础测绘大比例尺地形图的方法和技术得到快速的推广和应用，这大大减轻了外业测量的劳动强度，将地形图外业测绘转变为主要由室内采集数据来完成。

10.7 基于实景三维模型的数字测图

随着无人机航摄硬件设备制作的发展和软件各种算法的改进，倾斜影像三维重建的精度得到了大幅度的提高。通过多视影像密集匹配生成的三维模型的地面分辨率高，色彩逼真，真实还原地表场景形态。实景三维模型重建过程中还可以生成正射影像 DOM、数字高程模型 DEM 和点云数据。特别是现在无人机上安装了高精度的 POS 系统后，只需要少量地面控制点的情况下，也能够使实景三维建模获得较高的精度。工程实践证明只要按照地形图测绘要求的精度进行航线规划、航摄和测量，其成果实景三维模型、数字正射影像、数字高程模型以及点云数据能够满足大比例尺地形图测绘的精度要求，可以作为测绘大比例尺地形图的数据来源。

目前利用实景三维建模成果测绘大比例尺地形图，不论在理论上还是技术上，都取得了很大的进步。近几年国内也研究推出了利用无人机实景三维建模成果测绘大比例尺的软件系统，主要有北京山维科技股份有限公司的 EPS 3DSurvey 三维测图系统、武汉天际航信息科技股份有限公司的 DP-Mapper、武汉航天远景科技股份有限公司的 MapMatrix3D、广州南方数码科技股份有限公司的 CASS＋CASS 3D 插件以及山西迪奥普科技有限公司的 SV360 等软件。

基于三维模型的数字测图是利用实景三维模型空间的真实地理坐标和准确的地物尺寸，在模型上直接采集地物和地貌的特征点位，并赋予其相应的地物编码，根据地物的几何形状，直接绘制成图，借助模型的高程信息，完成高程点的提取。可利用的三维模型可以是 OSGB 等格式的实景三维模型，也可以是 DEM 叠加 DOM 后的数字地表模型，也可以是点云格式的三维模型。在进行地形图数据采集时一般采用二三维联动一体测图模式分屏采集和绘制，即先设置好欲采集对象的地形编码后，在三维模型上采集地形特征点的同时，在二维平面上根据采集坐标绘制采集地物的几何形状。

采用实景三维模型的地形图测绘方法，能够直接得到建筑物的层数、可以避免建筑物房檐改正，大大减少外业测量工作，又能较好还原地物特征。与传统全野外测绘地形图比较，基于实景三维模型测图可以缩短测图的时间，提高工作效率，节约成本。

> **拓展阅读**
>
> **拓展阅读 2 EPS 三维测图和 CASS3D 测图简介**

随着无人机航空摄影测绘技术的发展，在计算机软硬件的支持下，大比例尺地形图的测绘方法正由传统全野外测绘，转向以实景三维模型为基础的室内采集为主、野外测量调绘为辅的全新测绘方法转变和更新。这种新的测绘方法不仅大大减轻了外业测量的劳动强度，在保证了测绘精度的同时，提高了作业的效率，因此这样的新技术值得大力推广和应用。

<<<< **思考题与习题** >>>>

1. 什么是航摄比例尺？航摄影像比例尺如何计算？

2. 什么是航摄影像的像片重叠度？航空摄影测量对影像重叠度有什么要求？

3. 航空摄影测量有哪些常用坐标系？

4. 什么是航摄像片的内外方位元素？具体包括哪些内容？

5. 什么叫空中三角测量？什么是光束法区域网平差？

6. 倾斜摄影三维重建有哪些关键技术？

7. 什么是数字表面模型 DSM、数字高程模型 DEM 和数字正射影像 DOM？

8. 基于实景三维模型测图的基本方法是什么？

测／量／学

第11章

建筑工程测量

本章知识要点与要求

　　本章主要介绍施工测量基本方法、建筑施工控制测量、建筑施工测量、基础施工测量、高程建筑施工测量、建筑物变形观测；本章重点为建筑施工控制网的布设、建筑物轴线测设、高程建筑施工测量方法和建筑物变形观测主要方法等内容。通过本章的学习，要求学生掌握建筑施工测量的主要限差、施工坐标与测量坐标的转换、建筑基线和建筑方格网的布设、建筑轴线控制桩的测设、高程建筑物轴线投测和高程的竖向传递等内容。

11.1　建筑工程测量概述

11.1.1　建筑工程测量的主要内容

　　建筑工程测量指在建筑工程勘测设计、建造施工以及工程运营管理等各阶段的测量工作，在本章中主要阐述建筑工程在建造施工阶段的测量工作，该阶段的测量又称为建筑施工测量。施工测量是根据工程设计图纸将建筑物或构筑物的平面位置、高程，按照设计要求，以规定的精度在实地标定出来，作为施工依据，达到按图施工的目的。在实际工作中，施工测量又称为施工放样。施工测量的主要内容包括建立施工控制网、建筑轴线的测设、建筑物施工定位、高层建筑物的轴线投测、高程控制、高程竖向传递以及建筑物的变形监测等内容。

　　施工测量的结果直接关系到建（构）筑物的位置、形状尺寸是否正确，为了保证施工测量的精度，避免测量误差的积累，和其他测量工作一样，施工测量也必须遵循"由整体到局部，先控制后细部"的原则，即必须先建立施工控制网，然后才能进行建筑物细部的放样工作。施工放样与测绘地形特征点的程序相反，测绘地形特征点是在已知控制点的基础上测量出特征点的三维坐标，而施工放样是已知建筑物的位置信息的条件下应用适当的测量方法确定建筑物在三维空间中的实际位置。

　　施工测量的精度高于一般地形测绘的精度，其精度主要是由建（构）筑物的建筑结构、建筑规模体量大小、具体用途和施工方法等因素决定。通常钢结构、超高层、连续程度高的建筑较一般建筑要求施工测量的精度要高。施工测量工作是一项严谨细致的工作，工程建筑物一旦按照错误的测量定位结果进行施工，将会给国家和社会造成极大的损失，因此施工测量过程中需要采取有效的检核方法，杜绝出错，不仅要求建筑物的绝对位置正确，更要保证建筑物之间的相对精度满足设计要求。

11.1.2 建筑施工测量的主要测量限差

根据《工程测量标准》（GB 50026—2020）、《建筑施工测量标准》（JGJT 408—2017）和《建筑变形测量规范》（JGJ8—2016），为了保证工程施工的精度，建筑物施工放样、轴线投测和标高传递的测量允许偏差应符合表 11-1 的规定；表中的允许偏差参考现行国家标准《砌体结构工程施工质量验收规范》（GB 50203—2011）和行业标准《高层建筑混凝土结构技术规程》（JGJ 3—2010）中的规定。

施工层放线时，应先校核投测轴线，闭合后再测设细部轴线与施工线；轴线竖向投测应事先校测控制桩、基准点；建筑物标高的竖向传递，使用钢尺时，应从首层起始标高基准点垂直量取；当传递高度超过钢尺长度时，应设置新的标高基准点；使用电磁波测距传递时，宜沿测量洞口、管线洞口垂直向上传递，至少观测一测回；每栋建筑应有 3 处分别向上传递标高。

表 11-1 建筑物施工放样、轴线投测及标高传递测量限差

项目	内容		测量允许偏差/mm
基础桩位放样	单排桩或群桩中边桩		±10
	群桩		±20
各施工层上放线	轴线点		±4
	外廓主轴线长度 L/m	L≤30	±5
		30<L≤60	±10
		60<L≤90	±15
		90<L≤120	±20
		120<L≤150	±25
		150<L≤200	±30
		L>200	按 40%的施工限差取值
各施工层上放线	细部轴线		±2
	承重墙、梁、柱边线		±3
	非承重墙边线		±3
	门窗洞口线		±3
轴线竖向投测标高竖向传递	每层		±3
	总高 H/m	H≤30	±5
		30<H≤60	±10
		60<H≤90	±15
		90<H≤120	±20
		120<H≤150	±25
		150<H≤200	±30
		H>200	按 40%的施工限差取值

11.1.3　施工坐标系与测量坐标系的转换

在工程施工中，为了施工放样的方便需要建立起坐标轴与建筑物主轴线一致或平行的坐标系，这个坐标系称为施工坐标系，又叫建筑坐标系。施工坐标系的原点一般位于总平面图的西南角。建筑工程总体规划布置使用的坐标系是测量坐标系或城市独立坐标系，在总平面布置图、基础平面图、单体平面图上外廓轴线交点的坐标属于测量坐标或城市独立坐标，在建筑物施工测量中就需要进行施工坐标与测量坐标（或城市独立坐标）的转换。

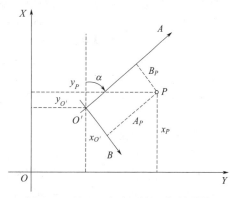

图 11-1　施工坐标与测量坐标的转换

如图 11-1 所示，XOY 为测量坐标系，$AO'B$ 为施工坐标系，施工坐标系的坐标原点 O' 在测量坐标系中的坐标为 $(x_{O'}, y_{O'})$，施工坐标系的纵坐标轴 A 在测量坐标系中的坐标方位角为 α。P 点在测量坐标系中的坐标为 (x_P, y_P)，P 点在施工坐标系中的坐标为 (A_P, B_P)。

如果已知施工坐标系的坐标原点 O' 在测量坐标系中的坐标 $(x_{O'}, y_{O'})$ 和施工坐标系纵轴在测量坐标系中的坐标方位角 α，则可以将 P 点的测量坐标转换成施工坐标：

$$\begin{cases} A_P = (x_P - x_{O'})\cos\alpha + (y_P - y_{O'})\sin\alpha \\ B_P = -(x_P - x_{O'})\sin\alpha + (y_P - y_{O'})\cos\alpha \end{cases} \tag{11-1}$$

同样 P 点施工坐标也可以转换成测量坐标：

$$\begin{cases} x_P = x_{O'} + A_P\cos\alpha - B_P\sin\alpha \\ y_P = y_{O'} + A_P\sin\alpha + B_P\cos\alpha \end{cases} \tag{11-2}$$

上面公式中的转换参数 $(x_{O'}, y_{O'})$ 和 α 需要通过至少 2 个公共点才能解算，所以在坐标转换之前必须测量出至少 2 个公共点在两个坐标系中的坐标。

11.2　施工测量基本方法

工程建（构）筑施工时是根据建（构）筑物的设计坐标以及建筑物与已有建筑物或测量控制点的之间的距离、角度、高程等几何关系进行定位。施工测量中通常把距离、角度、高程等几何关系称为建筑物定位的基本放样元素。在进行建筑物施工定位前，需要依据工程设计图纸等资料计算出建筑物定位的基本放样元素，然后按照建筑物的特点，选择相应的测量方法进行放样。

11.2.1　测设已知水平距离

在地面上测设已知水平距离是指从地面一已知点出发沿着指定方向测量出给定的水平距离，标定出该直线另一端点。测设已知水平距离主要采用钢尺量距和全站仪光电测距两种方法。

（1）钢尺量距法

在实地测设已知距离与在地面上丈量距离是个相反的过程。如果测设的精度要求不高时，用钢尺沿着指定方向直接测量已知距离，并标定端点位置即可。为了校核距离，可以从钢尺不同起点位置丈量两次，两次距离之差在允许范围内，取它们的平均位置作为端点。如果精度要求较高时，需要先根据给定的水平距离 D，按照尺长改正、温度改正和高差改正公式计算出地面上的测量距离 l，其计算公式为

$$l = D - (\Delta l_d + \Delta l_t + \Delta l_h) \tag{11-3}$$

式中，Δl_d 是尺长改正；Δl_t 是温度改正；Δl_h 是高差改正。

根据计算结果，使用检定过的钢尺，用全站仪或经纬仪沿着指定方向进行测量，并标定端点位置。

（2）全站仪光电测距法

首先安置全站仪与直线距离的起点，瞄准指定方向，使用跟踪测量的功能，沿着全站仪的瞄准方向移动棱镜位置，当全站仪屏幕显示的水平距离与给定距离十分相近时，在地面上做好位置标记，精确测量出此时的距离，并计算出显示距离与给定距离的差值 $\Delta D = D - D'$，根据 ΔD 的正负，然后使用钢尺作为辅助将标记位置改正到正确的端点位置，把棱镜安置在标定端点上精确测量距离，检查是否与给定距离相等，如果测量的距离与给定距离不相等，仍需要重复上面的操作，直至找到正确的端点位置。

目前由于全站仪的普及，使用全站仪进行水平距离的测设，尤其是对于在不平坦地面上的长距离测设，比钢尺测量法更方便、精度更高，因此在实际工作中全站仪测设距离得到广泛使用。

11.2.2 测设已知水平角

测设已知水平角是根据一个已知方向与待测方向之间的水平角度，通过水平角的测量确定待测方向，并在实地标定出来。测设已知水平角的方法主要有正倒镜分中法和归化法。

（1）正倒镜分中法

当测设水平角精度要求不高时，可采用全站仪或经纬仪盘左盘右测设取中的方法，得到测设的角度。如图 11-2 所示，将全站仪安置在 A 点上，先以盘左位置照准 B 点，水平角置为零度，松开水平制动螺旋，转动照准部，使水平角读数为 β 角，在望远镜视线方向上定出 C_1 点，然后倒转望远镜用盘右重复上面的步骤测设 β 角定出 C_2 点，最后取 $C_1 C_2$ 的中点 C，则 $\angle BAC$ 就是需要测设的角度 β。

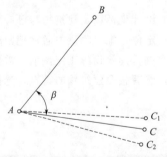
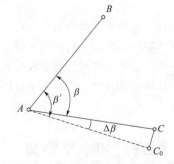

图 11-2　正倒镜分中法角度测设　　　图 11-3　精确测设法测设角度

（2）精确测设法

当测设精度要求比较高时，需要对按正倒镜分中法确定的角度进行改正，从而提高测设

精度。如图 11-3 所示，首先按照正倒镜分中法确定了 C_0 点位置，然后使用测回法观测水平角 $\angle BAC_0$，观测测回数根据精度需要确定，取各测回水平角平均值 β' 作为观测结果，假设 $\Delta\beta = \beta - \beta'$，使用全站仪测量出 AC_0 距离，根据 AC_0 和 $\Delta\beta$ 计算出垂直距离 CC_0：

$$CC_0 = AC_0 \tan\Delta\beta = AC_0\Delta\beta/\rho'' \tag{11-4}$$

最后过 C_0 点作 AC_0 的垂线，根据 CC_0 的正负，沿垂线向外（$CC_0 > 0$）量取 $|CC_0|$，如果 $CC_0 < 0$ 则向里量取 $|CC_0|$，这样就确定了 C 点的位置。

11.2.3　测设已知高程

高程测设就是利用附近已知水准点将已知的设计高程测设到现场作业面上。在场地平整施工、建筑物基坑开挖、建筑物地坪标高的确定等施工中都要求测设出已知设计高程。

（1）地面已知高程的测设

如图 11-4 所示，已知水准点 BM_A 的高程为 H_A，要测设的高程点 B 的设计高程为 H_B。在水准点 BM_A 和 B 点之间安置水准仪，在 BM_A 点上的后视读数为 a，视线高程为 H_i，则 B 上的前视读数应为

$$b = H_i - H_B = (H_A + a) - H_B \tag{11-5}$$

高程测设时，将前视水准尺沿着 B 处木桩上下移动，当前视读数为 b 时，紧靠标尺底部在木桩上划一道水平线，此水平线的高程即为 H_B。

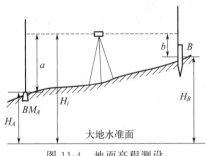

图 11-4　地面高程测设

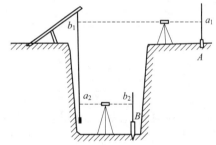

图 11-5　基坑高程传递

（2）高程的传递

在基坑开挖和高程建筑施工时，需要将高程传递到基坑底部和建筑物各楼层楼面上，由于高差较大，不能直接使用水准标尺进行测量，此时可以采用悬挂钢尺代替水准尺进行高程上、下传递。如图 11-5 所示，已知基坑附近水准点 A 的高程为 H_A，基坑内 B 的高程为 H_B。在水准点 A 的对面基坑上架设吊杆，并在吊杆顶端悬挂一根钢尺，钢尺零点位于下端，钢尺的下端挂一重锤（重量相当于钢尺检定时的拉力），在地面上和基坑内各安置一台水准仪，地面上水准仪照准 A 点水准尺和悬挂钢尺的读数分别为 a_1 和 b_1，基坑内水准仪照准钢尺的读数为 a_2，照准 B 点水准尺的读数为 b_2，根据 B 的设计高程，则 b_2 应该为

$$b_2 = H_A + a_1 - (b_1 - a_2) - H_B \tag{11-6}$$

在测设时，上下移动标尺的高度，当 B 点上标尺的读数等于 b_2 时，标尺底部的高程即为设计高程 H_B。

在巷道和隧道工程施工时，为了避免受到施工的影响，常常将水准点埋设在巷道和隧道的顶部，此时在进行高程测量或高程测设时需要采用倒尺法进行，即在施测时把水准尺倒立在位于顶部的水准点上测量。

11.2.4　平面点位的测设

在建筑场地平面布置图、建筑物平面图上有时给定了建筑物轴线交点或建筑物角点的坐标，此时可以根据已有控制点采用直角坐标法、极坐标法、角度交会法、全站仪坐标放样法和 GNSS RTK 坐标放样法等直接测设轴线交点和建筑物角点的位置，作为施工的依据。实际测设时，采用哪一种方法要根据控制点的位置、施工现场条件、建筑物的分布以及测量仪器等进行选择。

（1）直角坐标法

当施工场地布设了矩形方格网或轴线控制网，并且待测设的建筑物的轴线与它们相互平行或垂直时，可采用直角坐标法测设建筑物的角点位置。如图 11-6 所示，建筑物的角点 a、b、c、d 的坐标已知，OA、OB 是相互垂直的主轴线，交点 O 的坐标已知，建筑物平行于轴线 OA、OB。在测设之前需要计算一些基本的放样元素，首先根据建筑物角点已知坐标计算建筑物轴线 cd 距轴线 OA 的距离，并在放样略图上将建筑物轴线 ac 和 bd 延长至轴线 OA 交于 c_1 点和 d_1 点，计算出 Oc_1 和 Od_1 的距离，然后使用全站仪或经纬仪安置在轴线交点 O 上，测设出 c_1 点和 d_1 点，最后仪器分别安置在 c_1 点和 d_1 点上测设出 c 点和 a 点以及 d 点和 b 点。点位测设完成后需要对建筑物长度和建筑物平面图形的角度进行检查，若较差在允许范围内，则测设合格。

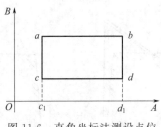

图 11-6　直角坐标法测设点位

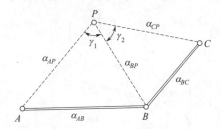

图 11-7　方向交会法测设点位

（2）方向（角度）交会法

方向交会法是施工定位中的常用方法，尤其适合于待定点与控制点距离较远的情况。如图 11-7 所示，A、B、C 为已知控制点，P 为坐标已知的待定点。根据已知坐标计算出放样数据，即各方向的坐标方位角 α_{AB}（α_{BA}）、α_{BC}（α_{CB}）、α_{AP}、α_{BP}、α_{CP}。测设时，在至少两个控制点上安置全站仪或经纬仪，首先精确瞄准已知控制点方向，并配置水平度盘为相应的坐标方位角，然后松开水平制动螺旋，转动照准部，当水平角显示为 α_{AP}、α_{BP}、α_{CP} 值时，即可固定照准方向，此照准方向就是 AP、BP、CP 的方向。当从三个方向交会时，由于控制点、仪器和仪器操作等误差的影响，三条方向线不会交于一点，而是交会形成一个示误三角形。当示误三角形的边长在限差内时，取示误三角形的中心作为 P 的位置。在交会测设时，为了控制交会点的精度，要求交会角 γ_1、γ_2 在 30°～120°之间。

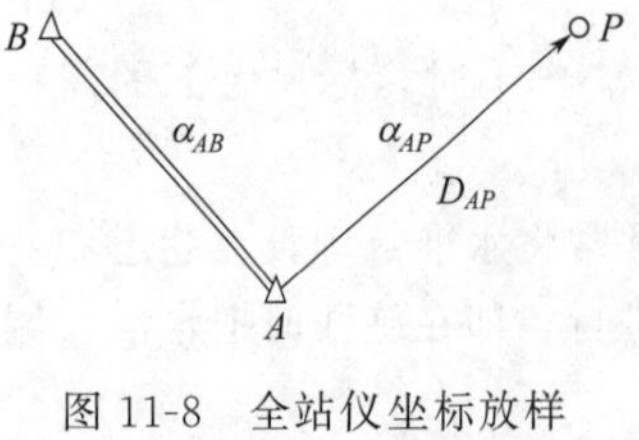

（3）全站仪坐标放样法

全站仪坐标放样是利用极坐标法测量的原理进行点位测设，如图 11-8 图所示，A、B 为已知控制点，P 为坐标已知的待定点。根据坐标反算公式计算出测设元素，即 D_{AP} 和 α_{AP}。全站仪安置在控制点 A 上，以 B 为后视点建立测站完成后，选择坐标放样的功能，输入待定点 P 点坐

图 11-8　全站仪坐标放样

标，仪器自动计算出放样元素 D_{AP} 和 α_{AP}，并显示在仪器屏幕上，同时还提示操作仪器转动方向和角度差，转动全站仪使显示的角度差值为 $0°00'00''$，此时仪器视准轴指示方向即为 P 点所在方向，固定照准部水平制动螺旋。仪器操作人员指挥持棱镜者移动到仪器视准轴指示方向，测量仪器至立棱镜位置处的距离，仪器显示测量距离与正确距离的差值，并提示持棱镜者向前或向后移动的距离，反复测量几次，当仪器显示的距离差为零时，此时棱镜位置即为放样点 P 的位置。放样前需检查棱镜常数、气象参数是否设置正确。

（4）GNSS RTK 坐标放样法

全球卫星导航系统实时动态定位技术 GNSS RTK 是一种全天候、全方位的测量技术，能够实时、准确获取待测点的位置坐标。该技术是将基准站的相位观测值和坐标转换参数通过数据链实时发送给流动站用户，用户把收到的基准站观测数据与流动站的观测数据进行差分处理，获得用户动态实时坐标，再通过坐标转换参数得到当地坐标系的坐标。把设计坐标输入到随机的操作手簿上后，操作手簿实时显示当前位置与设计位置，并指示移动方向及距离，按照手簿上的指示，不断接近设计坐标的位置，在确认定位精度满足要求后，在地面上做好标记作为放样的结果。

GNSS RTK 技术分为单基站 RTK 和网络 RTK 两种，单基站 RTK 是用户自己建立一个基准站，通过电台或移动网络发送基准站的相关数据给流动站用户，网络 RTK 技术是利用 CORS（continuously operating reference stations）各个参考站的观测信息，以 CORS 网络体系结构为基础，建立精确的差分信息解算模型，解算出高精度的差分数据，然后通过无线通信数据链路将各种差分改正数发送给用户。随着网络 RTK 的设施建设不断完善，目前在工程勘测设计及施工中网络 RTK 得到了广泛的使用。

11.3 建筑施工控制测量

在工程勘测设计阶段建立的控制网主要服务于地形图测绘等任务，控制点的分布、密度以及精度都没有考虑工程施工的特点，难以满足工程施工要求。为了使整个建筑区的建筑（构）物能够在平面和竖向上正确衔接，满足施工阶段建筑物定位、建筑物的高程控制、建筑轴线竖向投测、高程竖向传递等需要，在建筑物施工之前必须进行建筑施工控制测量，建立施工控制网。

施工控制网分为平面控制网和高程控制网，按照施工控制范围大小分为场区控制网和建筑物控制网。施工项目宜先建立场区控制网，再分别建立建筑物施工控制网，小规模或精度高的独立施工项目可直接布设建筑物施工控制网。施工控制网点应根据设计中平面图和施工总布置图、施工地区的地形条件等因素布设，点位应选在通视条件好、土质坚硬、便于施测和长期保存的地方，并应满足建筑物施工测设的需要。

11.3.1 施工平面控制测量

（1）场区平面控制

建筑场区平面控制网应根据场区地形条件与建筑物总体布置情况，可布设成建筑方格网、卫星定位测量控制网、导线网或三角形网等形式。场区平面控制网可依据规划测绘单位提供的等级控制点作为定位、定向的起算数据。按照《工程测量标准》（GB 50026—2020），对于建筑场地大于 1km^2 工程项目或重要工业校区，应建立一级及以上精度的等级平面控制网；对于场地面积小于 $1km^2$ 的工程项目或一般建筑区，可建立二级精度的平面控制网。场区平面控制网相对于勘察阶段控制点的定位精度，不应大于 50mm。

当建筑场地地形平坦、通视条件较好、建筑物布置集中整齐时可采用建筑方格网作为场区控制网，由于建筑方格网精度要求高，需埋设的点位多，测设工作量大，现在使用越来越少。当场地比较开阔，上部遮挡较少时可采用卫星定位静态测量控制网作为场区平面控制，它具有测量效率高、精度高、布网灵活的特点，现在在施工中用得较多。导线及导线网选点灵活，布设方便，测量简单，也常常作为场区平面控制网。

（2）建筑物平面控制

建筑物施工平面控制网按照建（构）筑物设计形式和特点可布设成矩形控制网、十字主轴线或平行于建筑物外廓的多边形。控制网测量应根据场区控制网点进行定位和定向。按照《工程测量标准》（GB 50026—2020），建筑物平面控制网应根据建筑物分布、结构、高度以及基础埋深等特点，分别布设一级或二级控制网，建筑物平面控制网主要技术要求应符合表 11-2 的规定。

表 11-2　建筑物平面控制网的主要技术要求

等级	边长相对中误差	测角中误差
一级	$\leqslant 1/30000$	$7''/\sqrt{n}$
二级	$\leqslant 1/15000$	$15''/\sqrt{n}$

注：n 为建筑结构跨数。

建筑物地下施工阶段应在建筑物外侧布设控制点，建立外部控制网；地上施工阶段应在建筑物内部布设控制点，建立内部控制网。建筑物施工平面控制网测定完成并经验线合格后，应按规定的精度在控制网外廓边线上测定建筑轴线控制桩，作为控制轴线的依据。建筑轴线控制桩施测完成，应对控制轴线交点的角度和轴线距离进行测定检查，并调整控制桩点位直至符合规范要求。在建筑物的维护结构封闭前，根据施工需要应将建筑物外部控制转移至内部。内部控制点宜设置在浇筑完成的预埋件上或预埋的车辆标板上，引测的投点误差，一级不超过 2mm，二级不超过 3mm。

（3）建筑基线

在地形平坦、建筑总平面图布置比较简单的小型施工场区，可布设一条或几条基线作为场地施工的平面控制，这种控制形式称为建筑基线。建筑基线应尽可能靠近主要建筑物，应与主要建（构）筑物的轴线平行或垂直，相邻点应通视，点位要便于保存。建筑基线常用的布设方式有三点直线形、三点直角形、四点丁字形和五点十字形，如图 11-9 所示。

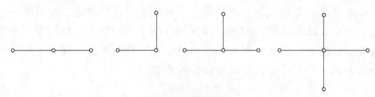

图 11-9　建筑基线

建筑基线可以根据已有控制点或者建筑红线进行测设。如果根据已有控制点测设建筑基线时，要确认控制点坐标系与建筑施工坐标系是否一致，若不一致需要先进行坐标转换。

（4）建筑方格网

在施工测量中，为了简化计算和方便测设，施工平面控制网布设成由正方形或者矩形网组成的形式，这种控制网称为建筑方格网。建筑方格网适用于场地平坦、建筑物布置整齐规则的施工场地。建筑方格网应根据施工总平面图上建（构）筑物、道路以及各种管线的布置情况，结合施工现场条件进行设计布设。如图 11-10 所示，在施工总平面图上设计时应先布置建筑方格网的主轴线 MN 和 AB，后布置平行于主轴线的其他轴线。图 11-10 中 MON 和 AOB 为主轴线，M、O、N、A、B 为主轴点。

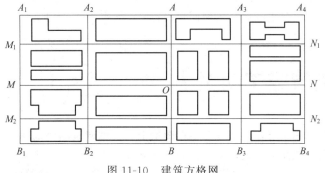

图 11-10　建筑方格网

建筑方格网的测设是先测设主轴线和主轴点，然后再测设其它建筑方格网的轴线。主轴线的测设主要根据场区已知控制点和主轴点的设计坐标，使用全站仪按坐标放样法测设。

建筑方格网施测时，首先使用全站仪按坐标放样法测设出主轴点 M、O、N，然后在 M 点架设仪器，照准 N 点，将 O 点调整到 MN 连线上。由于存在测量误差，M、O、N 三点的实际位置 M′、O′、N′ 并不在一条直线上，如图 11-11 所示，需要在 O′ 点架设全站仪测出 ∠M′O′N′（即 β），按下计算改化值 ε，将三点调整到一条直线上。

$$\varepsilon = \frac{s_1 s_2}{2(s_1 + s_2)} \cdot \frac{180° - \beta}{\rho''} \tag{11-7}$$

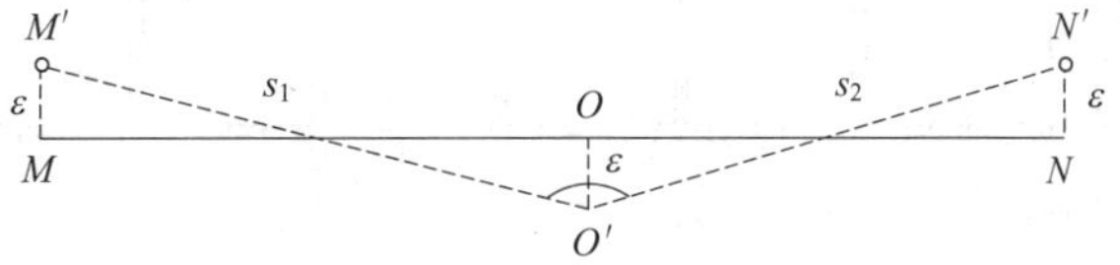

图 11-11　主轴线改化

主轴线 MON 确定后，将全站仪安置于 O 点，拨角 90°，测设出主轴点 A、B 两点后，全站仪安置在 O 点精确测量 ∠MOA′ 和 ∠B′OM，分别计算与 90°之差，采用同样的方法对 A、B 两点进行改化。其它轴线网点根据主轴线点，通过拨角和量距确定。

在建筑方格网布设后，应对建筑方格网轴线交点的角度和轴线距离进行测定，并将点位归化至设计位置。点位归化后应进行角度和距离检查复测，轴线点的点位中误差不应大于 5cm，点位偏离直线应在 5″ 以内，短轴线应根据长轴线定向，直角偏差应在 5″ 以内，水平角观测的测角中误差不应大于 2.5″。

11.3.2　施工高程控制测量

根据《工程测量标准》（GB 50026—2020）和《建筑施工测量标准》（JGJT 408—2017）的规定，建筑施工场区高程控制网应布设成闭合环线、附合路线或结点网，大中型施工项目的场区高程测量精度不应低于三等水准，并应符合相应等级水准测量规范要求。水准点可单独布设在场地稳定的区域，也可设置在平面控制点的标石上。水准点的间距宜小于1km，距离建（构）筑物不宜小于25m，距离回填土边线不宜小于15m。

建筑物高程控制应采用水准测量，附合水准路线高差闭合差不应低于四等水准的要求，水准点可布设在平面控制点的标桩或外围的固定地物上，也可单独埋设，水准点的个数不应少于2个。当场地高程控制点距离施工建筑物小于200m时可直接用于施工测量。

　　施工中为了保存水准点，将水准点高程引测到稳固的建（构）筑物上时，引测不应低于四等水准测量的精度。为了施工方便，在建筑内部需测出室内地坪设计高程线，即±0.000水准点，其位置多选在稳定的墙、柱侧面，以符号"▽――――"表示。

11.4　建筑施工测量

　　建筑物施工测量的主要任务就是要根据图纸上设计的建筑物在地面上进行定位，将建筑物的外廓轴线交点在地面上测设出来，作为建筑物基础放样和细部放线的依据，如图11-12所示，M、N、P、Q是建筑物的外廓轴线交点。建筑物定位就是建筑物轴线测设的过程。

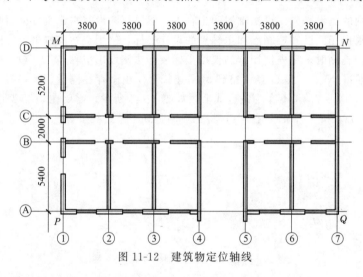

图 11-12　建筑物定位轴线

11.4.1　民用建筑物轴线测设

　　建筑物轴线测设的方法要根据建筑场地的地形条件、建筑物的布置情况、场地控制网点的分布等情况选择，一般有根据建筑红线和原有道路测设、已有建筑物、建筑基线和建筑方格网和使用控制点测设等几种方法。

（1）根据建筑红线和原有道路测设

　　建筑红线是控制城市道路两侧沿街建筑物或构筑物（如外墙、台阶等）靠临街面的界线。任何临街建筑物或构筑物不得超过建筑红线。建筑红线一般由道路红线和建筑控制线组成。道路红线是城市道路（含居住区级道路）用地的规划控制线，建筑控制线是建筑物基底位置的控制线。一般情况下建筑红线是由城市规划部门现场测设，因此靠近道路两侧的建筑物轴线可以按照已有的建筑红线和原有道路进行测设定位。

　　如图11-13所示，Ⅰ、Ⅱ、Ⅲ为规划部门测设的建筑红线，拟建建筑物的轴线为 MN、PQ，距建筑红线的距离分别为 d_1 和 d_2。根据建筑红线进行建筑定位时，使用直角坐标进行测设。先使用建筑红线Ⅰ、Ⅱ这两点按照距离 d_1 向建筑物一侧测设出 PQ 直线方向，同样使用建筑红线Ⅱ、Ⅲ两点按照距离 d_2 测设出 NQ 方向线，两条方向线的交点即 Q 点，以 Q 点为基准按照轴线距离测设出 P、N 点，最后测设 M 点。建筑物四个轴线交点测设完成后，需要将长度与角度的检查测量，与设计值进行比较，长度误差不应超过 1/5000，角度误差不应超过 $\pm40''$。

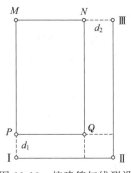

图 11-13　按建筑红线测设

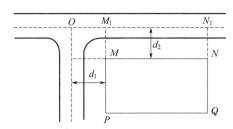

图 11-14　按原有道路测设

如图 11-14 所示，拟建建筑物与道路中线的距离分别为 d_1 和 d_2。根据原有道路测设建筑物轴线时，方法与根据建筑红线测设建筑物轴线相同，也是采用直角坐标法进行放样。首先确定道路的两条中线及其交点 O，在 O 安置全站仪（经纬仪）根据距离 d_1 和轴线 MN 的距离分别测设出 M_1 和 N_1，在 M_1 和 N_1 处分别安置全站仪以道路中线为已知方向测设 $90°$，按距离 d_2 和轴线 MP 的距离测设出 M、P 和 N、Q 点。最后检查测设的 MP 与道路中线的距离 d_1 是否符合要求，检查轴线的距离和角度是否在规定误差范围。

（2）根据已有建筑物测设

对于新建、改建、扩建的建筑物，设计图纸上会给出新建筑物与原有建筑物之间的关系。如图 11-15 所示，图中绘制斜线的建筑物为原有建筑物，没有斜线的为新建建筑物。在图（a）中新建建筑物与原有建筑物外墙轴线一致，两建筑物的距离为 d_1，在图（b）中新建建筑物与原有建筑物的外墙轴线垂直，两建筑物的距离为 d_2。

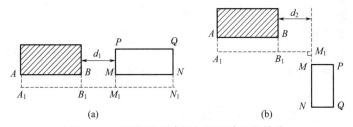

图 11-15　根据原有建筑物测设建筑物轴线

在图（a）中采用延长直线法测设新建筑物的轴线，先在距离 AB 边大概 2m 处作 AB 边的平行线 A_1B_1，然后在 B_1 点上安置全站仪，根据 d_1 延长 A_1B_1 至 M_1N_1，再分别于 M_1、N_1 安置全站仪测设 $90°$ 测定出 MP 和 NQ。在图（b）中使用直角坐标法进行测设，先在 AB 边的平行线 A_1B_1 的 B_1 点上安置全站仪根据距离 d_2 将平行线延长至 M_1 点，然后在 M_1 点安置仪器测设 $90°$ 角定出 M、N 两点，最后在 M、N 上安置仪器分别测设出 P、Q 两点。

根据建筑基线和建筑方格网测设建筑物轴线主要采用直角坐标法对轴线交点进行放样，在放样前需要计算待测设的建筑物轴线交点坐标与其最近的建筑基线点或方格网点的坐标差，然后使用全站仪或经纬仪测设。如果控制点距离建筑物较近，可以直接使用控制点采用坐标放样的方法进行测设。不管用何种方法测设建筑物轴线，测设完成后都需要对轴线之间的距离和角度进行测量检查，测量的限差应该满足相应规范的要求。

11.4.2 工业厂房柱列轴线测设

如图 11-16 所示，M、N、P、Q 是工业厂房外侧四条轴线的交点，其坐标在设计图上给出。$ABCD$ 是厂房矩形控制网点，它是通过把轴线矩形 $MNPQ$ 向外偏移一定距离得到的，偏移的距离要使矩形控制网点 $ABCD$ 位于基坑开挖范围以外，保证基坑开挖施工时能够保存矩形控制网点的位置。矩形控制网点的坐标根据厂房轴线交点 $MNPQ$ 得到。在测设时，根据场区已建立的建筑方格网，采用全站仪直角坐标或全站仪坐标放样的方法测设矩形控制网点 $ABCD$ 点的位置。对于一般厂房来说，厂房矩形控制网的角度误差不超过 $\pm 10''$，边长误差不超过 1/10000。

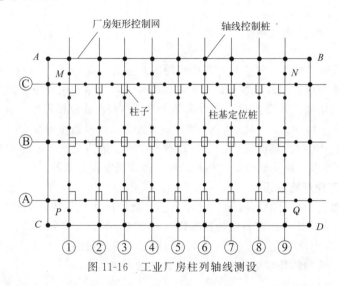

图 11-16　工业厂房柱列轴线测设

如图 11-16 所示，Ⓐ、Ⓑ、Ⓒ和①～⑨轴线是用于厂房柱子及柱基定位的柱列轴线。柱列轴线由轴线控制桩标定，柱列轴线控制桩是按照设计的厂房跨距和柱距采用直角坐标法测设，图中在矩形控制网的纵横控制线上用黑圆点表示。施工时柱基定位是在轴线控制桩的基础上采用柱基定位桩来控制位置，图中柱基定位桩是用小黑圆点表示。

11.4.3 建筑物轴线控制桩测设

建筑物主轴线（即建筑物外廓轴线或外墙轴线）测设后，建筑物的角桩位置就确定了。施工时还需要对建筑物各细部轴线的交点桩（又称为中心桩）进行定位测设，测设时可根据建筑物的角桩位置依据轴线之间的距离等关系对细部轴线的交点桩进行详细测设。然后根据轴线中心桩的位置用白灰撒出基槽边界线。由于施工时基槽开挖会破坏轴线中心桩，因此在基槽开挖之前应将轴线引测到基槽边线以外不受施工影响的位置。轴线引测的方法主要有轴线控制桩和龙门板法。

（1）引测轴线控制桩

引测轴线控制桩是使用全站仪或经纬仪将轴线方向引测到埋设在基槽 2～4m 位置处的轴线控制桩上。在引测时为了防止轴线控制桩受到破坏和发生位移，最好引测至周围固定的建（构）筑物上面。为了保证测设精度，轴线控制桩和轴线中心桩要一起测设。

（2）龙门板

在传统的一般民用建筑施工中，采用在基槽外设置龙门板的方法来测设建筑物轴线和设置轴线控制桩。如图 11-17 所示，在基槽外免受施工影响的地方设置龙门桩和龙门板，用水准仪将±0.000 的高程测设到龙门板上，同时使用全站仪或经纬仪将轴线引测至龙门板上，钉小钉作为标志，称为轴线钉，并在龙门板外侧设置轴线控制桩，在龙门板之间拉细线悬挂垂球将轴线垂直投影到基坑底面和基础面上。在需要时可以通过轴线控制桩在龙门板发生移动时恢复轴线位置。由于龙门板在施工时容易受到施工影响，不易保存，现在多采用轴线控制桩的方法对建筑物进行定位测设。

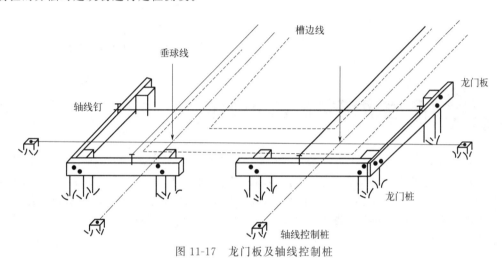

图 11-17　龙门板及轴线控制桩

11.4.4　基础施工测量

（1）基槽开挖边线放样和基槽标高控制

在基槽开挖边线放样之前，先按照基础设计的基槽宽度加上基槽上口反坡尺寸，计算基槽开挖边线的宽度，以基础轴线为中心根据开挖边线的宽度撒上白灰线作为开挖的位置。当基槽开挖到一定深度后，使用水准仪在基槽壁上、距离槽底设计高程 0.3～0.5m 高处测设水平桩，如图 11-18 所示，水平桩高程测量的限差为±10mm。在需要时可沿测设的水平桩上表面拉白细绳，作为清理槽底和基础垫层控制的依据。在建筑施工中，通常将高程测设称为抄平。

（2）垫层轴线测设

基槽开挖完成后，应在坑底设置垫层标高桩，如图 11-18 所示，桩顶面的标高等于垫层设计高程，作为垫层施工依据。垫层打好后，根据轴线控制桩或龙门板上轴线钉，使用全站仪或经纬仪将基础轴线投测到垫层上，并用墨线弹出中心线和基础墙边线，指示砌筑基础的位置。

（3）防潮层抄平与轴线投测

当基础墙砌筑到±0.000 标高的下一层时，需要使用水准仪测设防潮层的高程，其测量误差为±5mm。防潮层完成后，根据轴线控制桩或龙门板上轴线钉拉线吊垂球将墙体轴线投设到防潮层上，并把这些延伸标注到基础墙的立面上，如图 11-19 所示，以便墙身砌筑。

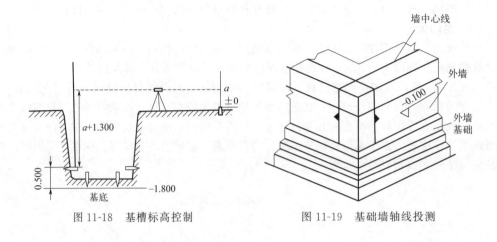

图 11-18　基槽标高控制　　　　图 11-19　基础墙轴线投测

11.5　高层建筑物的施工测量

　　高层建筑物施工测量的内容包括基础开挖测量和基坑高程控制、基础轴线测设、建筑物各层轴线竖向投测和各层高程的传递等内容。高层建筑物层数多、高度高、结构复杂（多为框架或框剪结构），在施工过程中对建筑物轴线定位及其尺寸以及建筑物的垂直度等施工精度要求高，因此高程建筑施工测量的主要任务是主轴线内控基准点的设置、控制各层轴线定位和高程传递以及建筑物的竖向偏差。

11.5.1　高层建筑物的轴线投测

　　高层建筑物施工测量的主要任务是控制建筑物的垂直度，保证轴线竖向投测在各层位于同一竖直面内，控制轴线向上投测的偏差，投测的偏差应符合表 11-1 的要求。高层建筑物的轴线投测常采用外控法和内控法。

（1）外控法

　　外控法又称为经纬仪（全站仪）引桩投测法，是在建筑物的外部使用经纬仪（全站仪）根据建筑物的轴线控制桩进行轴线在各层的竖向投测。当高层建筑物的基础施工完成后，把经纬仪安置在轴线控制桩上，将建筑物主轴线引测至首层结构外立面上，作为各施工层主轴线竖向投测的方向基准。

　　如图 11-20(a) 所示，高层建筑物的两条主轴线为 CC' 和 $33'$，为了方便轴线投测和提高投测精度，测设轴线控制桩时应将 3、$3'$、C、C' 设置在距建筑物高度约 1.5 倍以上远处的位置。基础施工完成后，建筑物主轴线引测至建筑物首层结构外立面上，如图 11-20(b) 中的 a、a'、b、b' 点表示，3、$3'$、C、C' 是轴线的控制桩。测设轴线时，经纬仪（全站仪）安置在轴线控制桩上，对中整平仪器后精确瞄准首层结构外立面上的 a、a'、b、b' 点，采用正倒镜分中法将轴线引测到二层楼面上，标定出 a_1、a_1'、b_1、b_1' 点，根据 a_1a_1' 和 b_1b_1' 定出轴线交点 o_1'，再以 $a_1o_1'a_1'$ 和 $b_1o_1'b_1'$ 为准测设楼面上其他轴线，这样依次逐层向上投测轴线。当楼层不断升高时，为了引测轴线方便，需要将轴线控制桩 3、$3'$、C、C' 引测到更远或附近大楼的顶上，仍然采用上面的方法继续向上投测轴线。

（2）内控法

　　目前高层建筑物轴线投测的内控法主要使用激光垂准仪进行投测。图 11-21 为南方测绘

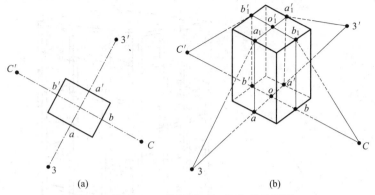

(a)   (b)

图 11-20　外控法：经纬仪引桩投测

仪器公司生产的南方 ML401S 激光垂准仪和仪器标配的网格激光靶，它能同时投射出上下两束同轴激光铅垂线，仪器对中误差小于 1mm，激光有效射程白天为 150m，夜间 500m，距离仪器 50m 处激光光斑直径小于 3mm，激光铅垂精度为 ±5″，当投测高度为 100m 时投测偏差为 2.5mm，能够满足表 11-1 中轴线投测偏差的要求。轴线投测就是利用激光垂准仪的望远镜瞄准目标时，在目标位置处会出现红色光斑，进行激光的对中和投点操作。

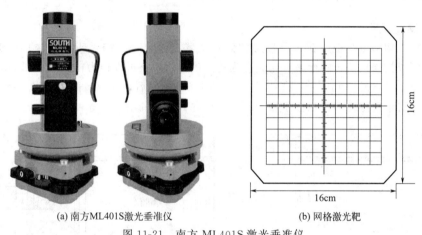

(a) 南方ML401S激光垂准仪　　　　　　　　(b) 网格激光靶

图 11-21　南方 ML401S 激光垂准仪

　　在投测轴线之前，需要根据建筑物的轴线分布和结构设计等情况设计投点点位，如图 11-22 所示。投测点位一般规定为距离最近轴线为 0.5～0.8m。基础施工完成后，将设计投测点位准确投测到首层地坪上，以后每层楼板施工时，都应在投测点位处预留 30cm×30cm 的垂准孔，如图 11-23 所示。

　　使用激光垂准仪投测轴线时，把仪器安置在首层投测点位上，在投测楼层的垂准孔上放置网格激光靶，仪器电源打开后就可以看见一束激光打到网格激光靶上。为了减弱激光垂直度误差，一般要求仪器在 0°、90°、180° 和 270° 四个方向上进行投点，最后取 0° 至 180° 投点连线与 90° 至 270° 投点连线的交点作为最终投测点位。投点时也可以使用压铁拉两根细线相交与激光束重合的方法确定投点位置。投点位置确定后，在垂准孔边楼板面上弹出墨线作为标记，以便后面可以随时恢复投点位置。每层投点完成后，需要对投测点位的精度进行检查，检查投点轴线的角度和距离是否满足要求。

　　根据设计投点位置与建筑物轴线之间的关系，测设出投测楼层的建筑轴线。

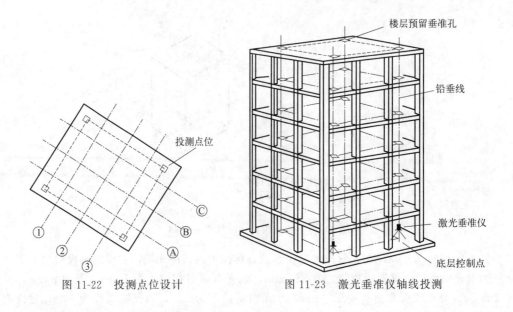

图 11-22　投测点位设计　　　　图 11-23　激光垂准仪轴线投测

11.5.2　高层建筑物的高程竖向传递

（1）悬挂钢尺法

高层建筑物施工过程中在每层楼层的固定位置测设出一条相对于地（楼）面 1m 标高线，不仅可以控制建筑物的标高，起到高程传递的作用，还可以作为楼面施工和室内装修的依据。如图 11-24(a) 所示，当首层墙体砌筑到 1.5m 标高后，在内墙面测设出一条 1m 的标高线，同时将钢尺零端向下悬挂于楼梯间、电梯井、预留的垂准孔等可直通位置。

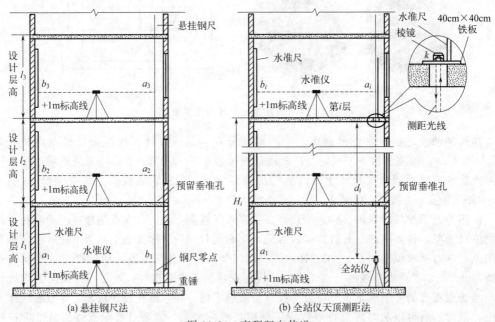

(a) 悬挂钢尺法　　　　　　　　(b) 全站仪天顶测距法

图 11-24　高程竖向传递

将水准仪安置在首层楼面上，后视立在 1m 标高线上的水准尺，得到读数 a_1，前视钢尺得到读数 b_1，然后水准仪搬迁到二楼楼面，测设二楼楼面 1m 标高线，后视钢尺得 a_2，前视

水准尺读数 b_2。根据两视准线之间的高差有关系式 $(a_2-b_2)+(a_1-b_1)=l_1$，由此计算出 b_2：

$$b_2=a_2-l_1+(a_1-b_1) \tag{11-8}$$

在测量时，上下移动水准尺，使其读数为 b_2，沿水准尺底部画出 1m 标高线位置即可。

在第三层标高线测设时 b_3 为

$$b_3=a_3-(l_1+l_2)+(a_1-b_1) \tag{11-9}$$

其他各层使用同样的方法进行 1m 标高线的测设。

（2）全站仪天顶测距法

如图 11-24（b）所示，在底层投测控制点上安置全站仪，望远镜（竖直角为 0°）保持水平状态，照准放置在 1m 标高线上的水准尺，得到全站仪中心（视准轴）的标高，然后在竖直面上转动望远镜朝上（竖直角为 90°），分别在各层垂准孔上放置有孔铁板和反射棱镜，全站仪瞄准棱镜后测量垂直距离。仪器高程加上所测距离得到铁板面的高程，最后用水准仪根据铁板面高程测设出该层 1m 标高线的位置。

假设在第 i 层上安置水准仪，立在铁板上标尺读数为 a_i，另一把水准尺立在 1m 标高线附近，设其读数为 b_i，则有：

$$a_1+d_i-k+a_i-b_i=H_i \tag{11-10}$$

式中，H_i 为第 i 楼面的设计高程；k 为棱镜常数。于是可以解算出 b_i：

$$b_i=a_1+d_i-k+a_i-H_i \tag{11-11}$$

在测设时，上下移动水准尺，使其读数为 b_i，沿水准尺底部在墙上画线，即可得到第 i 层的 1m 标高线。

11.6 建筑物变形观测

11.6.1 概述

建筑物，特别是高层建筑在施工过程中和建筑物使用初期，由于地基、建筑物的基础、建筑物主体结构所承受的建筑荷载的变化、外力的作用以及建筑区域因为施工引起地下水位的升降等原因导致建筑物发生沉降、位移、倾斜、挠度及裂缝等变化，这种现象称为建筑变形。建筑变形观测是对建筑物的地基、基础、承载结构等部位发生的形变进行测量和对观测数据的处理，并根据观测结果对产生形变的原因进行分析，其目的是要弄清楚建筑变形在时间序列上的变化趋势，以确保建筑物在施工、使用和运营过程中的安全。

建筑物变形观测包括建筑物的垂直沉降（位移）、水平位移、倾斜以及建筑物的挠度观测等内容，采用的观测仪器设备和方法主要有精密水准仪水准测量法、液体静力水准测量法、全站仪（经纬仪）投点和交会法、测小角法、激光准直法、GNSS 定位测量法、基准线（视准线）等方法。

由于变形观测结果直接反映建筑物变形的大小，关系到建筑物的安全，所以变形观测要求的测量精度高。变形精度主要取决于建筑物预计允许变形值的大小，为了确保建筑物的安全需要，一般要求变形观测的精度应小于允许变形值的 1/10～1/20。比如对于钢筋混凝土结构、钢结构的大型连续生产车间，通常要求变形观测能够反映出 1mm 的沉降量，对于一般规模的厂房车间，要求能够反映出 2mm 的沉降量。建筑变形测量的等级、精度指标应满足《工程测量标准》（GB 50026—2020）的规定。变形观测是通过比较不同时间对建筑物特定部位的观测量得到形变量的大小，反映建筑物变形的过程，因此需要在一定时间周期进行大量重复的观测，才能更准确全面反映变形的趋势。

11.6.2 沉降观测

沉降观测就是测量设置在建筑物上的观测点在垂直（高程）方向上的变化，也称为垂直位移。在工作中是通过测量观测点相对于基准点在垂直方向上随时间的变化量。对于工业与民用建筑，主要是对场地沉降、基坑回弹、地基土分层沉降、建筑物基础和建筑物本身沉降进行观测。沉降观测要求的精度高，最常采用精密水准测量方法进行，在特殊情况下也可使用全站仪三角高程测量的方法。

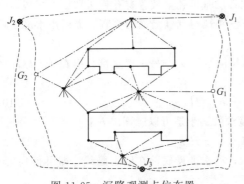

图 11-25 沉降观测点位布置

⊗ 高程基准点　○ 工作基点　● 观测点

（1）高程基准点和工作基点的布设

沉降观测所使用的水准点分为高程基准点和工作基点，如图 11-25 所示。高程基准点是沉降变形测量的基础和参照，埋设于建筑沉降区域以外且位置稳定、易于长期保存的水准点。一般项目中需要有 2～3 个点高程基准点，且需要与国家或城市统一的高程系统联测。

当基准点不少于 3 个时，基准点之间应形成闭合环。高程基准点在沉降测量全过程中必须保持稳定可靠，因此对基准点之间的高差须按规定周期进行检测和复测，以验证其高程的稳定性。工作基点可根据作业需要设置，设置时须布设在沉降范围以外，距离建筑物较近是能够直接对观测点进行沉降观测的基准点，为了保证观测的方便和观测精度，工作基点距离观测点不宜超过 100m。

（2）观测点的布设

观测点的位置分布和数量多少需根据建筑区域的地基情况、建筑物基础形式、建筑结构类型、建筑物内部应力等因素确定，目的是能够全面准确反映建筑物及周边区域的沉降情况。沉降观测点一般应设置在建筑物四周角点，沿外墙每隔 10～15m 处或每隔 2～3 根柱基上布置一个观测点，在设备基础、柱子基础、基础形式变化处、建筑物的沉降缝和伸缩缝、高低建筑物连接处以及地质条件薄弱处等容易沉降变形的位置应设置沉降观测点。观测点的布置如图 11-25 所示。沉降观测点的标志应稳固、明显，便于长期观测和保存，标志可采用墙或柱标志、基础标志或隐蔽式标志，如图 11-26 所示，为几种常用沉降观测标志示意图，作业时可以选用。

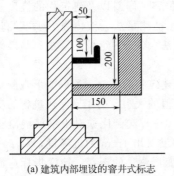
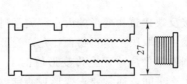
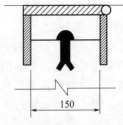

(a) 建筑内部埋设的窨井式标志　　(b) 墙体上埋设的螺栓式标志　　(c) 基础上埋设的盒式标志

图 11-26　沉降观测点埋设标志

单位：mm

（3）沉降观测的一般规定

① 观测周期　沉降观测是一种多期观测，在高程基准点、工作基点和观测点布置完成并点位稳定后，即可开展观测工作，首期（即零期）应连续进行两次独立测量，当两次观测较差不大于极限误差时，应取其算术平均值作为该项目变形测量的初始值。

建筑施工阶段的沉降观测宜在基础完工后或地下室砌筑完成后开始观测，观测次数与间隔应视地基与荷载增加情况确定。民用高层建筑宜每加高 2～3 层观测 1 次，工业建筑宜按回填基坑、安装柱子和屋架、砌筑墙体、设备安装等不同施工阶段分别进行观测。若建筑施工均匀增高，应至少在荷载增加 25％、50％、75％和 100％时各测 1 次。

施工过程中若暂时停工，在停工时及重新开工时应各观测 1 次，停工期间可每隔 2～3 个月观测 1 次。建筑运营阶段的观测次数，应视地基土类型和沉降速率大小确定。除有特殊要求外，可在第一年观测 3～4 次，第二年观测 2～3 次，第三年后每年观测 1 次，至沉降达到稳定状态或满足观测要求为止。

观测过程中，若发现大规模沉降、严重不均匀沉降或严重裂缝等，或出现基础附近地面荷载突然增减、基础四周大量积水、长时间连续降雨等情况，应提高观测频率，并应实施安全预案。建筑沉降达到稳定状态可由沉降量与时间关系曲线判定。当最后 100d 的最大沉降速率小于 0.01～0.04mm/d 时，可认为已达到稳定状态。具体取值宜根据各地区地基土的压缩性能确定。

② 观测方法　在沉降类变形观测中，水准测量是最常用的方法。为了验证高程基准点和工作基点的稳定性，确保观测成果的可靠性，每期进行观测之前，应对高程基准点形成闭合路线进行稳定性检测，同时工作基点需与高程基准点之间采用水准测量方法进行联测，并对高程基准点和工作基点的稳定性进行分析。

沉降观测是一项时间周期较长的连续观测工作，为了保证成果的一致性、规范性与正确性，应尽可能做到固定人员、固定仪器、固定测量路线和测站、固定周期和作业方法进行观测。

（4）观测成果的整理

每期观测完成后，应及时整理观测资料，计算观测点的沉降量和累计沉降量，以及沉降点总体的平均沉降量、沉降差和沉降速度，同时应记录观测时建筑物的荷载情况。为了直观表示时间、荷载、沉降之间的关系，反映建筑物沉降发生过程，必须绘制建筑物的"荷载—沉降—时间"关系曲线图，如图 11-27 所示为某建筑物 4 个角点观测点的"荷载—沉降—时间"关系曲线图。

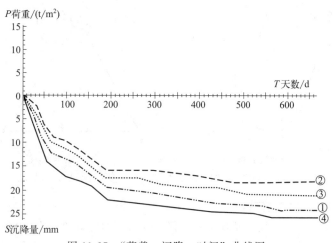

图 11-27　"荷载—沉降—时间"曲线图

11.6.3 建筑物倾斜观测

当建（构）筑物基础出现了不均匀沉降、建筑物内部结构受力发生较大变化或者建筑物受到外力作用时，建筑物的主体将发生倾斜。严重的倾斜会导致建筑物产生裂缝甚至倒塌。为了保证高层和超高层建（构）筑物的安全，在建（构）筑物施工阶段和使用过程中，应对建筑物进行倾斜观测。建（构）筑物的倾斜观测常用方法有水准测量法、全站仪（经纬仪）投点法和前方交会法、激光准直法、正（倒）垂线法等方法。

（1）水准测量测定建筑物倾斜

基础出现不均匀沉降引起建筑物主体发生倾斜时，可以通过测定基础沉降差来计算主体产生的倾斜度，最常采用的方法有水准测量、液体静力水准测量和倾斜仪测量。如图 11-28 (a) 所示，建筑物基础两端出现了不均匀沉降量 Δh，根据两端距离 L，可以计算基础的倾斜角度 α：

$$\alpha = \frac{\Delta h}{L} \tag{11-12}$$

假设建筑物高度为 H，则建筑物顶部位移值 δ 为

$$\delta = \alpha H = \frac{\Delta h}{L} H \tag{11-13}$$

（2）前方交会法测定构筑物倾斜

如图 11-28(b) 所示，由于基础沉降使烟囱产生了倾斜，致使烟囱顶部中心与底部中心不在一条铅垂线上，图中 P' 为烟囱顶部中心位置，P 是烟囱底部中心位置，P' 相对于 P 的水平位移量 δ 可以采用前方交会法测定。根据前方交会的原理，首先在烟囱附近（距离烟囱至少 1.5 倍烟囱高度）选取一条基线 AB，与烟囱中心组成交会图形，交会角要求在 60°～120° 之间。全站仪（经纬仪）分别安置在 A、B 两点，测定烟囱顶部 P' 两侧切线与基线 AB 的夹角 β_1 和 β_2，按照前方交会的方法计算出 P' 的坐标，同理也可以测量和计算得到烟囱底部 P 的坐标，使用 P' 和 P 的坐标即可计算烟囱顶底发生的水平偏移量 δ，再利用烟囱的高度 H，就可以计算烟囱的倾斜度。

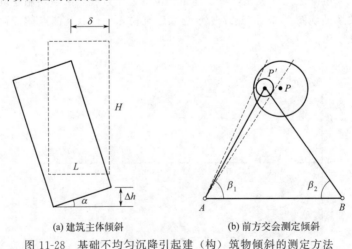

(a) 建筑主体倾斜　　　　(b) 前方交会测定倾斜

图 11-28　基础不均匀沉降引起建（构）筑物倾斜的测定方法

（3）投点法测定建筑物倾斜

建筑物的倾斜还可以采用全站仪（经纬仪）投点法测定，如图 11-29 所示，将仪器安置在建筑物相互垂直的外墙边线的延长线上，距离建筑物约 1.5～2.0 倍建筑物高度的位置，

测/量/学

用正倒镜分中法将建筑物的顶部角点 P' 在两个垂直方向上分别投影到地面平地，量取其投影位置与建筑物底部 P 的位移值 e_x 和 e_y，计算得到总的倾斜位移值 δ：

$$\delta = \sqrt{e_x^2 + e_y^2} \tag{11-14}$$

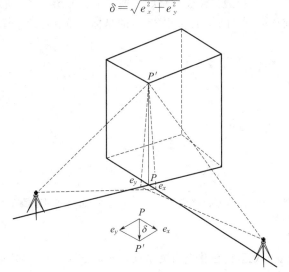

图 11-29　投点法测定倾斜位移

11.6.4　建筑物水平位移观测

建筑物水平位移就是建筑物在水平方向上的变化。水平位移的基准点应选择在建筑变形以外的区域，水平位移监测点应选在建筑物的墙角、柱基及一些重要位置，标志可采用墙上标志，具体形式及埋设应根据现场条件和观测要求确定。

建筑物水平位移观测常用方法有基准线法、前方交会法、边角测量法、极坐标法等。

（1）基准线法

基准线法，又称为视准线法，是通过多期测定建筑物与布设的基准线之间的水平距离来确定建筑物的水平位移量，基准线的布设应选择与建筑物水平位移方向垂直，并在建筑变形区域以外。基准线法按其使用的工具和作业方法又分为测小角法和活动觇牌法，如图 11-30 所示。基准线的两端一般埋设钢筋混凝土观测墩及固定强制对中器作为基准点的标志。

图 11-30　基准线法及测小角法

图 11-30 中通过测量建筑物角点 M_1 和 M_2 相对于基准线的距离变化确定建筑物的水平位移，每次测量时可以将活动觇牌放置在 M_1 和 M_2 点上读取觇牌上的读数，根据读数差计算水平位移值。若采用测小角法，需要精确测量角度 β_i 和 D_i 计算偏距 Δ_i，根据偏距值的变化确定水平位移量。

（2）前方交会法

基准线法只能测量垂直于基准线方向的水平位移，对于非直线型的建（构）筑物，比如大型曲线型桥梁、拱坝、高层建筑物等，形变的发生可能不在某特定方向上，此时需要采用前方交会法测定建（构）筑物的水平位移。

和基准线法一样，前方交会的测站点也需要以钢筋混凝土观测墩和强制对中器作为标志，为了提高观测精度，观测时尽可能以较远的目标作为定向点，要求距离不小于交会边长，观测使用的仪器（全站仪或经纬仪）精度不低于1″。如图 11-31 所示，通过 A、B 测站测量 M 点在不同时间点的 α_i 和 β_i，计算出 M 点的坐标，通过各期坐标计算 M 点的位移量。

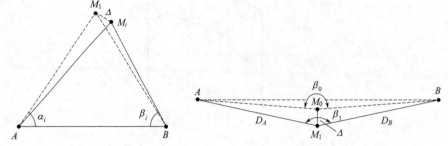

图 11-31 前方交会法测定水平位移   图 11-32 边角测量法测定水平位移

（3）边角测量法

边角测量法是以变形观测的位移点为测站点，测量至两基准点的距离和形成的水平角度来计算位移点产生的位移量。如图 11-32 所示，A、B 为基准点，M_0 为位移点，首期观测 M_0 到基准点 A 和 B 的距离 D_A 和 D_B 以及水平角度 β_0，当 M_0 发生位移 Δ 至 M_1 时再次测量水平角 β_1。两次观测角度差值为 $\Delta\beta = \beta_1 - \beta_0$，则水平位移 Δ 为

$$\Delta = \left(\frac{D_A D_B}{D_A + D_B}\right)\frac{\Delta\beta''}{\rho''} \tag{11-15}$$

<<<< 思考题与习题 >>>>

1. 施工测量有哪些常用方法？
2. 建筑施工测量包括哪些基本内容？
3. 布设建筑基线或建筑方格网的目的是什么？
4. 高层建筑物轴线如何投测？
5. 高层建筑物高程怎样传递？
6. 建筑物沉降观测中点位怎样布置？
7. 建筑物倾斜和水平位移观测有哪些常用方法？

测量学

第 12 章

道路工程测量

本章知识要点与要求

本章主要介绍道路工程测量的基本内容，包括道路曲线的组成、道路中线及其里程桩的表示、道路曲线上平、纵、横的基本概念、道路曲线要素和曲线上点的坐标的计算及道路中线的测设、道路纵横断面测量以及道路施工测量等内容；本章重点为道路曲线要素的计算、道路中线点坐标计算和道路纵横断面测量以及道路施工测量；要求掌握道路测量的基本概念、使用全站仪和 GNSS RTK 仪器进行道路中线测设和纵横断面的测绘以及道路施工测量方法。

12.1 概述

道路工程是一条带状的三维空间实体，该三维实体在三个方向上可以分解成平面曲线、纵向断面和横向断面。平面曲线就是道路的平面线形，平面线形的中心线称为道路中线。平面线形由于受到地形、地质、水文等自然条件的限制而改变方向，在路线转折处需要使用平曲线将路线连接起来，平曲线包括圆曲线和缓和曲线，因此道路的平面线形主要由直线、圆曲线和缓和曲线组成，如图 12-1 所示。由于受到地形坡度的影响，根据行车速度需要沿着道路纵向进行纵坡设计和竖曲线的设计，以满足安全行车的条件。道路中线的法线方向剖面称为道路横断面，道路横断面是由设计线与地面线围起来的形状，包括路基、路堤（路堑

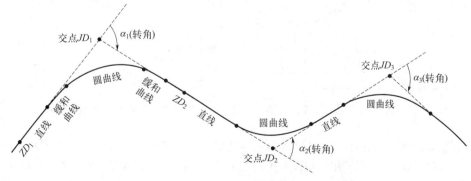

图 12-1　道路平面线形

边坡以及两边的排水沟。

按工程阶段分，道路工程测量分为初测、定测和施工测量三项内容。初测阶段的测量任务就是沿着道路工程选定的路线方向进行道路控制测量和测绘大比例尺带状地形图；定测阶段的任务是完成道路定线、中线测设和测绘道路纵横断面图；道路施工测量的任务是在施工过程中测设道路中桩、边桩及路基路面测量等工作，为道路施工提供依据。现在初测阶段的线路控制测量和测绘线路带状地形图等工作一般是由具有测绘资质的专业测绘单位完成。随着现代测绘技术、测绘仪器的进步和更新，现在道路工程测量的方法与传统方法发生了很大的变化，现在的方法不仅效率大大提高，而且测量的精度也比传统方法高了很多。现在道路测绘测设主要采用电子水准仪、全站仪、GNSS 测量仪器、三维激光扫描仪等先进仪器设备，这些仪器应用在道路勘测设计施工中，改变了传统的测量方法，大大缩短了工程工期，加快了工程进度。

12.2 道路曲线及里程桩

12.2.1 路线交点、转点和转角

如图 12-1 所示，道路平面线形是由一系列直线段及曲线段组合而成的，平面线形的中心线即为道路中线。路线定线时需要确定路线转折点的位置，路线的转折点是路线改变方向时相邻两直线延长线的交点，这个转折点称为路线的交点，用 JD 表示。交点 JD 是道路中线测设的控制点。道路设计采用一阶段设计的施工图设计时，交点的位置可以现场标定，如果在地形图上进行路线定线，通过计算道路中线点坐标采用全站仪或 GNSS 仪器坐标放样中线点的话，无需在地面上标定路线交点位置。

采用传统方法测设道路中线时，如果两相邻交点不通视或者相邻交点之间的距离太长，就需要在两交点之间测设转点 ZD，测设转点的目的在于方便道路中线放样时测角和量距。当两交点之间能够通视，一般采用经纬仪或全站仪定线直接确定转点位置；当两交点之间不通视，分为在交点之间设置转点和在交点的延长线上设置转点两种情况，都采用正倒镜分中法测设转点 ZD 位置，如图 12-2 和图 12-3 所示。

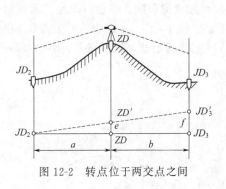

图 12-2 转点位于两交点之间

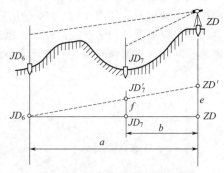

图 12-3 转点位于交点延长线上

在图 12-2 和图 12-3 中，先目估出转点的位置 ZD'，将全站仪或经纬仪安置在 ZD' 上，瞄准一交点的方向，分别采用正倒镜分中法在另一交点附近测定出交点的位置，根据测定的交点位置与实际交点点位的偏距 f 以及距离 a 和 b，计算出 ZD' 应横向移动的距离 e，e 就是

ZD' 与正确的 ZD 的横向距离，根据这个距离对 ZD' 位置进行改正。

当转点位于两交点之间时，ZD' 应横向移动的距离 e 按下式计算：

$$e = \frac{a}{a+b} \times f \tag{12-1}$$

当转点位于两交点的延长线上时，ZD' 应横向移动的距离 e 按下式计算：

$$e = \frac{a}{a-b} \times f \tag{12-2}$$

将 ZD' 横向移动 e 值至 ZD，然后又将仪器安置于 ZD 点上，按上述方法逐步趋近，最终得到 ZD 的位置，打上木桩作为标志。

在交点处路线方向发生了改变，这个从原来方向转到了新的方向的夹角称为转角（又称为偏角），以 α 表示。按照路线的前进方向，在路线转折处（交点）路线转向后的方向在原来方向的右边，转角 α 为右转角 $\alpha_{右}$，反之则为左转角 $\alpha_{左}$。在路线测量中，转角 α 是通过测量路线前进方向的右角 β 计算得到的，如图 12-4 图所示。

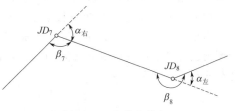

图 12-4 路线的转角

从图 12-4 中可见，当路线的右角 $\beta < 180°$ 时为右转角 $\alpha_{右}$；当路线的右角 $\beta > 180°$ 时为左转角 $\alpha_{左}$。路线右角与转角的关系如下式：

$$\begin{cases} \alpha_{右} = 180° - \beta \\ \alpha_{左} = \beta - 180° \end{cases} \tag{12-3}$$

路线右角测量的精度应符合相应等级公路规范的要求。

12.2.2 圆曲线

由于受到地形、地质等因素的限制，路线需要改变方向。在路线发生转折的位置必须要用曲线进行连接，才能保证行车的安全与平顺。路线平面线形中平曲线由圆曲线和缓和曲线组成。最简单的平曲线是圆曲线，圆曲线是具有一定曲率半径的圆弧，缓和曲线是连接直线与圆曲线的过渡曲线，其曲率半径由无穷大逐渐变化至圆曲线半径。缓和曲线的线形有多种形式，我国公路采用回旋曲线作为缓和曲线。根据《公路工程技术标准》（JTG B01—2014）的规定，对于四级公路或当圆曲线的半径大于等于不设超高的最小半径时，平曲线可以只设圆曲线，三级及三级以上等级公路，当平曲线的半径小于不设超高最小半径时，应设置缓和曲线。设置缓和曲线的目的是车辆从直线段过渡到圆曲线的时候，车辆能够安全、舒适、快速通过。

（1）单圆曲线

圆曲线上有三个主点，分别是曲线起点直圆点（ZY）、曲线中点曲中点（QZ）和曲线终点圆直点（YZ）。在曲线测设时，除了测设圆曲线的三个主点外，还需要测设在主点之间按一定的距离加密的曲线加密桩。如图 12-5 所示，路线交点为 JD，

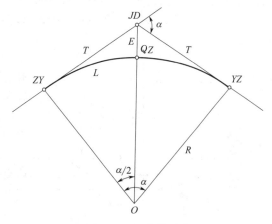

图 12-5 圆曲线元素

圆曲线的半径为 R，转角为 α，则圆曲线的测设元素按下面公式计算：

切线长 $$T = R\tan\frac{\alpha}{2} \tag{12-4}$$

曲线长 $$L = R\alpha\frac{\pi}{180°} \tag{12-5}$$

外矢距 $$E = R\left(\sec\frac{\alpha}{2} - 1\right) \tag{12-6}$$

切曲差 $$q = 2T - L \tag{12-7}$$

在路线定测中，需要沿着路线中线设置里程桩（又称为中桩），以标定道路中线的位置，作为测量路线纵横断面的依据。里程桩表示中桩至路线起点的水平距离，里程桩上写有桩号，如 K12+880，表示此里程桩距路线起点 12880m。

当现场定线时测量了路线交点坐标，则交点 JD 的里程根据坐标计算得到，如果是在地形图上进行纸上定线，则交点 JD 的里程可以直接通过图纸得到。圆曲线主点里程按照下面的公式和顺序计算：

$$\begin{cases} ZY\ 里程 = JD\ 里程 - T \\ YZ\ 里程 = ZY\ 里程 + L \\ QZ\ 里程 = YZ\ 里程 - L/2 \\ JD\ 里程 = QZ\ 里程 + q/2（用于检核）\end{cases} \tag{12-8}$$

例 12-1 设交点里程为 K10+598.60，圆曲线的半径为 220m，转角 $\alpha = 32°26'10''$，求圆曲线的测设元素和主点里程。

解： ① 计算圆曲线测设元素

$$T = R\tan\frac{\alpha}{2} = 63.99\text{m}$$

$$L = R\alpha\frac{\pi}{180°} = 124.55\text{m}$$

$$E = R\left(\sec\frac{\alpha}{2} - 1\right) = 9.12\text{m}$$

$$q = 2T - L = 3.43\text{m}$$

② 计算主点里程

$$ZY = JD - T = \text{K}10+598.60 = \text{K}10+534.61$$
$$YZ = ZY + L = \text{K}10+659.16$$
$$QZ = YZ - L/2 = \text{K}10+596.88$$
$$JD = QZ + q/2 = \text{K}10+598.60（检核）$$

（2）复曲线

在道路曲线设计中，由于地形条件限制有时需要设置两个或两个以上不同半径的同向曲线相互连接的曲线，以使行车更安全顺畅，这样的曲线组合称为复曲线。两曲线之间可以用缓和曲线连接，也可以直接连接。

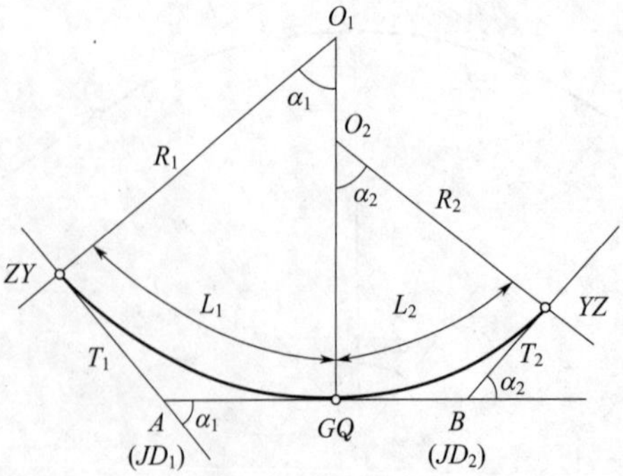

如图 12-6 所示，$A(JD_1)$、$B(JD_2)$ 为相邻两交点，R_1 为主曲线，R_2 为副曲线，GQ 为公切点，曲线元素分别为 R_1、α_1、L_1、E_1、q_1 和 R_2、α_2、L_2、E_2、q_2。

在复曲线中，主曲线受到地形条件的限制，

图 12-6 复曲线

其半径通常给定，在测设时需要现场测定 AB 的距离和转角 α_1、α_2。根据观测数据和设计半径计算得出主曲线的元素，并计算副曲线的元素。

$$T_2 = AB - T_1 \qquad R_2 = T_2/\tan\frac{\alpha_2}{2} \qquad (12\text{-}9)$$

然后再计算其他副曲线元素 L_2、E_2、q_2。

12.2.3 缓和曲线

（1）基本公式

我国采用回旋曲线作为缓和曲线，回旋曲线的特点是曲线半径随曲线长度的增大而均匀减小，在回旋曲线上任一点的曲率半径 ρ 与曲线长度 l 成反比，即

$$\rho l = c \qquad (12\text{-}10)$$

式中，c 为一常数，表示缓和曲线半径的变化率。

如图 12-7 所示，缓和曲线起点位于道路直线段的端点，终点与圆曲线的起点重合，因此缓和曲线的曲率半径从 $\rho=\infty$ 变化到 $\rho=R$，R 是圆曲线的半径。当曲线长度 l 等于缓和曲线全长 L_s 时，缓和曲线的半径等于圆曲线的半径 R，此时常数 c 等于：

$$c = RL_s \qquad (12\text{-}11)$$

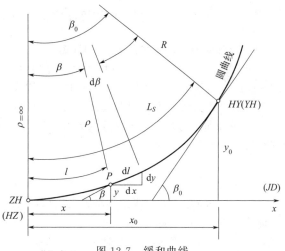

图 12-7 缓和曲线

（2）切线角公式

缓和曲线上任一点 P 处的切线与起点 ZH（或 HZ）切线的交角，称为切线角。P 点处的切线角 β 与 P 点的曲线长 l 所对的中心角相等。在 P 点取一微分弧段 $\mathrm{d}l$，所对的中心角为 $\mathrm{d}\beta$，则有 $\mathrm{d}\beta = \dfrac{\mathrm{d}l}{\rho} = \dfrac{l\,\mathrm{d}l}{c} = \dfrac{l\,\mathrm{d}l}{RL_s}$，积分得到：

$$\beta = \frac{l^2}{2c} = \frac{l^2}{2RL_s} \qquad (12\text{-}12)$$

当 $l = L_s$ 时，缓和曲线全长 L_s 所对的中心角即切线角为 β_0：

$$\beta_0 = \frac{L_s}{2R}(\mathrm{rad}) \qquad (12\text{-}13)$$

用角度表示即为

$$\beta_0 = \frac{L_s}{2R} \times \frac{180°}{\pi} \qquad (12\text{-}14)$$

（3）参数方程

如图 12-7 所示，以缓和曲线的起点 ZH（HZ）为原点，以过 ZH（HZ）点的切线为 x 轴，半径方向为 y 轴，曲线上任一点 P 的坐标为 (x,y)，则微分弧段 $\mathrm{d}l$ 在坐标轴上的投影为

$$\begin{cases} \mathrm{d}x = \mathrm{d}l \cos\beta \\ \mathrm{d}y = \mathrm{d}l \sin\beta \end{cases} \tag{12-15}$$

将式(12-15)中 $\cos\beta$、$\sin\beta$ 按级数展开，把式(11-12)代入，积分后略去高次项得到缓和曲线的参数方程：

$$\begin{cases} x = l - \dfrac{l^5}{40R^2L_s^2} \\ y = \dfrac{l^3}{6RL_s} - \dfrac{l^7}{336R^3L_s^3} \end{cases} \tag{12-16}$$

当 $l = L_s$ 时，缓和曲线终点坐标为

$$\begin{cases} x_0 = L_s - \dfrac{L_s^3}{40R^2} \\ y_0 = \dfrac{L_s^2}{6R} - \dfrac{L_s^4}{336R^3} \end{cases} \tag{12-17}$$

12.2.4 带有缓和曲线的圆曲线主点及里程

（1）内移值 p、切线增长值 m 的计算

如图 12-8 所示，当圆曲线的两端加入缓和曲线后，圆曲线必须向内移动距离 p，才能使缓和曲线与直线衔接，并且加入缓和曲线后切线长度比原来增长了 m。我们国家一般采用圆心不动的平移方法，改变圆曲线的半径使曲线向内移动，即原来圆曲线的半径为（$R+p$），加入缓和曲线后圆曲线半径改变为 R，所对的圆心角变为（$\alpha - 2\beta_0$）。由图 12-8 可知，内移距离 p 和切线增长值为

$$\begin{cases} p = y_0 - R(1 - \cos\beta_0) \\ m = x_0 - R\sin\beta_0 \end{cases} \tag{12-18}$$

将 $\cos\beta_0$、$\sin\beta_0$ 展开为级数，略去高次项，按式(12-14)和式(12-17)将 β_0、x_0、y_0 代入，得到：

$$\begin{cases} p = \dfrac{L_s^2}{24R} \\ m = \dfrac{L_s}{2} - \dfrac{L_s^3}{240R^2} \end{cases} \tag{12-19}$$

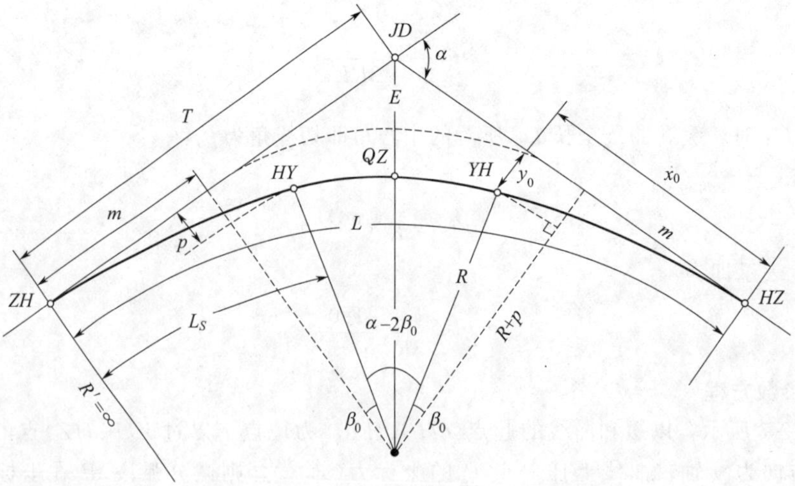

图 12-8 带有缓和曲线的圆曲线

（2）曲线元素的计算

如图 12-8 所示，圆曲线加入缓和曲线后，曲线的主点有直缓点 ZH、缓圆点 HY、曲中点 QZ、圆缓点 YH、缓直点 HZ。根据已知的圆曲线的半径 R、路线转角 α 以及缓和曲线的长度 L_s，由图 12-8 可得，曲线元素计算公式为

切线长
$$T = (R+p)\tan\frac{\alpha}{2} + m \tag{12-20}$$

曲线长
$$L = R(\alpha - 2\beta_0)\frac{\pi}{180°} + 2L_s \tag{12-21}$$

外矢距
$$E = (R+p)\sec\frac{\alpha}{2} - R \tag{12-22}$$

切曲差
$$q = 2T - L \tag{12-23}$$

（3）主点里程

根据交点里程和曲线元素，计算各主点里程。

直缓点 ZH $\qquad\qquad ZH = JD - T$

缓圆点 HY $\qquad\qquad HY = ZH + L_s$

曲中点 QZ $\qquad\qquad QZ = HY + \left(\dfrac{L}{2} - L_s\right)$

圆缓点 YH $\qquad\qquad YH = QZ + \left(\dfrac{L}{2} - L_s\right)$

缓直点 HZ $\qquad\qquad HZ = YH + L_s$

计算检核 $\qquad\qquad HZ = JD + T - q$

12.2.5 里程桩设置

在道路中线测量时需要测设中线上里程桩（又称为中桩），以标定道路中线的具体位置，作为测量路线纵横断面的依据。里程桩的桩号表示里程桩至路线起点的水平距离，比如桩号 K10+260 表示该桩到路线起点的水平距离为 10260m。

里程桩分整桩和加桩两类。整桩按规定桩距以 20m 或 50m 的整倍数桩号设置里程桩。百米桩和公里桩均属于整桩，一般情况下均应设置。如图 12-9 所示为里程桩整桩的书写。

加桩是沿着道路中线有特殊意义的地方钉设的中线桩，加桩分为地形加桩、地物加桩、曲线加桩和关系加桩。地形加桩指沿着中线方向上地形明显变化的地方钉设的加桩，它在道路纵坡设计中起到很大的作用；地物加桩指沿着中线方向上遇到桥梁、涵洞、隧道等人工构造物和对道路有较大影响的村庄、河流、铁路、公路交叉口、高压输电线路、灌溉渠道等地物时设置的中线桩；曲线加桩指曲线起点、中点、终点等处设置的里程桩；关系加桩指在路线起点、终点、比较线、改线起终点和里程断链处设置的里程桩。书写曲线加桩和关系加桩时先写其缩写名称，后写桩号，如图 12-10 所示。

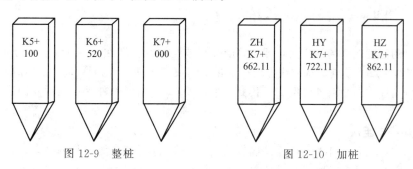

图 12-9　整桩　　　　　　图 12-10　加桩

由于路线局部改线或量距计算发生错误，使得路线实际里程与原桩号不一致的情况，称为断链。为了不改动全线桩号，在局部改线或发生差错的地段仍然使用老的桩号，在新老桩号变更处设置断链桩，并在设计图纸上进行标注，如原 K30＋780＝新 K30＋800。

如表 12-1 所示，曲线主点缩写名称分为汉语拼音和英语缩写两种，我国公路主要采用汉语拼音的缩写名称。

表 12-1　曲线主点标志名称缩写

名称	简称	汉语拼音缩写	英语缩写
交点	交点	JD	P
转点	转点	ZD	TP
圆曲线起点	直圆点	ZY	BC
圆曲线中点	曲中点	QZ	MC
圆曲线终点	圆直点	YZ	EC
公切点	公切点	GQ	CP
第一缓和曲线起点	直缓点	ZH	TS
第一缓和曲线终点	缓圆点	HY	SC
第二缓和曲线起点	圆缓点	YH	CS
第二缓和曲线终点	缓直点	HZ	ST

12.3　道路中线测设

道路中线测设的传统方法：首先需要在实地确定交点的位置，然后通过交点位置与道路曲线元素测设直线段和曲线主点位置，最后道路曲线细部里程桩测设是通过曲线主点采用切线支距法、偏角法、极坐标法等方法完成。由于现在路线的选线和部分定线工作均在数字地形图上进行，这给路线测设工作带来了很大的方便，路线交点不必在现场确定，路线转角也可以在图上量取，路线确定后就可以得到中线桩的测量坐标，因此可以直接用中线桩的坐标使用全站仪极坐标放样法或 GNSS 坐标放样法进行道路中线测设。采用这种方法不仅大大提高了道路勘测设计的效率，而且可以避免传统方法引起的点位误差的积累，保证了更高的测设精度，更好满足按图施工的要求。基于对道路中线测设方法的全面学习，下面除了阐述目前常用的测设方法外，也对传统方法（切线支距法和偏角法）进行了介绍。

12.3.1　圆曲线测设的传统方法

当交点的位置在现场标定后，即可将经纬仪或全站仪安置在交点 JD 上，分别照准 ZY 和 YZ 方向的交点或转点，从视线方向分别量取切线长度 T，得到直圆点 ZY 和圆直点 YZ。然后沿着分角线方向量取外矢距 E，得到曲中点 QZ。圆曲线细部采用切线支距法和偏角法测设。

（1）切线支距法

如图 12-11 所示，切线支距法是以直圆点 ZY 或圆直点 YZ 为坐标原点，以切线方向为 x 轴，以过原点的垂直于切线的半径方向为 y 轴，建立直角坐标系。分别从曲线起点和曲线终点向曲中点方向按曲线各点（一般按曲线里程桩设置）坐标进行测设。l_i 为曲线上 P_i 至坐标原点 ZY 的弧长，φ_i 为 l_i 所对的圆心角，R 为圆曲线半径，则 P_i 点坐标为：

$$\begin{cases} x_i = R\sin\varphi_i \\ y_i = R(1-\cos\varphi_i) \end{cases} \tag{12-24}$$

式中，$\varphi_i = \dfrac{l_i}{R} \times \dfrac{180°}{\pi}$。

测设时经纬仪或全站仪安置在 ZY 或 YZ 点上，定出切线方向后量取 x_i，定出垂足 N_i，然后在 N_i 点沿垂线方向量取 y_i 即可确定曲线上 P_i 位置。曲线细部测设完成后要测量相邻各点间距离，检查测设精度。

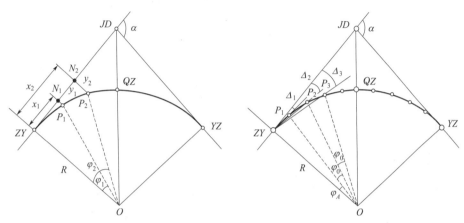

图 12-11　切线支距法测设圆曲线　　　　图 12-12　偏角法测设圆曲线

（2）偏角法

如图 12-12 所示，偏角法是以曲线起点或终点至曲线上任一点 P_i 的弦线与切线间的偏角（即弦切角）Δ_i 和相邻点间的弦长 c_i 测设 P_i 的位置。和切线支距法一样，偏角法也是分别从曲线起点和曲线终点向曲中点方向按曲线各点（一般按曲线里程桩设置）的偏角和弦长进行测设。由于偏角 Δ_i 等于弧长 l_i 所对圆心角 φ_i 的一半，则有：

偏角　　　　　　　　　$\Delta_i = \dfrac{\varphi_i}{2} = \dfrac{l_i}{2R}\rho$ 　　　　　　　　　(12-25)

弦长　　　　　　　$c_i = 2R\sin\dfrac{\varphi_i}{2} = 2R\sin\Delta_i$ 　　　　　　　(12-26)

偏角法测设时分别在曲线起点 ZY 和 YZ 安置经纬仪或全站仪，以交点 JD 方向为基准，按照计算的偏角 Δ_1 旋转仪器得到 ZY 或 YZ 至 P_1 的方向，然后沿着视线方向测设弦长 c_1，得到 P_1 位置，P_2 点的方向仍然按照计算的偏角 Δ_2 确定，此时从已经标定的 P_1 量取弦长 c_2 与 ZY 至 P_2 的视线方向相交即为 P_2 的位置，后面每一点都按此方法测设。

12.3.2　缓和曲线测设的传统方法

带有缓和曲线的圆曲线上的 ZH、HZ、QZ 三点的测设方法与圆曲线主点测设方法一样都要通过交点 JD 和切线长 T 以及转角 α 确定。而 HY 和 YH 点需要根据缓和曲线终点坐标 (x_0, y_0) 采用切线支距法测设。

（1）切线支距法

如图 12-13 所示，切线支距法是以 ZH 或 HZ 点为坐标原点，以切线方向为 x 轴，过原

点的半径为 y 轴。根据缓和曲线的参数方程式(12-16)，缓和曲线上各点的坐标为

$$x=l-\frac{l^{5}}{40R^{2}L_{s}^{2}}, \quad y=\frac{l^{3}}{6RL_{s}}-\frac{l^{7}}{336R^{3}L_{s}^{3}}$$

由于建立的坐标系是以缓和曲线起点为坐标原点，在计算圆曲线上各点坐标时需先计算出以圆曲线起点为原点的坐标 x'、y'，然后再加上圆曲线的内移值 p 和切线增长值 m，才能得到以 ZH 为原点的圆曲线上各点的坐标，坐标按下式计算：

$$\begin{cases} x=x'+m=R\sin\varphi+m \\ y=y'+p=R(1-\cos\varphi)+p \end{cases} \tag{12-27}$$

式中，$\varphi=\dfrac{l_{i}-L_{s}}{R}\times\dfrac{180^{\circ}}{\pi}+\beta_{0}$，$l_{i}$ 为曲线上 P_{i} 点的曲线长，L_{s} 为缓和曲线的长度。

曲线上各点的测设方法与圆曲线切线支距法相同。

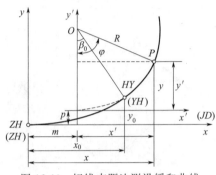

图 12-13　切线支距法测设缓和曲线

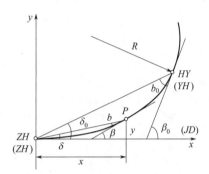

图 12-14　偏角法测设缓和曲线

（2）偏角法

如图 12-14 所示，缓和曲线上任一点 P 至缓和曲线起点的弧长为 l，偏角为 δ，一般情况下偏角较小，则有 $\delta=\tan\delta=\dfrac{y}{x}$，将曲线方程 x、y 代入（只取第一项）得：

$$\delta=\frac{l^{2}}{6RL_{s}} \tag{12-28}$$

将 L_{s} 代入式(12-28)，得到缓和曲线总偏角为

$$\delta_{0}=\frac{L_{s}}{6R} \tag{12-29}$$

由于 $\beta_{0}=\dfrac{L_{s}}{2R}$，则有 $\delta_{0}=\dfrac{1}{3}\beta_{0}$，$b_{0}=\beta_{0}-\delta_{0}=2\delta_{0}$；同理有 $\delta=\dfrac{1}{3}\beta$，$b=2\delta$。

将式(12-28)除以式(12-29)得：

$$\delta=\frac{l^{2}}{L_{s}^{2}}\delta_{0} \tag{12-30}$$

式中，δ_{0} 由 R 和 L_{s} 确定后为一定值。

可见缓和曲线上任一点的偏角与该点的曲线长的平方成正比。

偏角法测设缓和曲线的方法与圆曲线的偏角法相同。在测设与缓和曲线连接的圆曲线时需要将经纬仪或全站仪安置于 HY 点上，按照圆曲线偏角法测设。

12.3.3　中线逐桩坐标计算

目前道路中线是基于中线桩平面坐标采用全站仪或 GNSS RTK 坐标放样的方法直接实

地测设。道路中线坐标的计算是将局部坐标系下的中桩坐标(x,y)通过坐标系的平移、旋转转换成统一坐标系下的坐标(X,Y)的过程。

利用路线带状地形图进行纸上定线后，即可在地形图上量取路线各交点坐标和切线长度以及路线转角。对于受条件限制或地形、方案简单的路线，也可以现场确定交点，然后使用全站仪或 GNSS 仪器直接测量交点坐标和路线转角。以路线交点坐标、交点之间的坐标方位角和切线长度为路线的控制依据，加上道路曲线元素就可以计算道路各中线坐标。

下面以图 12-15 中所示的圆曲线和缓和曲线说明中线坐标计算方法。

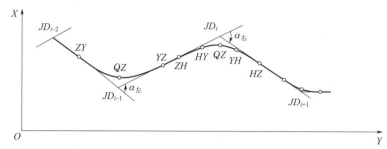

图 12-15　中线坐标计算示意图

（1）圆曲线上中线坐标计算

圆曲线上三个主点为 ZY、QZ、YZ，坐标计算分别如下：

$$\begin{cases} X_{ZY}=X_{JD_{i-1}}-T_{i-1}\cos A_{i-2,i-1} \\ Y_{ZY}=Y_{JD_{i-1}}-T_{i-1}\sin A_{i-2,i-1} \end{cases} \tag{12-31}$$

$$\begin{cases} X_{QZ}=X_{JD_{i-1}}+E\cos(A_{i-1,i}-\dfrac{180°-\alpha_{左}}{2}) \\ Y_{QZ}=Y_{JD_{i-1}}+E\sin(A_{i-1,i}-\dfrac{180°-\alpha_{左}}{2}) \end{cases} \tag{12-32}$$

$$\begin{cases} X_{YZ}=X_{JD_{i-1}}+T_{i-1}\cos A_{i-1,i} \\ Y_{YZ}=Y_{JD_{i-1}}+T_{i-1}\sin A_{i-1,i} \end{cases} \tag{12-33}$$

式中 X_{JD}、Y_{JD} 为交点坐标，T 为切线长度，A 为交点之间的坐标方位角，α 为转角。

ZY 至 QZ 段圆曲线上任一点中线坐标的计算，先按照圆曲线切线支距法计算坐标 (x_i,y_i)，然后通过坐标变换将其坐标转为测量坐标(X_i,Y_i)：

$$\begin{cases} X_i=X_{ZY}+x_i\cos A_{i-2,i-1}+y_i\sin A_{i-2,i-1} \\ Y_i=Y_{ZY}+x_i\sin A_{i-2,i-1}-y_i\cos A_{i-2,i-1} \end{cases} \tag{12-34}$$

如果路线右转，用 $y_i=-y_i$ 代入公式计算。

QZ 至 YZ 段圆曲线上中线坐标计算与 ZY 至 QZ 段一样，转换后的测量坐标为

$$\begin{cases} X_i=X_{YZ}-x_i\cos A_{i-1,i}+y\sin A_{i-1,i} \\ Y_i=Y_{YZ}-x_i\sin A_{i-1,i}-y\cos A_{i-1,i} \end{cases} \tag{12-35}$$

（2）YZ 至 ZH 直线段中线坐标计算

直线段部分坐标计算相对简单，直接用交点坐标和距交点的距离计算得到。

$$\begin{cases} X_i=X_{JD_{i-1}}+S_i\cos A_{i-1,i} \\ Y_i=Y_{JD_{i-1}}+S_i\sin A_{i-1,i} \end{cases} \tag{12-36}$$

式中，S_i 为 YZ 至 ZH 直线段上点距交点 JD_{i-1} 的距离，可用里程桩号计算得到。

（3）缓和曲线上中线坐标计算

缓和曲线主点 ZH、QZ、HZ 坐标计算：

$$\begin{cases} X_{ZH} = X_{JD_i} - T_i \cos A_{i-1,i} \\ Y_{ZH} = Y_{JD_i} - T_i \sin A_{i-1,i} \end{cases} \qquad (12\text{-}37)$$

$$\begin{cases} X_{HZ} = X_{JD_i} + T_i \cos A_{i,i+1} \\ Y_{HZ} = Y_{JD_i} + T_i \sin A_{i,i+1} \end{cases} \qquad (12\text{-}38)$$

$$\begin{cases} X_{QZ} = X_{JD_i} + E \cos \left(A_{i,i+1} + \dfrac{180° - \alpha_{\text{右}}}{2} \right) \\ Y_{QZ} = Y_{JD_i} + E \sin \left(A_{i,i+1} + \dfrac{180° - \alpha_{\text{右}}}{2} \right) \end{cases} \qquad (12\text{-}39)$$

ZH 至 YH 段（包括第一缓和曲线和圆曲线）中线坐标计算，先按照带有缓和曲线的圆曲线切线支距法计算坐标 (x_i, y_i)，然后通过坐标变换将其坐标转为测量坐标 (X_i, Y_i)：

$$\begin{cases} X_i = X_{ZH} + x_i \cos A_{i-1,i} - y_i \sin A_{i-1,i} \\ Y_i = Y_{ZH} + x_i \sin A_{i-1,i} + y_i \cos A_{i-1,i} \end{cases} \qquad (12\text{-}40)$$

如果路线左转，以 $y_i = -y_i$ 代入计算。

YH 至 HZ（第二缓和曲线）中线坐标计算，先按照缓和曲线的切线支距法计算坐标 (x_i, y_i)，然后通过坐标变换将其坐标转为测量坐标 (X_i, Y_i)：

$$\begin{cases} X_i = X_{HZ} - x_i \cos A_{i,i+1} - y_i \sin A_{i,i+1} \\ Y_i = Y_{HZ} - x_i \sin A_{i,i+1} + y_i \cos A_{i,i+1} \end{cases} \qquad (12\text{-}41)$$

例 12-2 已知路线交点 JD_2，JD_3，JD_4 的坐标分别为 $X_{JD_2} = 2588711.270\text{m}$，$Y_{JD_2} = 20478702.880\text{m}$，$X_{JD_3} = 2591069.056\text{m}$，$Y_{JD_3} = 20478662.850\text{m}$，$X_{JD_4} = 2594145.875\text{m}$，$Y_{JD_4} = 20481070.750\text{m}$。$JD_3$ 的里程桩号为 K6+790.306，圆曲线半径 $R = 2000\text{m}$，缓和曲线长 $l_s = 100\text{m}$。试计算曲线测设元素、主点里程、曲线主点及 K6+100、K6+500 和 K7+450 的中桩坐标。

解：计算步骤如下

① 计算路线转角

$$\tan A_{32} = \frac{Y_{JD_2} - Y_{JD_3}}{X_{JD_2} - X_{JD_3}} = \frac{+40.030}{-2357.786} = -0.016977792$$

$$A_{32} = 180° - 0°58'21.6'' = 179°01'38.4''$$

$$\tan A_{34} = \frac{Y_{JD_4} - Y_{JD_3}}{X_{JD_4} - X_{JD_3}} = \frac{+2407.900}{+3076.819} = 0.78259397$$

$$A_{34} = 38°02'47.5''$$

右角 $\beta = 179°01'38.4'' - 38°02'47.5'' = 140°58'50.9''$，$\beta < 180°$，为右转角。

转角 $\alpha = 180° - 140°58'50.9'' = 39°01'09.1''$。

② 计算曲线测设元素

$$\beta_0 = \frac{l_s}{2R} \times \frac{180°}{\pi} = 1°25'56.6''$$

$$p = \frac{l_s^2}{24R} = 0.208\text{m}$$

$$m = \frac{l_s}{2} - \frac{l_s^3}{240R^2} = 49.999\text{m}$$

$$T_H = (R + p)\tan\frac{\alpha}{2} + m = 758.687\text{m}$$

$$L_H = R\alpha\frac{\pi}{180°} + l_s = 1462.027\text{m}$$

$$L_Y = R(\alpha - 2\beta_0)\frac{\pi}{180°} = 1262.027\text{m}$$

$$E_H = (R + p)\sec\frac{\alpha}{2} - R = 122.044\text{m}$$

$$q = 2T_H - L_H = 55.347\text{m}$$

③ 计算曲线主点桩号（里程）

JD_3	K6+790.306
$-T_H$	758.687
ZH	K6+031.619
$+l_s$	100
HY	K6+131.619
$+L_Y$	1 262.027
YH	K7+393.646
$+l_s$	100
HZ	K7+493.646
$-L_H/2$	731.014
QZ	K6+762.632
$+q/2$	27.674
JD_3	K6+790.30

④ 计算曲线主点及其中桩坐标

ZH 点的坐标按式(11-37)计算：

$$S_{23} = \sqrt{(X_{JD_3} - X_{JD_2})^2 + (Y_{JD_3} - Y_{JD_2})^2} = 2358.126\text{m}$$

$$A_{23} = A_{32} + 180° = 359°01'38.4''$$

$$X_{ZH_3} = X_{JD_2} + (S_{23} - T_{H_3})\cos A_{23} = 2590310.479\text{m}$$

$$Y_{ZH_3} = Y_{JD_2} + (S_{23} - T_{H_3})\sin A_{23} = 20478675.729\text{m}$$

第一缓和曲线上中桩坐标的计算：

中桩 K6+100 处，$l = 6100 - 6031.619$（ZH 桩号）$= 68.381\text{m}$，

代入缓和曲线参数方程（12-16）计算，得：

$$x = l - \frac{l^5}{40R^2 l_s^2} = 68.380\text{m}$$

$$y = \frac{l^3}{6R l_s} = 0.266\text{m}$$

$$X = X_{ZH_3} + x\cos A_{23} - y\sin A_{23} = 2590378.854\text{m}$$

$$Y = Y_{ZH_3} + x\sin A_{23} + y\cos A_{23} = 20478674.834\text{m}$$

HY 点先计算出切线支距法坐标：

$$x_0 = l_s - \frac{l_s^3}{40R^2} = 99.994\text{m}$$

$$y_0 = \frac{l_s^2}{6R} = 0.833\text{m}$$

按式（11-40）转换坐标：

$$X_{HY_3} = X_{ZH_3} + x_0 \cos A_{23} - y_0 \sin A_{23} = 2590410.473\text{m}$$

$$Y_{HY_3} = Y_{ZH_3} + x_0 \sin A_{23} + y_0 \cos A_{23} = 20478674.864\text{m}$$

圆曲线部分的中桩坐标计算。

中桩 K6+500，先计算出切线支距法坐标：

$$l = 6500 - 6131.619(\text{HY 桩号}) = 368.381\text{m}$$

$$\varphi = \frac{l}{R} \times \frac{180°}{\pi} + \beta_0 = 11°51'08.6''$$

$$x = R\sin\varphi + m = 465.335\text{m}$$

$$y = R(1 - \cos\varphi) + p = 43.809\text{m}$$

代入式(11-40) 得 K6+500 的坐标：

$$X = X_{ZH_3} + x\cos A_{23} - y\sin A_{23} = 2590776.491\text{m}$$

$$Y = Y_{ZH_3} + x\sin A_{23} + y\cos A_{23} = 20478711.632\text{m}$$

QZ 点位于圆曲线部分，计算步骤与 K6+500 相同：

$$l = \frac{L_Y}{2} = 631.014\text{m}, \varphi = 19°30'34.6''$$

$$x = 717.929\text{m}, y = 115.037\text{m}$$

$$X_{QZ_3} = 2591030.257\text{m}, Y_{QZ_3} = 20478778.562\text{m}$$

HZ 点坐标按式(12-38) 计算：

$$X_{HZ_3} = X_{JD_3} + T_{H_3}\cos A_{34} = 2591666.530\text{m}$$

$$Y_{HZ_3} = Y_{JD_3} + T_{H_3}\sin A_{34} = 20479130.430\text{m}$$

YH 点的支距法坐标与 HY 点相同：

$$x_0 = 99.994\text{m}, \quad y_0 = 0.833\text{m}$$

按式(12-41) 转换坐标，并顾及路线右转角，以 $y = -y_0$ 代入：

$$X_{YH_3} = X_{HZ_3} - x_0\cos A_{34} - y_0\sin A_{34} = 2591587.270\text{m}$$

$$Y_{YH_3} = Y_{HZ_3} - x_0\sin A_{34} + y_0\cos A_{34} = 20479069.460\text{m}$$

第二缓和曲线上 K7+450 中桩坐标计算：

$l = 7493.646 (HZ 桩号) - 7450 = 43.646\text{m}$，代入缓和曲线切线支距法坐标计算公式得到：$x = 43.646\text{m}, y = 0.069\text{m}$。

按式(12-41) 转换坐标，得出 K7+450 中桩坐标为

$$X = 2591632.116\text{m}$$

$$Y = 20479103.585\text{m}$$

由于路线的中桩数量很多，因此中线逐桩坐标通常采用计算机编程计算。在大多数全站仪和 GNSS 测量仪器中已经集成了路线逐桩计算的功能。

12.4 全站仪和 GNSS RTK 放样道路中线

现在道路中边桩放样主要采用全站仪和 GNSS RTK 仪器进行。目前大多数全站仪和 GNSS RTK 仪器都内置的道路放样测量的程序，测量时只需要输入道路设计参数，程序自动计算出路线的测设数据和各中桩坐标，使用起来十分方便。

全站仪道路中桩放样时仪器需要安置在已知控制点上，以测站附近另一控制点作为后视

建立测站。GNSS RTK 测量模式有单基站 RTK 测量和网络 RTK 模式，实际测量时根据条件选择。在小范围测量时，可以选用单基站 RTK 模式，在较大范围测量时，大多数情况下只要有网络 RTK 信号，一般选择网络 RTK 模式进行测量。GNSS 网络 RTK 测量需要接入相应的 CORS 系统。

（1）全站仪放样道路中线

全站仪在控制点上建立测站后，根据全站仪内置的道路测量程序进行中线放样。道路放样前需要将道路设计参数输入全站仪中，道路程序以一条由直线、圆曲线或缓和曲线组成的曲线作为参考，根据道路设计确定的桩号和偏差（指道路边桩相对于中桩的距离）来对中桩和边桩进行坐标计算和放样。

拓展阅读

拓展阅读 1　全站仪道路中线放样示例
（基于南方公司 NTS-340 系列全站仪）

（2）GNSS RTK 放样道路中线

和全站仪道路中线放样一样，GNSS RTK 道路放样也需要先将道路设计参数输入仪器中。

拓展阅读

拓展阅读 2　GNSS RTK 道路放样方法
（基于南方公司"工程之星 5.0"）

12.5　道路纵、横断面测量

道路纵横断面测量为道路纵坡设计、路基设计、土石方工程量的计算等工作提供重要的基础资料。道路纵断面测量又称为中线高程测量，它是在道路中线测定后测定各里程桩和加桩的地面高程，并绘制道路纵断面图，纵断面图表示沿着中线方向地面起伏变化形态。道路横断面测量是测定中线各里程桩两侧垂直于中线方向的一定范围内的地面线、地物点距中桩的距离和高差，绘制横断面图，横断面图反映垂直于中线方向上地形的起伏情况。

按照"由整体到局部，先控制后碎部的"的测量工作原则，道路纵断面测量一般分为两步开展，先进行路线的控制测量，然后再进行中桩高程测量。路线控制测量，又称为基平测量，是沿着路线方向布设水准点，测量水准点的高程，为路线中平测量、施工放样以及竣工验收提供依据。中桩高程测量又称为中平测量，是根据基平测量建立的水准点及其高程，测定各里程桩的地面高程。

12.5.1　基平测量

（1）水准点设置

水准点沿着路线中线方向两侧布设。根据《公路勘测规范》（JTG C10—2007）的要求，路线水准点相邻点间的距离以 1～1.5km 为宜，在山区和重丘宜每隔 0.5～1km 设置一个水准点。大桥、隧道口等特大型构造物每一端应埋设 2 个以上水准点。水准点距路线中心线的距离应大于 50m，宜小于 300m。水准点应选在稳固、醒目、易于引测和施工时不易遭受破坏的地方。水准点根据用途需要，可设置成永久性或临时性水准点，根据水准点的性质埋设或设置不同的标石。

对于在初测阶段已经设置了水准点、进行了水准测量的路线，在施工阶段的基平测量时需要对初测阶段的水准点及其高程进行检核。

（2）基平测量方法及技术要求

基平测量时首先应将起始水准点与附近国家水准点进行连测，以获取与国家高程系统一致的绝对高程。在沿线水准测量中，按照水准测量的等级每隔一定距离尽量与国家水准点连测，以便形成附合水准路线，有更多的检核条件。

路线水准测量可采用单台仪器在水准点间往返观测，也可用两台仪器单程观测。基平测量高差闭合差应符合水准测量的精度要求。当测段高差闭合差在规定容许值内，取其高差平均值作为两水准点间的高差，超出限差必须重测。我国公路水准测量等级：高速、一级公路为四等，二、三、四级公路为五等。公路水准测量的技术要求如表 12-2 所示。

表 12-2　基平测量的主要技术要求

测量等级	往返较差、附合或环线闭合差/mm		监测已测测段高差之差/mm
	平原、微丘	重丘、山岭	
三等	$\leqslant 12\sqrt{l}$	$\leqslant 3.5\sqrt{n}$ 或 $15\sqrt{l}$	$\leqslant 20\sqrt{L_i}$
四等	$\leqslant 20\sqrt{l}$	$\leqslant 6.0\sqrt{n}$ 或 $25\sqrt{l}$	$\leqslant 30\sqrt{L_i}$
五等	$\leqslant 30\sqrt{l}$	$\leqslant 45\sqrt{l}$	$\leqslant 40\sqrt{L_i}$

注：计算往返较差时，l 为水准点间路线长度，km；计算附合或环线闭合差时，l 为附合或环线路线长度，km；n 为测站数；L_i 为检测段长度，小于 1km 按 1km 计算。

12.5.2　中平测量

（1）中平测量方法

中平测量是测量各里程桩的高程。中平测量方法分为水准测量法、全站仪三角高程测量法和 GNSS RTK 测量法。根据路线地形和仪器设备条件选用不同的方法。如果路线中桩采用 GNSS RTK 测量放样，在每个中桩测定完成后即可进行该中桩高程测量，并保存测量结果，在绘制纵断面图时只需要导出每个中桩的测量高程。GNSS RTK 具有无需通视、没有点位误差积累、测量效率高等优点，是目前路线中线放样、中桩高程测量和路线横断面测量的常用方法。在地形平缓地区，也常常采用水准测量法进行中桩高程测量。下面介绍采用水准仪进行中平测量的方法。

为了保证中桩高程测量的准确性，通常中平测量路线是以相邻的两个水准点为一个测段，从一个水准点出发，用视线高法逐点测定各中桩的地面高程，最后附合到下一个水准点上，形成一个附合水准路线。中桩高程测量的精度应符合以下规定：高速公路和一、二级公路路线高差闭合差 $\leqslant 30\sqrt{L}$，三级以下公路路线高差闭合差 $\leqslant 50\sqrt{L}$。

中平测量路线上相邻两转点间观测的中桩，称为中间点，其读数为中视读数。由于转点只起到传递高程的作用，因此在转点上需放置尺垫，且视线长度不超过 150m。观测时应先观测转点，尺上读数至 mm，后观测中间点，标尺读数至 cm，在中间点上要求标尺立在紧靠中桩的地面上。

如图 12-16 所示，观测时水准仪安置在 1 号测站，后视水准点 BM_1，前视转点 ZD_1，分别读数后，填入表 12-3 中"后视""前视"栏，然后观测中桩 K0＋000、K0＋020、K0＋040、K0＋060，将读数分别填入"中视"栏。搬站至测站 2，先后视转点 ZD_1，再前视转点 ZD_2，将读数填入表 12-3 中"后视""前视"栏，然后观测中桩 K0＋080，K0＋100，K0＋120，K0＋140，将读数填入"中视"栏。按照这样的观测和记录方法直至测量附合到下一水准点 BM_2，完成这一测段的中桩高程测量。

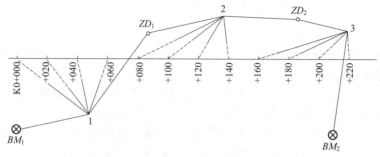

图 12-16　中平测量

每测站的前视高程和各中桩地面高程按照所属测站的视线高程计算。每测站的各项高差和高程按下列公式计算：

① 视线高程＝后视点高程＋后视读数
② 转点高程＝视线高程－前视读数
③ 中桩高程＝视线高程－中视读数

各测站观测记录数据完成后应马上计算视线高程和各点高程，测段完成后计算测段高差闭合差 f_h 和 $f_{h容}$（$f_{h容}=\pm 50\sqrt{L}$ mm），当 $f_h \leqslant f_{h容}$ 时，说明外业观测数据符合要求，不需要进行高差闭合差的调整，以计算得到的各中桩地面高程绘制纵断面图。当 $f_h > f_{h容}$ 时，需要重测。

表 12-3　中平测量记录表

测点	水准尺读数			视线高程	高程	备注
	后视	中视	前视			
BM_1	2.289			440.471	438.182	
K0＋000		1.98			438.491	
＋020		1.62			438.851	
＋040		1.35			439.121	
＋060		1.10			439.371	
ZD_1	2.586		1.177	441.880	439.294	
＋080		1.76			440.120	BM_2 的高程
＋100		1.53			440.350	$H=440.017$
＋120		1.29			440.590	
＋140		0.95			440.930	
ZD_2	2.488		2.679	441.689	439.201	
＋160		1.52			440.169	
＋180		1.76			439.929	
＋200		1.63			440.059	

测点	水准尺读数			视线高程	高程	备注
	后视	中视	前视			
+220		1.48			440.209	BM_2 的高程
BM_2			1.692		439.997	$H=440.017$

$\sum h_{测}=+1.815\text{m}, \sum a - \sum b = +1.815, H_{2测} - H_1 = +1.815$

$\sum h_{理} = +1.835\text{m}, f_h = 1.815 - 1.835 = -0.020\text{m} = -20\text{mm}$

$f_{h容} = 50\sqrt{L} = \pm 50 \sqrt{0.35} = \pm 30\text{mm}(L=0.35\text{km})$

$f_h \leq f_{h容}$，符合精度要求

（2）纵断面图绘制

道路中桩高程测量完成后，为了道路纵坡设计需要绘制道路纵断面图。道路纵断面图以中桩里程即水平方向为横轴，以高程为纵轴，按选定的比例尺进行绘制。为了能够反映中线方向地面起伏变化，一般高程方向的比例尺为水平方向比例尺的10~20倍，通常水平方向的比例尺取1：5000、1：2000或1：1000，高程方向的比例尺取1：500、1：200或1：100。高程方向比例尺还需要考虑中线地形起伏变化的程度进行选取。

如图12-17所示，在道路纵断面图的上部有两条线，其中在高程方向起伏较大且变化不规则的是地面线，另一条在高程方向变化平缓的是道路纵坡设计线。除此以外在图的上部还标示了道路纵坡设计中竖曲线的位置及相关信息。地面线是根据各中桩地面高程和距起点的里程按比例绘制。道路纵坡设计线是根据计算得到的各中桩设计高程和设计的竖曲线进行绘制。在图的下部除了里程桩号和中桩地面高程外，一般还有道路平面线形和纵坡设计等资

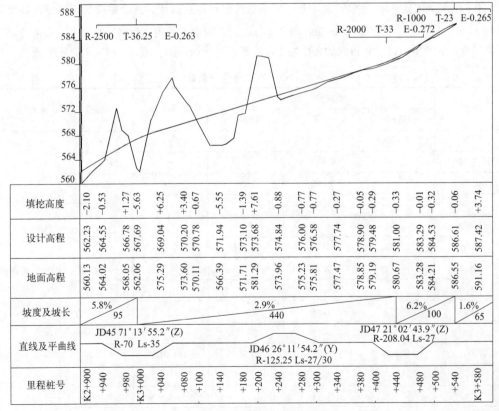

图 12-17　道路纵断面图

料，主要包括以下内容。

①里程桩号。按里程比例尺标注中桩位置。

②直线及平曲线。按里程表示道路的直线和曲线部分的位置。道路直线用平直线段表示，曲线部分用折线表示，上凸表示路线右转，下凸表示路线左转，并注明交点编号、路线转角、圆曲线半径和缓和曲线长度。

③坡度及坡长。从左至右向上的斜线表示道路上坡，斜线之上的数字表示坡度，之下的数字表示坡长。

④地面高程。相对应里程的路线中桩地面高程。

⑤设计高程。根据道路纵坡设计坡度和距离计算出的各里程桩的设计高程。设计高程的计算方法是：设计高程＝起点高程＋设计坡度×起点至该点的水平距离。

⑥填挖高度。各里程桩处地面高程与其设计高程之差。填挖高度的计算方法是：填挖高度＝地面高程－设计高程，正数表示挖方，负数表示填方。

12.5.3　道路横断面测量

横断面测量是测量路线中桩两侧垂直于中线方向的地面线的起伏情况。通过测量垂直于中线方向的地面线上变坡点与中桩之间的距离和高差完成断面的测量，并根据测量结果绘制横断面图。道路横断面图供路基设计、土方计算和施工放样提供资料和依据。横断面测量的宽度和密度应根据工程需要确定，应满足道路设计的要求。在有重要构造物的地方，如大中型桥头、隧道洞口、挡土墙等处应适当加密横断面。道路横断面一般自中线向两侧各测量10～50m，测量高差和距离精度取至 0.1m 即可。

（1）横断面方向的确定

横断面测量首先需要确定垂直于中线方向的横断面方向，常用的方法有方向架法、全站仪（经纬仪）法和 GNSS RTK 自动测设法。使用 GNSS RTK 方法，当把路线设计参数输入仪器后，在测量断面时手簿会自动显示横断面方向。

①在中线直线段部分，一般采用方向架测定，方法相对简单。如图 12-18 所示，将方向架安置于中桩点上，以其中一方向对准该点的前或后某一中桩，则另一方向即为该点上的横断面方向。

②圆曲线上横断面方向的确定。圆曲线上某桩点横断面方向即该点的半径方向。如图 12-19（a）所示，现需确定圆曲线上 B 点处横断面方向。将方向架置于 B 点，选取与 B 等桩距的 A、C 两点，以一方向瞄准 A，另一方向定出 F_1 点，同法瞄准 C 点，定出 F_2 点。取 F_1F_2 的中点 F，则 BF 为 B 点处的横断面方向。实际上 BF 就是 $\angle ABC$ 的角平分线，使用经纬仪或全站仪能更精确测设 B 点处横断面方向。

对于圆曲线上任意点的横断面方向也能使用方向架测设，只是需要在方向架上安装一个能够转动的定向杆施测。如图 12-19（b）所示，在圆曲线上首先将方向架安置于 ZY（YZ）点，用 ab 杆瞄准切线方向，则与其垂直的 cd 杆方向为 ZY（YZ）点的横断面方向；此时转动定向杆 ef 瞄准 2 号桩位，并固定定向杆，然后移动方向架置于 2 号桩位上，以

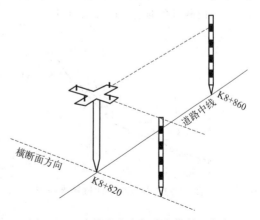

图 12-18　直线段方向架确定横断面方向

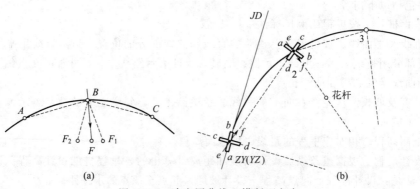

图 12-19　确定圆曲线上横断面方向

cd 杆方向瞄准 $ZY(YZ)$，则 ef 方向就是 2 号桩位的横断面方向，在 ef 方向立一花杆，以 cd 杆瞄准花杆，则 ab 杆为圆曲线的切线方向，重复同样操作，可定出 3 号桩位的横断面方向。

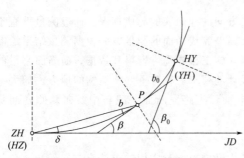

图 12-20　确定缓和曲线上横断面方向

③ 缓和曲线上横断面方向的确定。缓和曲线上横断面方向与缓和曲线的切线方向垂直。如图 12-20 所示，要确定 P 点处横断面方向，需先计算出过 P 点的切线角 β（$\beta = \dfrac{l_i}{2RL_s}$），$P$ 点与缓和曲线起点 $ZH(HY)$ 点的弦线与切线的夹角 $b = \dfrac{2}{3}\beta$。测设时将全站仪安置于 P 点瞄准 $ZH(HY)$ 点，配置水平度盘为 b 的角度，然后旋转仪器，当仪器水平角为 90°时的方向即为 P 点处横断面方向。

（2）横断面测量方法

横断面测量的方法应根据设计要求精度、仪器设备、地形起伏情况等选择，一般有标杆皮尺法、水准仪测量、全站仪测量和 GNSS RTK 测量等方法。

① 标杆皮尺法　如图 12-21 所示，沿着横断面方向选择地形变坡点 1、2、3、4 位置竖立标杆，皮尺拉平量出中桩至 1 点的水平距离 5.0m，皮尺在标杆上的高度 6.2m 即为中桩至 1 点的高差，然后量出 1 点至 2 点的距离和高差……依此顺序测量两点之间的水平距离和高差，并把测量数据记录在表 12-4 中。

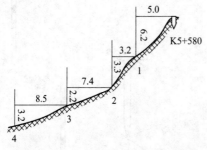

图 12-21　标杆皮尺法测量横断面

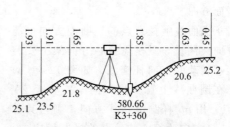

图 12-22　水准仪法测量横断面

标杆法断面记录表按路线前进方向分为左侧和右侧，分数中分母表示测段水平距离，分

测／量／学

子表示测段高差，高差为正表示升坡，为负表示降坡。

表 12-4　横断面测量记录表　　　　　　　　　　　　　　　单位：m

左侧				桩号	右侧			
...				...	...			
$\dfrac{-3.2}{8.5}$	$\dfrac{-2.2}{7.4}$	$\dfrac{-3.3}{3.2}$	$\dfrac{-6.2}{5.0}$	K5+580	$\dfrac{+5.3}{4.6}$	$\dfrac{+6.5}{6.8}$	$\dfrac{2.1}{5.4}$	$\dfrac{3.6}{7.3}$
$\dfrac{-2.1}{8.0}$	$\dfrac{-2.8}{5.5}$	$\dfrac{-3.5}{4.6}$	$\dfrac{-4.8}{6.2}$	K5+600	$\dfrac{+4.0}{5.3}$	$\dfrac{+3.5}{6.0}$	$\dfrac{+6.2}{5.7}$	$\dfrac{+2.9}{7.6}$

② 水准仪测量　在地形平坦的地方，可以采用水准仪测量横断面。如图 12-22 所示，选取适当位置安置水准仪，先后视中桩标尺，然后前视位于横断面上变坡点上的标尺，读取读数，求得中桩至断面上每点的高差。中桩至每点的水平距离可以用皮尺丈量。

③ 全站仪测量　沿着路线中线方向，全站仪依次完成每个中桩的放样、中桩高程测量和中桩处的横断面测量。全站仪横断面测量就是测量横断面方向上地形变坡点的坐标，通过坐标反算出路线中桩左右两边相邻点之间的高差和距离，得到附合横断面测量的高差距离数据。如果地形通视条件好的话，测量的效率较高。

④ GNSS RTK 测量　和全站仪测量道路中线一样，GNSS RTK 测量道路横断面也是在放样出中桩和测量中桩高程后，随即进行该中桩位置的横断面测量。当把路线设计参数输入到 GNSS RTK 的测量手簿后，中桩测定完成，即可进入横断面采集界面，并且在测量手簿屏幕上直接显示需要测量的横断面方向，测量时只需沿着指示的断面方向测量即可。

拓展阅读

拓展阅读 3　GNSS RTK 横断面测量方法示例（基于南方公司"工程之星 5.0"）

（3）横断面图绘制

横断面图表示在道路中桩处垂直于中线方向的地面线的起伏情况。根据横断面测量数据，以水平距离为横坐标，以高程为纵坐标，距离和高程采用同一比例尺。根据横断面测量长度和地面起伏高差选择比例尺，根据情况可选择 1：100、1：200 等比例尺。

绘图时，先确定中桩位置，由中桩开始，分左右两侧逐一按水平距离（横向）和高程（纵向）将断面上各变坡点绘出，最后用直线将各点连接起来即得到横断面线。横断面图绘出后，再根据设计纵断面将中桩的设计高程和路基设计断面线加绘于横断面图上，如图 12-23 所示。通过横断面线、中桩设计高程和路基设计断面线可计算工程的土石方量。

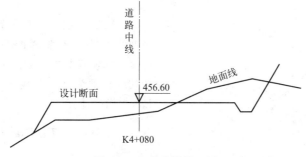

图 12-23　道路横断面图

12.6 道路施工测量

道路施工测量的主要任务是按照设计的道路平面位置和纵、横断面测设到地面上，为施工提供依据。施工测量包括恢复路线中线、竖曲线测设和路基边桩的测设等内容。

12.6.1 中线恢复测量

由于道路施工和道路勘测设计阶段之间相隔时间较长，在道路勘测设计阶段测设的道路起点、终点、转点、路线交点、曲线主点和道路中桩等容易遭受破坏，往往难以保存。施工时测量的首要任务是恢复道路中线位置，为道路施工提供定位依据。道路恢复中线测量与道路中线测量方法相同。道路中线恢复以后，在道路施工过程中道路中桩随时都可能被挖掉或掩埋。为了给后续道路施工提供依据，需要在不易受到破坏、易于保存的位置测设施工控制桩。道路施工控制桩的测设主要采用以下两种方法。

（1）平行线法

在路线直线段部分于中线两侧路基以外测设平行于中线的两排施工控制桩，控制桩间距一般为 20m，如图 12-24 所示。

（2）延长线法

对于路线的切线方向以及路线的交点和曲线中点一般采用延长线法测设施工控制桩，如图 12-24 所示。

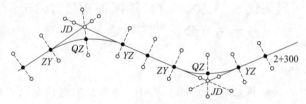

图 12-24　施工控制桩的测设

12.6.2 竖曲线的测设

在路线纵断面设计时在道路纵坡变更处需设置竖向曲线以连接不同坡度的纵断面，这个竖向设置的曲线就是竖曲线。竖曲线分为凸形竖曲线和凹形竖曲线，线形一般为圆曲线，如图 12-25 所示。

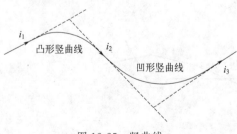

图 12-25　竖曲线

测设竖曲线时，根据路线纵断面设计的竖曲线半径 R 和相邻的两侧坡道的坡度 i_1、i_2 来计算测设数据。如图 12-26 所示，竖曲线的切线长度为 T，曲线长度为 L，外矢距为 E，它们的计算公式为

$$T = R \tan \frac{\alpha}{2} \qquad (12\text{-}42)$$

$$L = R\alpha / \rho \qquad (12\text{-}43)$$

$$E = R\left(\sec\frac{\alpha}{2} - 1\right) \qquad (12\text{-}44)$$

由于竖曲线的转向角 α 很小，$\alpha \approx (i_1 - i_2)\rho$，在计算竖曲线元素时通常采用以下近似公式计算：

$$T = \frac{R}{2}(i_1 - i_2) \qquad (12\text{-}45)$$

$$L = R(i_1 - i_2) \qquad (12\text{-}46)$$

$$E = \frac{T^2}{2R} \qquad (12\text{-}47)$$

竖曲线上细部点 P 按照图 12-26 所示的方法建立直角坐标 (x, y) 进行测设。其中 x 与 P 点至曲线起点或终点的曲线长度近似，可以用曲线长度代替，y 是 P 点至切线的近似竖向距离（也称为高程改正值），按照下式计算：

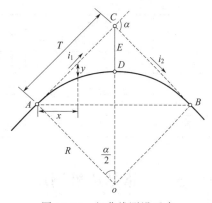

图 12-26　竖曲线测设元素

$$y = \frac{x^2}{2R} \qquad (12\text{-}48)$$

竖曲线上 P 点的高程等于按照设计坡度计算的 P 点的坡道高程减去计算出来的 y 值。

$$H_P = H_起 + xi \pm y \qquad (12\text{-}49)$$

在凸形竖曲线内，公式中取减号；在凹形竖曲线内，公式中取加号。

例 12-3　设某凸形竖曲线半径 $R = 2000\text{m}$，相邻坡道的坡度为 $i_1 = 2\%$，$i_2 = -1.5\%$，变坡点的里程为 K10+655，其设计高程为 483.87m。要求曲线上每 10m 测设一桩，试计算竖曲线上各桩点的高程。

解： ① 计算竖曲线上元素

$$L = R(i_1 - i_2)\% = 2000(2 + 1.5)\% = 70\text{m}$$

$$T = \frac{R}{2}(i_1 - i_2) = \frac{2000}{2}(2 + 1.5)\% = 35\text{m}$$

$$E = \frac{T^2}{2R} = \frac{35^2}{2 \times 2000} = 0.31\text{m}$$

② 计算竖曲线起点、终点桩号和坡道高程

起点桩号	K10+(655−35)=K10+620
起点高程	483.87−35×2%=483.17m
终点桩号	K10+(655+35)=K10+690
终点高程	483.87−35×1.5%=483.34m

③ 计算各桩竖曲线高程：

计算结果见表 12-5。

表 12-5　竖曲线桩点高程计算表

桩号	至曲线起点或终点的平距 x/m	高程改正值 y/m	坡道高程/m	竖曲线高/m	备注
起点 K10+620	0	0	483.17	483.17	
+630	10	−0.02	483.37	483.35	
+640	20	−0.10	483.57	483.47	$i_1 = 2\%$
+650	30	−0.22	483.77	483.55	
变坡点 K10+655	35	−0.31	483.87	483.56	

桩号	至曲线起点或终点的平距 x/m	高程改正值 y/m	坡道高程/m	竖曲线高/m	备注
+660	30	−0.22	483.79	483.57	
+670	20	−0.10	483.64	483.54	$i_2 = -1.5\%$
+680	10	−0.02	483.49	483.47	
终点 K10+690	0	0	483.34	483.34	

12.6.3 路基边桩测设

设计的路线横断面在填方路段称为路堤，在挖方路段称为路堑。路堤高出自然地面，而路堑则在自然地面以下。在路基施工前，需要进行路基边桩测设，即将设计横断面的路基边坡线与自然地面的交点测设标定出来。对于路堤，路基边坡线与地面的交点称为路基坡脚桩；对于路堑，路基边坡线与地面的交点称为路基坡顶点。路基边坡桩和坡顶点的位置由边桩至中桩的水平距离确定。路基边桩主要采用以下方法测设。

（1）图解法

现在的道路横断面设计都是在计算机上完成，在道路横断面图上除标明中桩的地面高程、设计高程、中桩的挖填高度和路基设计宽度外，还可以在图上量取地面中桩至路基坡脚桩的水平距离和路基坡脚桩的设计高程等相关设计数据。测设时在直线段部分可以直接在实地用钢尺沿着横断面方向定出路基边桩和坡脚桩或坡顶点的位置，在曲线段部分如果有路基加宽的话，在原来设计宽度的基础上加宽距离，通过中桩点坐标和横断面的坐标方位角计算出路基边桩和坡脚桩的坐标，采用全站仪或 GNSS RTK 坐标放样即可。

（2）平坦地段路基边桩的解析法测设

当地面平坦时，如图 12-27 所示，路基坡脚边桩和坡顶点至中桩距离可以计算得到。

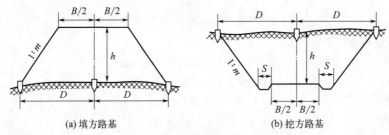

（a）填方路基　　　　　（b）挖方路基

图 12-27　平坦地段路基边桩的测设

路堤边坡桩至中桩的距离为：

$$D = \frac{B}{2} + mh \qquad (12\text{-}50)$$

路堑坡顶点至中桩的距离为：

$$D = \frac{B}{2} + s + mh \qquad (12\text{-}51)$$

以上两式中，B 为路基设计宽度；m 为设计的变坡系数；h 为路基中桩处的填土高度或挖土深度；s 为路堑边沟顶宽。

以上是直线段部分横断面边桩宽度距离的计算方法，如果断面位于曲线段还需要加上路基的加宽值。

放样时，只需要计算出坡脚或坡顶至中桩的距离，然后沿横断面放出该距离，即可定出边桩位置。

（3）倾斜地段路基边桩的解析法测设

在倾斜地面上，边桩至中桩的距离由于受到地面坡度的影响导致左右两边至中桩的距离不相等。如图 12-28 所示，为路堤坡脚或路堑坡顶至中桩的距离 $D_上$、$D_下$。

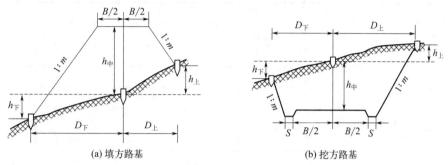

(a) 填方路基　　　　　　　　(b) 挖方路基

图 12-28　倾斜地段路基边桩的测设

路堤坡脚桩至中桩的距离为

$$\begin{cases} D_上 = \dfrac{B}{2} + m(h_中 - h_上) \\ D_下 = \dfrac{B}{2} + m(h_中 + h_下) \end{cases} \tag{12-52}$$

路堑坡顶点至中桩的距离为

$$\begin{cases} D_上 = \dfrac{B}{2} + s + m(h_中 + h_上) \\ D_下 = \dfrac{B}{2} + s + m(h_中 - h_下) \end{cases} \tag{12-53}$$

上面两式中 B、s、m、$h_中$ 为设计数据，$h_中$ 为中桩挖填高度。$h_上$、$h_下$ 为斜坡上、下两侧边桩与中桩的高差，在边桩未定出之前为未知数。

在实测放样时，先在横断面图上量取路基坡脚桩或坡顶点到中桩的距离 $D_量$，以此距离在横断面方向上确定一个粗略边桩位置，实测粗略位置与中桩的高差，代入式(12-52) 或式 (12-53) 中计算出 D'。将实测计算的 D' 与 $D_量$ 比较，若 $D' > D_量$，在横断面方向上用小钢尺向内移动测量 $\Delta D = D' - D_量$，反之，向外移动测量 ΔD 值，重复以上操作，当 ΔD 越来越小，趋近为零时的点位就是路基边桩位置。这个过程通常要操作一、二次，最终才能得到正确的路基坡脚桩或坡顶点位置，因此这种方法被称为逐渐趋近法测设边桩。

<<<< **思考题与习题** >>>>

1. 名词解释：路线交点、转点、转角、里程桩、基平测量、中平测量。

2. 简述道路中线测量的工作内容。

3. 简述道路中桩放样的具体方法。

4. 道路纵横断面测量的任务是什么？

5. 道路纵断面图一般包括哪些内容？

6. 什么是道路竖曲线？

7. 道路施工测量包括哪些内容?

8. 已知某路线交点 JD_2 坐标分别为的坐标为（45780.762，6328.554），JD_3 坐标为（47194.975，7742.768），坐标的单位为 m。JD_3 的里程桩号为 K15+582.462。JD_3 处路线转角 $\alpha_{右} = 32°10'23''$，圆曲线半径 $R = 320$m，缓和曲线长度 $l_s = 60$m。试计算该曲线的测设元素、主点里程、主点的坐标和里程桩 K15+480 和 K15+560 的坐标。

9. 完成下表某路线中平测量记录的计算。

测点	水准尺读数/m			视线高程/m	高程/m
	后视	中视	前视		
BM_3	1.781				656.257
K6+520		1.55			
+540		1.43			
+560		1.34			
+580		1.38			
+600		1.25			
ZD_4	1.587		1.266		
+620		1.47			
+640		1.41			
+660		1.30			
+680		1.28			
+700		1.17			
ZD_5	1.642		1.139		
+720		1.60			
+740		1.53			
+760		1.42			
780		1.36			
ZD_6			1.334		

参 考 文 献

[1] 宁津生，陈俊勇，等．测绘学概论［M］．3 版．武汉：武汉大学出版社，2016.

[2] 张祖勋，张剑清．数字摄影测量学［M］．2 版．武汉：武汉大学出版社，2012.

[3] 张正禄．工程测量学［M］．3 版．武汉：武汉大学出版社，2020.

[4] 李征航，黄劲松．GPS 测量与数据处理［M］．3 版．武汉：武汉大学出版社，2016.

[5] 陈永奇，潘正风，等．工程测量学［M］．北京：测绘出版社，2016.

[6] 程效军，鲍峰，等．测量学［M］．5 版．上海：同济大学出版社，2016.

[7] 岑敏仪，许曦，等．土木工程测量［M］．2 版．北京：高等教育出版社，2015.

[8] 覃辉，马超，等．土木工程测量［M］．3 版．上海：同济大学出版社，2019.

[9] 王佩军，徐亚明．摄影测量学［M］．3 版．武汉：武汉大学出版社，2016.

[10] 黄丁发，熊永良．GPS 卫星导航定位技术与方法［M］．北京：科学出版社，2009.

[11] 徐绍铨，张华海，等．GPS 测量原理及应用［M］．4 版．武汉：武汉大学出版社，2017.

[12] 姜卫平．GNSS 基准站网数据处理方法与应用［M］．武汉：武汉大学出版社，2017.

[13] 胡伍生．土木工程测量学［M］．2 版．南京：东南大学出版社，2016.

[14] 高井祥，付培义，等．数字地形测量学［M］．徐州：中国矿业大学出版社有限责任公司，2018.

[15] 李天文，等．现代测量学［M］．3 版．北京：科学出版社，2021.

[16] 周保兴，朱爱民，等．工程测量学［M］．北京：人民交通出版社股份有限公司，2018.

[17] 赵建三，贺跃光，等．测量学［M］．3 版．北京：中国电力出版社，2018.

[18] 武汉大学测绘学院测量平差学科组．误差理论与测量平差基础［M］．3 版．武汉：武汉大学出版社，2014.

[19] 孔祥元，郭际明．控制测量学［M］．4 版．武汉：武汉大学出版社，2015.

[20] 潘正风，程效军，等．数字地形测量学［M］．武汉：武汉大学出版社，2015.

[21] 田林亚，岳建平，等．工程控制测量［M］．武汉：武汉大学出版社，2011.

[22] 段延松．数字摄影测量 4D 生产综合实习教程［M］．武汉：武汉大学出版社，2014.

[23] 万刚，余旭初，等．无人机测绘技术及应用［M］．北京：测绘出版社，2015.

[24] 刘仁钊，马啸，等．无人机倾斜摄影测绘技术［M］．武汉：武汉大学出版社，2021.

[25] 王笑峰，龚文峰，等．水利工程测量［M］．北京：中国水利水电出版社，2012.

[26] 朱爱民，曹智翔．测量学［M］．北京：人民交通出版社股份有限公司，2018.

[27] 许娅娅，沈照庆，等．测量学［M］．5 版．北京：人民交通出版社股份有限公司，2020.

[28] 吕翠华，杜卫钢，等．无人机航空摄影测量［M］．武汉：武汉大学出版社，2022.

[29] 李艳，张秦罡，等．无人机航空摄影测量数据获取与处理［M］．成都：西南交通大学出版社，2022.

[30] 中国测绘学会．中国测绘学科发展蓝皮书［M］．2017—2018 卷．北京：测绘出版社，2018.

[31] 杨宏山．我为珠峰量身高—2020 珠峰高程测量亲历记［M］．西安：西安地图出版社，2021.

[32] 中华人民共和国国家质量监督检验检疫总局，中国国家标准化管理委员会．国家三、四等水准测量规范：GB/T 12898—2009［S］．北京：中国标准出版社，2009.

[33] 中华人民共和国国家质量监督检验检疫总局，中国国家标准化管理委员会．国家基本比例尺地图图式　第 1 部分：1∶500 1∶1000 1∶2000 地形图图式：GB/T 20257.1—2017［S］．北京：中国标准出版社，2018.

[34] 中华人民共和国住房与城乡建设部，国家市场监督管理总局．工程测量标准：GB 50026—2020［S］．北京：中国计划出版社，2021.

[35] 中华人民共和国住房与城乡建设部．城市测量规范：CJJ/T 8—2011［S］．北京：中国建筑工业出版社，2012.

[36] 中华人民共和国住房与城乡建设部．建筑变形测量规范：JGJ/T 8—2016［S］．北京：中国建筑工业出版社，2016.

[37] 中华人民共和国国家质量监督检验检疫总局，中国国家标准化管理委员会．全球定位系统（GPS）测量规范：GB/T 18314—2009［S］．北京：中国标准出版社，2009.

[38] 国家测绘局．全球定位系统实时动态测量（RTK）技术规范：CH/T 2009—2010［S］．北京：测绘出版社，2010.

[39] 中华人民共和国国家质量监督检验检疫总局，中国国家标准化管理委员会．1∶500 1∶1000 1∶2000 地形图航空摄影测量外业规范：GB/T 7931—2008［S］．北京：中国标准出版社，2008.

[40]   中华人民共和国国家质量监督检验检疫总局，中国国家标准化管理委员会 . 1：500 1：1000 1：2000 地形图
        航空摄影测量内业规范：GB/T 7930—2008 [S]. 北京：中国标准出版社，2008.

[41]   中华人民共和国自然资源部 . 低空数字航空摄影测量外业规范：CH/T 3004—2021 [S]. 北京：测绘出版
        社，2021.

[42]   国家市场监督管理总局，国家标准化管理委员会 . 倾斜数字航空摄影技术规程：GB/T 39610—2020 [S].
        北京：中国标准出版社，2020.

[43]   中华人民共和国国家质量监督检验检疫总局，中国国家标准化管理委员会 . 国家基本比例尺分幅和编号：
        GB/T 13989-2012 [S]. 北京：中国标准出版社，2012.

[44]   国家质量监督检验检疫总局 . 全站型电子速测仪：JJG 100—2003 [S]. 北京：中国计量出版社，2004.

测 / 量 / 学